"十二五"职业教育国家规划教材
经全国职业教育教材审定委员会审定

化学实验基础
第三版

王建梅　刘晓薇　主编

化学工业出版社
·北京·

本教材内容包括化学实验基础知识、化学实验基本操作技术、化学实验基本测量技术、化学实验基本分离技术、物质的物理常数测定技术。主要介绍化学实验基本操作原理、基本操作方法和常用仪器的使用方法。

　　本教材以培养技术应用能力和职业素质为主线，以规范的操作技术训练为核心，注重化学实验基本知识、基本操作技能、基本素养的培养。基本原理清晰、简洁、易掌握；基本操作科学、规范、易学、适用；每节前配有学习目标，每节后有操作技能训练、思考题，有利于掌握操作原理及操作技能，有助于预习、复习和巩固。

　　本书可供高职高专化工类各专业使用，也可供从事化学分析检验技术操作的人员学习参考。

图书在版编目（CIP）数据

化学实验基础/王建梅，刘晓薇主编．—3 版．—北京：化学工业出版社，2015.5（2024.11重印）
"十二五"职业教育国家规划教材
ISBN 978-7-122-20339-7

Ⅰ.①化… Ⅱ.①王…②刘… Ⅲ.①化学实验-高等职业教育-教材 Ⅳ.①O6-3

中国版本图书馆 CIP 数据核字（2014）第 071592 号

责任编辑：陈有华　　　　　　　　　　　　文字编辑：林　媛
责任校对：宋　夏　　　　　　　　　　　　装帧设计：张　辉

出版发行：化学工业出版社（北京市东城区青年湖南街 13 号　邮政编码 100011）
印　　刷：三河市航远印刷有限公司
装　　订：三河市宇新装订厂
787mm×1092mm　1/16　印张 15¾　字数 390 千字　2024 年 11 月北京第 3 版第 11 次印刷

购书咨询：010-64518888　　　　　　　　　　　售后服务：010-64518899
网　　址：http://www.cip.com.cn
凡购买本书，如有缺损质量问题，本社销售中心负责调换。

定　　价：40.00 元　　　　　　　　　　　　　　　　　　　版权所有　违者必究

前　言

　　本教材是根据高职高专高技能应用型人才的培养目标、岗位职业技能和职业技能大赛的要求，参照各兄弟院校的建议，结合编者的教学实践，在第二版的基础上修订而成。

　　本次修订保持了第二版的特点，对有关内容作了适当的精选、调整和充实，体现了突出重点、内容简明、结合学生和生产实际、注重实验操作技能规范性培养等原则，精减了部分实际中不常用的仪器操作内容，增加了岗位应用较广泛的操作技能培训实验，主要作了如下调整。

　　1. 删除了实际中不常用的单盘电光天平的相关内容。
　　2. 将实际中应用越来越少的电光分析天平的相关内容作为选学内容。
　　3. 增加了实际中应用越来越多的电子分析天平的理论和操作技能训练内容。
　　4. 强化了实验操作技能的规范性训练。

　　本教材中打"*"的部分为选学内容。

　　参加本次教材修订工作的有：南京化工职业技术学院王建梅（绪论、第一章、第三章），辽宁石化职业技术学院田凡（第二章）和王英健（第四章、第五章），全书由王建梅和刘晓薇（天津职业大学）任主编，王建梅统稿。

　　在本教材的修订中，得到了兄弟院校、化工生产企业和化学工业出版社的大力支持，在此表示衷心感谢。

　　限于编者的水平，教材修订后仍难免有疏漏或不妥之处，衷心希望读者批评指正。

编者

2015 年 2 月

第一版前言

本教材是根据 2001 年 6 月全国高等职业教育化工工艺专业教材编审委员会审定的教学计划和课程基本要求编写的，供三年制和五年制高职化工类各专业使用。

全书分为化学实验基础知识、化学实验基本操作技术、化学实验基本测量技术、化学实验基本分离技术、物质的物理常数测定技术五个部分，主要介绍化学实验基本操作原理、基本操作方法和常用仪器的使用方法，是"化学实验技术"的重要组成部分。

本教材的主要特点是，内容涵盖了无机化学、有机化学、分析化学和物理化学实验的基本操作知识及技能，打破了原有的课程设置方法，重新构建了学科综合、知识与能力及知识与技能综合的新型课程体系，并将普遍性的化学原理和常用的实验手段、方法，由浅入深地优化组合。注重实际、实践、实用的"三实"原则，将知识、技能的基础性、先进性、针对性、示范性、应用性和服务性融为一体，体现了现代化学实验技术和现代新仪器、新设备的应用，使学生懂原理、会操作、会运用。将需要熟练掌握的基本操作设计成具体实验，使教、学、做、练完整统一。基本原理清晰、简洁、易懂、易掌握，基本操作科学、规范、易学、易用，由教会向学会，由学科学向用科学过渡。操作技能训练的内容选择典型、简洁、示范性强、直观、符合环保及经济效益的实例，以技术技能训练为中心，重点突出，适应面宽。注意了教材的相关内容及理论与中学课程的衔接。每节前配有知识目标，每节后有操作技能训练、习题或思考题，有利于掌握操作原理及操作技能，有利于预习、复习和巩固。打"*"部分为选学内容。

本教材由南京化工职业技术学院王建梅（第一章、第三章）、天津职业大学刘晓薇（绪论、第四章）、辽宁石化职业技术学院田凡（第二章）和王英健（第五章）编写。全书由王建梅负责统稿。王建梅、刘晓薇任主编，连云港化工高专宋长生任主审。

本教材的编审工作得到了化工出版社的大力支持，在此表示衷心感谢。本教材所引用的内容及插图的原著均已列入参考文献，在此对原著作者致谢。

限于编者水平，教材中不妥之处在所难免，敬请读者批评指正。

编者
2002 年 3 月

第二版前言

本书第一版自 2002 年出版以来，使用本教材的各院校提出了一些宝贵的修改意见。第二版是根据高职高专高技能应用型人才的培养目标，参照各兄弟院校提出的意见和建议，结合编者的教学实践，在第一版的基础上修订而成。

本次修订，保持了第一版的特点，对有关内容作了适当的精选、调整和充实，体现了突出重点、内容简明、结合学生和生产实际、注重实验操作技能培养等原则。主要作了如下工作。

1. 根据高职高专学生特点及培养目标，注重基础化学综合实验能力的培养，精减了部分理论推导，增加了综合实验操作技能培训实验。

2. 删除了较简单的"粗食盐的提纯"实验，增加了实验操作技能综合运用性较强的"粗硫酸铜的制备与提纯"实验。

3. 注重学生物质制备能力的培养，增加了"1-溴丁烷的制备"和"乙酸异戊酯的制备"实验。

4. 对"化学实验基本分离技术"的部分内容进行了改写，使基本内容更为突出。

本教材中打"＊"的部分为推荐选学内容。

参加本次修订工作的有：南京化工职业技术学院王建梅（绪论、第一章、第三章），辽宁石化职业技术学院田凡（第二章）和王英健（第四章、第五章），全书由王建梅和刘晓薇（天津职业大学）任主编，王建梅统稿。

在本教材的修订过程中，兄弟院校提出了许多好建议，化学工业出版社给予了大力支持，在此表示衷心感谢。

限于修订者的水平，教材修订后仍难免有疏漏或不妥之处，衷心希望读者批评指正。

编者
2007 年 3 月

目　　录

本书常用符号的意义和单位 …………………………………………………… 1
绪论 ……………………………………………………………………………… 2
　一、本课程的知识、能力和素质结构 ………………………………………… 2
　二、本课程的学习方法 ………………………………………………………… 3
第一章　化学实验基础知识 ……………………………………………………… 4
　第一节　化学实验室常识 …………………………………………………… 4
　　一、化学实验规则 …………………………………………………………… 4
　　二、化学实验室安全规则 …………………………………………………… 5
　　三、化学实验中意外事故的紧急处理 ……………………………………… 6
　　四、化学实验室废弃物的环保处理 ………………………………………… 6
　　五、气体钢瓶及其安全使用 ………………………………………………… 7
　　六、安全用电常识 …………………………………………………………… 10
　　七、消防常识 ………………………………………………………………… 11
　　思考题 ………………………………………………………………………… 14
　　技能训练1-1　气体钢瓶的识别和使用 …………………………………… 14
　　技能训练1-2　常用灭火器材操作演习 …………………………………… 15
　第二节　实验记录和数据处理 ……………………………………………… 16
　　一、实验记录 ………………………………………………………………… 16
　　二、实验结果的表达 ………………………………………………………… 17
　　三、有效数字及其运算规则 ………………………………………………… 18
　　四、实验报告 ………………………………………………………………… 20
　　习题 …………………………………………………………………………… 20
　第三节　化学实验常用器皿 ………………………………………………… 21
　　一、常用玻璃仪器 …………………………………………………………… 22
　　二、常用其他器皿和用具 …………………………………………………… 28
　　思考题 ………………………………………………………………………… 30
　　技能训练1-3　化学实验常用器皿的认领 ………………………………… 30
　第四节　化学试剂 …………………………………………………………… 31
　　一、化学试剂的规格 ………………………………………………………… 31
　　二、化学试剂的选用 ………………………………………………………… 32
　　三、化学试剂的保管 ………………………………………………………… 32
　　四、化学试剂的取用 ………………………………………………………… 32
　　思考题 ………………………………………………………………………… 35
　　技能训练1-4　固体和液体试剂的取用 …………………………………… 35
　第五节　试纸　滤纸 ………………………………………………………… 36

一、试纸 …………………………………………………………………… 36
　　二、滤纸 …………………………………………………………………… 37
　　思考题 ……………………………………………………………………… 38
　　技能训练1-5　试纸的使用 ………………………………………………… 38
　第六节　化学实验室用水 ……………………………………………………… 39
　　一、化学实验用水的分类及用途 …………………………………………… 39
　　二、化学实验用水的级别及主要指标 ……………………………………… 40
　　思考题 ……………………………………………………………………… 41
第二章　化学实验基本操作技术 ………………………………………………… 42
　第一节　化学实验常用玻璃器皿的洗涤与干燥 ……………………………… 42
　　一、玻璃仪器的洗涤 ………………………………………………………… 42
　　二、玻璃仪器的干燥 ………………………………………………………… 43
　　思考题 ……………………………………………………………………… 44
　　技能训练2-1　玻璃仪器的洗涤与干燥 …………………………………… 44
　第二节　加热、干燥和冷却技术 ……………………………………………… 45
　　一、常用的热源 ……………………………………………………………… 45
　　二、加热方法 ………………………………………………………………… 47
　　三、物质的干燥 ……………………………………………………………… 48
　　四、物质的冷却方法 ………………………………………………………… 50
　　思考题 ……………………………………………………………………… 50
　　技能训练2-2　加热练习 …………………………………………………… 50
　第三节　玻璃加工及玻璃仪器装配技术 ……………………………………… 51
　　一、玻璃加工的基本操作技术 ……………………………………………… 52
　　二、塞子的加工 ……………………………………………………………… 53
　　三、玻璃仪器装配技术 ……………………………………………………… 54
　　思考题 ……………………………………………………………………… 55
　　技能训练2-3　玻璃工的操作练习 ………………………………………… 55
　　技能训练2-4　玻璃仪器的装配 …………………………………………… 56
　第四节　溶解与搅拌技术 ……………………………………………………… 57
　　一、溶解 ……………………………………………………………………… 57
　　二、搅拌器具及其使用 ……………………………………………………… 57
　　思考题 ……………………………………………………………………… 59
　　技能训练2-5　搅拌器的使用 ……………………………………………… 59
第三章　化学实验基本测量技术 ………………………………………………… 60
　第一节　质量的称量技术 ……………………………………………………… 60
　　一、电光天平 ………………………………………………………………… 60
　　二、电子天平 ………………………………………………………………… 64
　　三、称量方法 ………………………………………………………………… 67
　　思考题 ……………………………………………………………………… 71
　*技能训练3-1　电光分析天平的性能测试 ………………………………… 71
　　技能训练3-2　直接称量法训练 …………………………………………… 73

  技能训练 3-3 差减法称量练习 …………………………………………………… 74
  技能训练 3-4 固定质量称量法练习 ………………………………………………… 76
  技能训练 3-5 液体样品的称量练习 ………………………………………………… 77
 第二节 体积的测量技术 …………………………………………………………………… 78
  一、液体体积的测量 ………………………………………………………………………… 78
  *二、固体体积的测量 ……………………………………………………………………… 87
  三、气体体积的测量 ………………………………………………………………………… 87
  思考题 ……………………………………………………………………………………… 89
  技能训练 3-6 滴定管、容量瓶、吸管的使用和校准 …………………………… 89
  技能训练 3-7 滴定分析基本操作 …………………………………………………… 90
 第三节 温度的测量及控制技术 …………………………………………………………… 93
  一、温度计及其使用 ………………………………………………………………………… 93
  二、温度的控制 ……………………………………………………………………………… 98
  思考题 ……………………………………………………………………………………… 100
  技能训练 3-8 恒温槽的安装和使用 ………………………………………………… 100
 第四节 压力的测量与控制技术 …………………………………………………………… 102
  一、压力 ……………………………………………………………………………………… 102
  二、测压计 …………………………………………………………………………………… 102
  三、恒压控制 ………………………………………………………………………………… 106
  四、真空的获得与测量 ……………………………………………………………………… 107
  思考题 ……………………………………………………………………………………… 110

第四章 化学实验基本分离技术 ……………………………………………………………… 112
 第一节 固液分离技术 …………………………………………………………………… 112
  一、倾析法 …………………………………………………………………………………… 112
  二、离心分离法 ……………………………………………………………………………… 112
  三、过滤法 …………………………………………………………………………………… 113
  思考题 ……………………………………………………………………………………… 118
  技能训练 4-1 柠檬酸的提纯 ………………………………………………………… 119
 第二节 结晶和重结晶技术 ……………………………………………………………… 119
  一、溶液的蒸发 ……………………………………………………………………………… 119
  二、结晶 ……………………………………………………………………………………… 121
  三、重结晶 …………………………………………………………………………………… 121
  四、升华 ……………………………………………………………………………………… 123
  思考题 ……………………………………………………………………………………… 124
  技能训练 4-2 粗硫酸铜的制备与提纯 ……………………………………………… 125
  技能训练 4-3 苯甲酸的重结晶 ……………………………………………………… 127
  技能训练 4-4 乙酰苯胺的重结晶 …………………………………………………… 127
 第三节 蒸馏和分馏技术 ………………………………………………………………… 128
  一、常压蒸馏 ………………………………………………………………………………… 128
  二、减压蒸馏 ………………………………………………………………………………… 132
  三、水蒸气蒸馏 ……………………………………………………………………………… 136

四、分馏 ··· 138
　　思考题 ··· 140
　　技能训练 4-5　工业酒精的蒸馏 ·· 141
　　技能训练 4-6　工业丙酮的简单蒸馏 ·· 142
　　技能训练 4-7　苯甲酸乙酯的减压蒸馏 ··· 142
　　技能训练 4-8　粗苯甲酸乙酯的水蒸气蒸馏 ··· 144
　　技能训练 4-9　工业乙醇混合物的分馏 ··· 144
　　技能训练 4-10　工业丙酮的分馏 ·· 145
　　技能训练 4-11　乙酸异戊酯的制备 ··· 146
　　技能训练 4-12　1-溴丁烷的制备 ·· 147
　第四节　萃取分离技术 ·· 149
　　一、液-液萃取 ··· 149
　　二、固-液萃取 ··· 152
　　三、微型萃取 ··· 153
　　思考题 ··· 154
　　技能训练 4-13　茶叶中提取咖啡因 ··· 154
　　技能训练 4-14　液-液萃取操作练习 ·· 155
　第五节　离子交换分离技术 ··· 155
　　一、离子交换分离法 ·· 155
　　二、离子交换树脂的种类 ·· 156
　　三、离子交换树脂的性质 ·· 157
　　四、离子交换分离装置 ··· 157
　　五、离子交换分离操作 ··· 158
　　六、离子交换分离法的应用 ··· 160
　　七、离子交换法制纯水 ··· 161
　　思考题 ··· 162
　　技能训练 4-15　去离子水的制备与检验 ··· 162
　第六节　色谱分离技术 ·· 163
　　一、色谱分离法 ··· 163
　　二、柱色谱 ··· 164
　　三、纸色谱 ··· 166
　　四、薄层色谱 ··· 168
　　思考题 ··· 171
　　技能训练 4-16　铜、铁、钴、镍的分离 ··· 171
　　技能训练 4-17　氨基酸的分离 ··· 172
　第七节　膜分离技术 ··· 174
　　一、渗析 ··· 174
　　二、电渗析法 ··· 174
　　三、微孔过滤 ··· 175
　　四、反渗透 ··· 176
　　五、超滤 ··· 176

  六、液膜分离技术 ……………………………………………………………… 178
 * 第八节 生化分离技术 ………………………………………………………… 180
  一、生物材料 …………………………………………………………………… 180
  二、生化分离的特殊性 ………………………………………………………… 181
  三、生化萃取分离 ……………………………………………………………… 181
  四、生化纯化分离 ……………………………………………………………… 182
  五、生物工程简介 ……………………………………………………………… 183
  技能训练 4-18 大蒜细胞中 SOD 的提取与纯化分离 …………………… 183
第五章 物质物理常数的测定技术 …………………………………………… 185
 第一节 密度的测定 ……………………………………………………………… 185
  一、密度瓶法 …………………………………………………………………… 185
  二、韦氏天平法 ………………………………………………………………… 186
  三、密度计法 …………………………………………………………………… 188
  技能训练 5-1 密度的测定 ………………………………………………… 188
 第二节 熔点的测定 ……………………………………………………………… 191
  一、测定原理 …………………………………………………………………… 191
  二、测定仪器 …………………………………………………………………… 191
  三、熔点的校正 ………………………………………………………………… 192
  四、测定方法 …………………………………………………………………… 192
  技能训练 5-2 熔点的测定 ………………………………………………… 193
 第三节 沸点的测定 ……………………………………………………………… 194
  一、沸点的测定 ………………………………………………………………… 194
  二、沸程的测定 ………………………………………………………………… 195
  三、沸点、沸程的校正 ………………………………………………………… 196
  技能训练 5-3 沸点、沸程的测定 ………………………………………… 198
 第四节 凝固点的测定 …………………………………………………………… 199
  一、测定原理 …………………………………………………………………… 199
  二、测定仪器 …………………………………………………………………… 200
  三、测定方法 …………………………………………………………………… 200
  技能训练 5-4 物质的凝固点及摩尔质量的测定 ………………………… 201
 第五节 黏度的测定 ……………………………………………………………… 202
  一、毛细管黏度计法 …………………………………………………………… 203
  二、恩氏黏度计法 ……………………………………………………………… 204
  三、旋转黏度计法 ……………………………………………………………… 205
  技能训练 5-5 毛细管黏度计法测定黏度 ………………………………… 206
 第六节 饱和蒸气压的测定 ……………………………………………………… 207
  一、测定原理 …………………………………………………………………… 208
  二、测定仪器 …………………………………………………………………… 208
  三、测定方法 …………………………………………………………………… 209
  技能训练 5-6 液体饱和蒸气压的测定 …………………………………… 209
 第七节 折射率的测定 …………………………………………………………… 210

一、测定原理……………………………………………………………………………211
　　二、测定仪器……………………………………………………………………………211
　　三、阿贝折光仪的使用…………………………………………………………………212
　　技能训练 5-7　折射率的测定…………………………………………………………213
　第八节　旋光度的测定……………………………………………………………………214
　　一、测定原理……………………………………………………………………………214
　　二、测定仪器……………………………………………………………………………215
　　三、旋光仪的使用………………………………………………………………………215
　　技能训练 5-8　比旋光度的测定………………………………………………………216
　第九节　溶液电导率测定…………………………………………………………………218
　　一、溶液的电导率及其测定方法………………………………………………………218
　　二、DDS-11A 型电导率仪………………………………………………………………220
　　三、DDS-307A 型电导率仪……………………………………………………………222
　　技能训练 5-9　弱酸电离平衡常数的测定……………………………………………224
　第十节　表面张力的测定…………………………………………………………………225
　　一、测定仪器……………………………………………………………………………226
　　二、测定原理和测定方法………………………………………………………………226
　　技能训练 5-10　表面张力的测定……………………………………………………227
　　阅读材料　熔点测定仪…………………………………………………………………228
　　阅读材料　光泽度的测定………………………………………………………………229
附录………………………………………………………………………………………231
　附录一　常用洗涤液………………………………………………………………………231
　附录二　常见化合物的相对分子质量表…………………………………………………231
　附录三　弱酸、弱碱在水中的离解常数（25℃）…………………………………………234
参考文献…………………………………………………………………………………237

本书常用符号的意义和单位

符 号	意 义	单 位
V	体积	cm^3、mL 或 L
T	热力学温度	K
p	压力	kPa 或 Pa
K_a	电离常数	
c	浓度	mol/L
λ	波长	nm
m	质量	g 或 kg
ρ	密度	g/cm^3 或 g/mL
t	温度	℃
k	水银对玻璃的相对膨胀系数	0.000157
l	长度	m、cm 或 dm
Δh	高度差	mm
g	重力加速度	
α	水银在 0～35℃ 间的平均体膨胀系数	0.0001819
β	线膨胀系数	
λ	热电势值	
c	热偶规管常数	
I_e	发射电流强度	A 或 mA
I_i	离子流强度	
K	分配系数	
K_f	溶剂的凝固点降低常数	K·kg/mol
M	摩尔质量	kg/mol
ν	运动黏度	m^2/s
E	恩氏黏度	(°)
η	绝对黏度	
τ	时间	s
ΔH_m	摩尔汽化热	J/mol
R	摩尔气体常数	8.314J/(mol·K)
n	折射率	
$[\alpha]$	比旋光度	(°)
α	旋光度	(°)
l	旋光管的长度(液层厚度)	dm
G	电导	S(西门子)
κ	电导率	S/m
A	面积	m^2
Λ_m	摩尔电导率	$S·m^2/mol$
Λ_m^∞	无限稀释时的摩尔电导率	$S·m^2/mol$
K_c	平衡常数	
α	电离度	
R	电阻	Ω
σ	表面张力	N/m
R	曲率半径	

绪　论

> **学习目标**
> 1. 了解本课程的知识、能力和素质结构。
> 2. 了解本课程的学习方法。

一、本课程的知识、能力和素质结构

化学实验基础是三年制和五年制高职高专化工类各专业必修的实验技术技能课。本课程主要学习化学实验基础知识、基本操作技术、基本测量技术、混合物的分离技术及物质物理常数的测定技术。基于培养高等职业技术应用型人才的需要，本课程以培养技术应用能力和职业素质为主线，以规范的操作技术训练为核心，注重化学实验基本知识、基本操作技能、基本素养的培养。使学生具备化学实验基本素养和能力，为后续实验技能的培养、训练及提高打下基础，为未来从事化工生产技术工作奠定基础。其知识、能力、素质结构如下。

课程的知识、能力、素质结构表

	知　识	素质、能力
化学实验基础知识	化学实验室常识	遵守实验室规章制度的素质；保持清洁、安全、有序的实验室工作环境的素质；紧急处理化学实验中意外事故的能力；妥善处理"三废"的能力
	化学实验常用器皿	识别化学实验常用器皿的能力
	化学试剂	正确识别、保存、选择、取用试剂的能力；识别、使用高压气瓶的能力
	试纸、滤纸	正确选择和使用试纸的能力
	化学实验室用水	选择使用实验室用水的能力
	化学实验报告基本知识	实验数据的记录、运算及正确书写实验报告的能力
化学实验基本操作技术	常用玻璃仪器的洗涤和干燥	洗涤和干燥常用玻璃仪器的能力
	玻璃加工及玻璃仪器装配技术	简单的玻璃加工、玻璃仪器装配能力
	加热、干燥和冷却技术	合理选择、正确使用热源加热物质的能力；干燥和冷却物质的能力
	溶解与搅拌技术	选择溶剂溶解物质、选择和使用搅拌器的能力
化学实验基本测量技术	质量的称量技术	选择和使用托盘天平的能力；选择和使用分析天平的能力
	体积的测量技术	合理选择、正确使用(校准)常用量器的能力
	温度的测量及控制技术	合理选择、使用温度计准确测量温度的能力；正确规范地使用恒温槽控制温度的能力
	压力的测量及控制技术	正确选择、使用压力计准确测量压力的能力；正确选择和使用水压真空泵的能力
化学实验基本分离技术	沉淀分离技术	正确选择和使用过滤器进行沉淀过滤的能力；正确使用离心机离心分离的能力
	结晶和重结晶技术	结晶和重结晶操作能力
	蒸馏和分馏技术	正确选择、安装及使用蒸馏和分馏装置的能力
	萃取分离技术	正确选择和使用分液漏斗萃取分离物质的能力
	离子交换分离技术	选择和使用离子交换树脂、制备和检验实验室用水的能力
	色谱分离技术	正确进行柱色谱、纸色谱及薄层色谱操作的能力
	生物分离技术	生物分离操作能力
	膜分离技术	膜分离操作能力

续表

知识		素质、能力
物质的物理常数测定技术	密度的测定	正确使用密度计、密度瓶、韦氏天平测定密度的能力
	熔点的测定	准确测定及校正熔点的能力
	沸点的测定	正确安装沸点测定装置、准确测定沸点的能力
	凝固点的测定	准确测定凝固点的能力
	黏度的测定	正确使用毛细管黏度计、旋转黏度计，迅速、准确地测定物质黏度的能力
	饱和蒸气压的测定	饱和蒸气压的测定能力
	折射率的测定	正确使用阿贝折光仪，迅速、准确测定物质折射率的能力
	旋光度的测定	正确使用旋光仪、准确测定物质旋光度的能力
	溶液电导率的测定	正确使用电导率仪、准确测定物质电导率的能力
	表面张力的测定	表面张力的测定能力

二、本课程的学习方法

化学实验基础是一门实践性很强的课程，要学好此课程，不仅要有好的学习态度，还要有正确的学习方法。

① 实验前要认真阅读本书有关内容及参考资料，按要求写好预习报告，对所做实验做到心中有数。

② 实验中要严格遵守操作规程，掌握实验操作技能。仔细观察，不漏掉任何实验现象（如气体的产生，沉淀的生成，颜色的变化，温度、流量等参数的变化等)，并认真、及时地做好实验记录。

③ 实验后要认真分析实验现象，整理实验数据，得出结论，写出实验报告。

第一章 化学实验基础知识

第一节 化学实验室常识

学习目标

1. 了解化学实验规则、化学实验室安全规则、化学实验中意外事故的紧急处理方法、化学实验室"三废"的处理方法、安全用电知识及消防知识等。
2. 掌握高压钢瓶的使用方法。
3. 掌握常用灭火器的使用方法。

一、化学实验规则

为了保证正常的实验环境和秩序,防止意外事故的发生,使实验安全、顺利地进行,必须严格遵守实验规则。

① 实验前认真预习。明确实验目的、要求和原理;仪器结构、使用方法和注意事项;药品或试剂的等级、化学性质、物理性质(熔点、沸点、折射率、密度等数据以及毒性与安全等);实验装置;实验步骤。避免边做实验边翻书的"照方抓药"式实验。要写好预习报告,方可进行实验。

② 实验前,首先检查药品、仪器是否齐全。

③ 实验时要严格遵守操作规程,保证实验安全、顺利地进行。如有事故发生,应沉着冷静、及时处理,并如实报告指导老师。

④ 遵守纪律,不迟到早退,保持实验室安静。

⑤ 实验中要严格按照规范操作,仔细观察现象,认真思考,及时如实地把实验现象和数据记录在实验报告本上,不得随意乱记。根据原始记录,认真分析问题、处理数据,根据不同实验的要求写出不同格式的实验报告,并及时交给指导老师。

⑥ 实验中火柴头、废纸片、碎玻璃等应投入废物箱中,以保持实验室的整洁。清洗仪器或实验过程中的废酸、废碱等,应小心倒入废液缸内。切勿向水槽中乱抛杂物,以免淤塞和腐蚀水槽及水管。

⑦ 节约水、电、燃气、药品等,爱护实验室的仪器设备。损坏仪器应及时报告、登记、补领,视情况办理赔偿。使用精密仪器时,应严格遵守操作规程,不得任意拆装和搬动。如发现仪器有故障,应立即停止使用,并及时报告指导老师以排除故障。用毕,应登记,请指导老师检查、签字。

⑧ 爱护试剂,取用药品试剂后,要及时盖好瓶盖,并放回原处。不得将瓶盖、滴管盖错放,以免污染试剂。所有配好的试剂都要贴上标签,注明名称、浓度及配制日期。

⑨ 实验完毕后,应及时清洗仪器,仪器、药品放回原处,并摆放整齐,桌面擦拭干净。请指导老师检查仪器、桌面。交实验报告后,再离开实验室。轮流值日,负责打扫、整理实

验室，检查水、燃气开关是否关紧，电源是否切断，关闭窗户。经教师检查合格后，值日生方可离开实验室。

二、化学实验室安全规则

在化学实验中，经常使用易破碎的玻璃仪器，易燃、易爆、具有腐蚀性或毒性（甚至有剧毒）的化学药品，电器设备及煤气等。若不严格按照规则使用，易造成触电、火灾、爆炸以及其他伤害性事故。因此，必须严格遵守实验室安全规则。

① 必须了解实验环境，充分熟悉实验室中水、电、燃气的开关，消防器材、急救药箱等的位置和使用方法，一旦遇到意外事故，即可采取相应措施。

② 严禁任意混合各种化学药品，以免发生意外事故。

③ 倾注试剂，开启易挥发的试剂瓶（如乙醚、丙酮、浓盐酸、硝酸、氨水等试剂瓶）及加热液体时，不要俯视容器口，以防液体溅出或气体冲出伤人。加热试管中的液体时，切不可将管口对着自己或他人。不可用鼻孔直接对着瓶口或试管口嗅闻气体的气味，而应用手把少量气体轻轻煽向鼻孔进行嗅闻（见图1-1）。

图1-1 闻气体的方法

④ 使用浓酸、浓碱、溴、铬酸洗液等具有强腐蚀性的试剂时，切勿溅在皮肤和衣服上。若溅到身上应立即用水冲洗，溅到实验台上或地上时，要先用抹布或拖把擦净，再用水冲洗干净。更要注意保护眼睛，必要时应戴防护眼镜。

⑤ 使用 HNO_3、HCl、$HClO_4$、H_2SO_4 等浓酸的操作及能产生刺激性气体和有毒气体（如 HCN、H_2S、SO_2、Cl_2、Br_2、NO_2、CO、NH_3 等）的实验，均应在通风橱内进行。

⑥ 使用乙醚、乙醇、丙酮、苯等易燃性有机试剂时，要远离火源，用后盖紧瓶塞，置阴凉处保存。加热易燃试剂时，必须使用水浴、油浴、砂浴或电热套，绝不能使用明火！若加热温度有可能达到被加热物质的沸点、回流或蒸馏液体时，必须加入沸石或碎瓷片，以防液体爆沸而冲出伤人或引起火灾。要防止易燃有机物的蒸气外逸，切勿将易燃有机溶剂倒入废液缸中，更不能用开口容器（如烧杯等）盛放有机溶剂。钾、钠和白磷等在空气中易燃的物质，应隔绝空气存放。钾、钠要保存在煤油中，白磷要保存在水中，取用时应使用镊子。

⑦ 一切有毒药品（如氰化物、砷化物、汞盐、铅盐、钡盐、六价铬盐等），使用时应格外小心！严防进入口内或接触伤口，用剩的药品或废液切不可倒入下水道或废液桶中，要倒入回收瓶中，并及时加以处理。处理有毒药品时，应戴护目镜和橡皮手套。

⑧ 某些容易爆炸的试剂如浓高氯酸、有机过氧化物、芳香族化合物、多硝基化合物、硝酸酯、干燥的重氮盐等要防止受热和敲击。实验中，必须严格遵守操作规程，以防爆炸。

⑨ 用电应遵守安全用电规程。

⑩ 高压钢瓶、电器设备、精密仪器等，在使用前必须熟悉使用方法和注意事项，严格按要求使用。

⑪ 使用煤气时，应特别注意正确使用，严防泄漏！燃气阀门应经常检查，保持完好。煤气灯和橡胶管在使用前也要仔细检查。发现漏气，立即熄灭室内所有火源，打开门窗。使用煤气灯加热时，火源应远离其他物品，操作人员不得离开，以防熄火漏气。用毕应关闭燃气管道上的小阀门，离开实验室时还应再检查一遍，以确保安全。

⑫ 实验室严禁饮食、吸烟或存放餐具，不可用实验器皿盛放食物，也不可用茶杯、食具盛放药品，一切化学药品禁止入口。实验室中药品或器材不得随便带出实验室。实验完毕

要洗手。离开实验室时,要关好水、电、煤气,关好门窗。

三、化学实验中意外事故的紧急处理

实验过程中如不慎发生意外事故,应及时采取救护措施,处理后受伤严重者应立即送医院医治。

(1) 玻璃割伤　若伤口内有玻璃碎片,应先取出,再用消毒棉棒擦净伤口,涂上红药水、紫药水或贴上创可贴,必要时撒上消炎粉或敷上消炎膏,并用绷带包扎。如伤口较大,应立即就医。

(2) 酸碱腐蚀伤　酸或碱溅到皮肤上时,应立即用大量水冲洗,再用饱和碳酸氢钠溶液(或2%醋酸溶液)冲洗,然后用水冲洗,最后涂敷氧化锌软膏(或硼酸软膏)。

(3) 酸碱溅入眼内　酸或碱溅入眼内应立即用大量水冲洗,再用2% $Na_2B_4O_7$ 溶液(或3%硼酸溶液)冲洗眼睛,然后用蒸馏水冲洗。

(4) 溴腐蚀伤　先用乙醇或10% $Na_2S_2O_3$ 溶液洗涤伤口,再用水冲洗干净,然后涂敷甘油。

(5) 白磷灼伤　先用1% $AgNO_3$ 溶液、1% $CuSO_4$ 溶液或浓 $KMnO_4$ 溶液洗涤伤口,然后用浸过 $CuSO_4$ 溶液的绷带包扎。

(6) 烫伤　切勿用水冲洗,更不要把烫起的水泡挑破。可在烫伤处用 $KMnO_4$ 溶液擦洗或涂上黄色的苦味酸溶液、烫伤膏或万花油。严重者应立即送医院治疗。

(7) 吸入刺激性气体或有毒气体　吸入了 Br_2、Cl_2、HCl 等气体时,可吸入少量酒精和乙醚的混合蒸气以解毒。若吸入了 H_2S、煤气而感到不适时,应立即到室外呼吸新鲜空气。

(8) 误食毒物　应立即服用肥皂液、蓖麻油,或服用一杯含5~10mL 5% $CuSO_4$ 溶液的温水,并用手指伸入咽喉部,以促使呕吐,然后立即送医院治疗。

(9) 触电　立即切断电源。必要时进行人工呼吸。

(10) 火灾　根据起火原因立即采取相应的灭火措施。

四、化学实验室废弃物的环保处理

在化学实验中会产生各种有毒的废气、废液和废渣,其中有些是剧毒物质和致癌物质,如果直接排放和抛弃,就会污染环境,造成公害,而且"三废"中的贵重和有用的成分得不到回收,在经济上也是损失。所以尽管实验过程中产生的废液、废气、废渣少而且成分复杂,仍须经过必要的处理。在学习期间就应树立起环境保护的观念。此外,"三废"的处理是非常重要的事情,实验室"三废"的处理应做到以下几点。

1. 废气的处理

当做有少量有毒气体产生的实验时,可以在通风橱中进行。通过排风设备把有毒废气排到室外,利用室外的大量空气来稀释有毒废气。

如果做有较大量有毒气体产生的实验时,应该安装气体吸收装置来吸收这些气体,然后进行处理。例如,HF、SO_2、H_2S、NO_2、Cl_2 等酸性气体,可以用 NaOH 水溶液吸收后排放;碱性气体如 NH_3 等用酸溶液吸收后排放;CO 可点燃转化为 CO_2 气体后排放。

对于个别毒性很大或排放量大的废气,可参考工业废气处理方法,用吸附、吸收、氧化、分解等方法进行处理。

2. 废液的处理

化学实验室的废液在排入下水道之前,应经过中和及净化处理。

(1) 废酸和废碱溶液　经过中和处理,使 pH 在 6~8 范围内,并用大量水稀释后方可

排放。

（2）含镉废液　加入消石灰等碱性试剂，使所含的金属离子形成氢氧化物沉淀而除去。

（3）含六价铬化合物的废液　在铬酸废液中，加入 $FeSO_4$、Na_2SO_3，使其变成三价铬后，再加入 NaOH（或 Na_2CO_3）等碱性试剂，调节溶液 pH 在 6～8，使三价铬形成 $Cr(OH)_3$ 沉淀除去。

（4）含氰化物的废液　加入 NaOH 使废液呈碱性（pH＞10）后，再加入 NaClO，使氰化物分解成 CO_2 和 N_2 而除去；也可在含氰化物的废液中加入 $FeSO_4$ 溶液，使其变成 $Fe(CN)_2$ 沉淀除去。

（5）汞及汞的化合物废液　若不小心将汞散落在实验室内，必须立即用吸管、毛笔或硝酸汞酸性溶液浸过的薄铜片将所有的汞滴拣起，收集于适当的瓶中，用水覆盖起来。散落过汞的地面应撒上硫黄粉，覆盖一段时间，使残余的汞生成硫化汞后，再设法扫净，也可喷上 20% 的 $FeCl_3$ 溶液，让其自行干燥后再清扫干净。处理少量含汞废液时，可在含汞废液中加入 Na_2S，使其生成难溶的 HgS 沉淀，再加入 $FeSO_4$ 作为共沉淀剂，清液可以排放，残渣可用焙烧法回收汞，或再制成汞盐。

（6）含铅盐及重金属的废液　可在废液中加入 Na_2S 或 NaOH，使铅盐及重金属离子生成难溶性的硫化物或氢氧化物而除去。

（7）含砷及其化合物的废液　在废液中加入 $FeSO_4$，然后用 NaOH 调节溶液 pH 至 9，砷化合物和 $Fe(OH)_3$ 与难溶性的 Na_3AsO_3 或 Na_3AsO_4 产生共沉淀，经过滤除去。另外，还可在废液中加入 H_2S 或 Na_2S，使其生成 As_2S_3 沉淀而除去。

（8）酚　高浓度的酚可用己酸丁酯萃取，重蒸馏回收。低浓度的含酚废液可加入 NaClO 或漂白粉使酚氧化为 CO_2 和 H_2O，即可除去。

3. 废渣的处理

有毒的废渣应深埋在指定的地点，如有毒的废渣能溶解于地下水，会混入饮水中，所以不能未经处理就深埋。有回收价值的废渣应该回收利用。

五、气体钢瓶及其安全使用

1. 气体钢瓶

气体钢瓶是贮存压缩气体或液化气的高压容器。实验室常用的气体如氢气、氦气、氮气、氩气、氧气、空气、甲烷、乙炔、一氧化二氮等，都可贮存在气体钢瓶中运输和使用。

（1）气体钢瓶的结构　气体钢瓶（见图 1-2）是用无缝合金钢或碳素钢管制成的圆柱形容器，底部装上钢质平底座 5，使钢瓶可以竖放。钢瓶顶部装有开关阀门 3（又称总阀），瓶阀上装有防护装置（钢瓶帽 4）。钢瓶口 2 内外壁均有螺纹，以连接钢瓶开关阀门 3 和钢瓶帽 4。钢瓶开关阀的侧面接头具有左旋或右旋的连接螺纹，用以连接气体减压阀，可燃性气体的减压阀为左旋，非可燃性及助燃气体的减压阀为右旋。每个钢瓶筒体上都套有两个橡皮腰圈，以防震动后撞击。钢瓶的器壁很厚，按贮存气体的最高工作压力可分为 15MPa、20MPa、30MPa 三种。最常用的是最高工作压力为 15MPa、容量为 40L 的气体钢瓶。

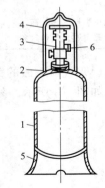

图 1-2　钢瓶剖视图
1—瓶体；2—钢瓶口；
3—开关阀门；4—钢瓶帽；
5—钢瓶底座；6—钢瓶出气口

（2）气体钢瓶的种类

① 按贮存气体的物理性质可分为以下几类。

压缩气体钢瓶，如氧、氢、氮和氩、氦等惰性气体钢瓶。

溶解气体钢瓶，如乙炔气（溶解于丙酮中，加有活性炭等）钢瓶。
液化气体钢瓶，如二氧化碳、一氧化二氮、丙烷、石油气钢瓶等。
低温液化气体钢瓶，如液态氧、液态氮、液态氩钢瓶等。
② 按贮存气体的化学性质可分为以下几类。
可燃气体钢瓶，如氢、乙炔、丙烷、石油气钢瓶等。
助燃气体钢瓶，如氧气、一氧化二氮钢瓶等。
不燃气体钢瓶，如二氧化碳、氮气钢瓶等。
惰性气体钢瓶，如氦、氖、氩、氪、氙气钢瓶等。

（3）气体钢瓶的漆色和标志　各种气体钢瓶的瓶身必须按规定漆上相应的标志色漆，并用规定颜色的色漆写上气瓶内贮存物的中文名称，画出横条标志。部分气瓶漆色及标志见表1-1。

表 1-1　部分气瓶漆色及标志

气瓶名称	外表面颜色	字样	字样颜色	横条颜色
氧气瓶	天蓝色	氧	黑色	—
医用氧气瓶	天蓝色	医用氧	黑色	—
氢气瓶	深绿色	氢	红色	红色
氮气瓶	黑色	氮	黄色	棕色
灯泡氩气瓶	黑色	灯泡氩气	天蓝色	天蓝色
纯氩气瓶	灰色	纯氩	绿色	—
氦气瓶	棕色	氦	白色	—
压缩空气瓶	黑色	压缩空气	白色	—
石油气体瓶	灰色	石油气体	红色	—
氖气瓶	褐红色	氖	白色	—
硫化氢气瓶	白色	硫化氢	红色	红色
氯气瓶	草绿色	氯	白色	白色
光气瓶	草绿色	光气	红色	红色
氨气瓶	黄色	氨	黑色	—
丁烯气瓶	红色	丁烯	黄色	黑色
二氧化硫气瓶	黑色	二氧化硫	白色	黄色
二氧化碳气瓶	黑色	二氧化碳	黄色	—
氧化氮气瓶	灰色	氧化氮	黑色	—
氟氯烷气瓶	铝白色	氟氯烷	黑色	—
环丙烷气瓶	橙黄色	环丙烷	黑色	—
乙烯气瓶	紫色	乙烯	红色	—
其他可燃性气体气瓶	红色	（气体名称）	白色	—
其他非可燃性气体气瓶	黑色	（气体名称）	黄色	—

（4）气体钢瓶的钢印标记　每个气体钢瓶的肩部都印有钢瓶制造厂的钢印标记，其标记含义如图1-3所示。刻钢印的位置一律喷以白漆。

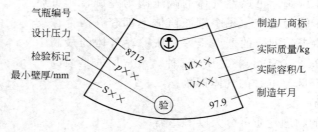

图 1-3　气体钢瓶钢印标记

(5) 减压阀　由于高压钢瓶内气体的压力一般很高，而使用压力往往比较低，仅靠钢瓶开关阀门不能稳定调节气体的流量。为了降低压力并保持压力稳定，必须装置减压阀即减压器（压力较低的 CO_2、NH_3 可例外）。减压阀有弹簧式和杠杆式两种，常用的是弹簧式减压阀。弹簧式减压阀又分为正作用和反作用两种。现以反作用减压阀（见图1-4）为例。减压阀的作用原理是利用弹簧的弹力和薄膜的移动，调节和保持活门开启或关闭的位置，使气流量处于要求的稳定状态。

当打开钢瓶开关阀门时，进入的高压气体作用在减压活门5上，有使活门关闭的趋向。其高压气室1通过进口与钢瓶出气口处相连接。低压气室有一气体出口，通往使用系统。高压压力表11测量的是钢瓶内储存气体的压力，低压压力表12显示的是气体出口的压力，其压力可通过T形调节螺杆9来控制。

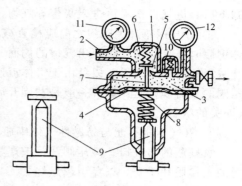

图1-4　反作用弹簧式减压阀结构示意图
1—高压气室；2—管接头；3—低压气室；
4—薄膜；5—减压活门；6—回动弹簧；
7—支杆；8—调节弹簧；9—T形调节螺杆；
10—安全活门；11—高压压力表；
12—低压压力表

使用时先打开钢瓶开关阀门，将高压气体输入到减压阀的高压气室，然后顺时针转动T形调节螺杆9的手柄，打开减压活门，高压气体由高压气室经活门减压后进入低压气室，再经出口通往工作系统。停止使用时，先关闭钢瓶开关阀门让余气排净，当高压压力表和低压压力表的指针均指"0"时，再逆时针转动T形调节螺杆9的手柄，使调节弹簧恢复自由状态，减压阀被关闭。

实验室常用的气体减压阀有用于氢气的、氧气的、乙炔气的三种。每种减压阀只能用于规定的气体，如氢气钢瓶只能选用氢气减压阀；氮气、空气钢瓶可选用氧气减压阀；乙炔钢瓶必须选用乙炔减压阀，绝不能混用。专用减压阀的颜色与钢瓶的颜色相同，如氧气减压阀为天蓝色，氢气减压阀为深绿色等。导管和压力表也必须专用。

在仪器分析（如气相色谱分析等）中，所用气体的流量较小（一般在100mL/min以下），所以仅靠减压阀来控制气体流速是比较困难的。因此，通常在减压阀输出气体的管线中还要串联稳压阀，以精确控制气体流速。目前有使用所谓双级减压阀的仪器，即把基本稳定的低压气再经过第二次减压阀，由于输出的气体经过两次稳压，所以仪器的载气、辅助气压力的调节就不再需要使用稳压阀，从而使仪器气路结构大为简化，并且提高了可靠性和稳定性。

2. 气体钢瓶的安全使用规则

使用气体钢瓶时必须注意以下几点。

① 气体钢瓶通常应存放在实验室外的专用房间里，不可露天放置。要求通风良好，远离电源、热源，环境温度不超过35℃。钢瓶直立放置时要用架子固定，避免摔倒。

② 搬运钢瓶时应戴上钢瓶帽和橡皮腰圈。要轻拿轻放，不要在地上滚动，避免撞击引起爆炸。

③ 安装减压阀时，应先检查减压阀与气体钢瓶是否匹配，然后将高压气瓶出气口、稳压阀接口及管道内的灰尘等脏物清除掉（以防堵塞），再用手拧满减压阀的全部螺纹后再用扳手上紧。减压阀安装好后，用肥皂水检查钢瓶开关阀、减压阀接口及导管是否漏气。如发现漏气，应关闭钢瓶开关阀门后处理。钢瓶与减压阀接口漏气可加聚四氟乙烯垫片。减压阀

卸下后，进气口切不可进入灰尘等脏物，并放在干燥、通风的环境里保存。

④ 打开钢瓶开关阀门之前应检查减压阀是否已经关好，否则容易损坏减压阀。开启气体钢瓶时，人应站在钢瓶出气口的侧面（即与出气口成垂直方向），以防气流射伤人体。打开减压阀时必须缓慢，以免由于气体流速太快，产生静电火花，引起爆炸。不同类型气体减压阀的开启规则是：燃气一般是左旋开启，其他为右旋开启。减压阀不工作时应将手柄松开（即关的状态）。

⑤ 氧气钢瓶不能与易燃性气体钢瓶放在同一室内使用，与明火的距离不得小于10m。

氧气瓶的出气口、减压阀及管道严禁沾染油脂，操作人员绝对不能穿沾有各种油脂或油污的工作服和手套，以免引起燃烧。

⑥ 氢气钢瓶要经常检查导管是否漏气，因为它与其他气体混合易发生爆炸。

⑦ 乙炔钢瓶内充有丙酮及吸附性活性炭，乙炔易燃、易爆，应禁止接触火源。乙炔管道及接头不能用紫铜材料制作，否则将形成一种极易爆炸的乙炔酮。开启钢瓶开关阀门时，阀门不要充分打开，一般不超过1.5转，以防止丙酮溢出。如发现瓶身发热，则说明乙炔已自发分解，应立即停止使用，并用水冷却。钢瓶内乙炔压力低于0.2MPa时，不能再用，否则瓶内丙酮沿管道流入火焰，导致火焰不稳，噪声加大，影响测定准确度。如果遇到乙炔减压阀冻结时，可用热气等方法加温，使其逐渐解冻，但不用火焰直接加热。一般充灌后的乙炔钢瓶要静置24h后使用。

⑧ 钢瓶内气体绝对不能全部用尽，一定要保持0.05MPa以上的内残余压力，可燃性气体应保留0.2~0.3MPa，氢气应保留更高的压力，以防重新充气或以后使用时发生危险。

⑨ 气瓶必须定期送交检验。贮存一般气体的气瓶每三年检验一次。贮存惰性气体的气瓶每五年检验一次；盛腐蚀性气体的气瓶，每两年检验一次。在使用过程中，如发现有严重腐蚀或损伤，应提前进行检验。

六、安全用电常识

化学实验与电的关系相当密切，如化学实验室中加热、通风、使用仪器设备、自动控制等都要用电。用电不当极易引起火灾和造成对人体的伤害。电对人体的伤害可以是电外伤（电灼伤、电烙印和皮肤金属化）和内伤（即电击）。电外伤通常是局部性的，一般危害不大。而电击是电流通过人体内部组织而引起的，通常所说的触电事故基本上都是指电击而言。另外电弧射线也会对眼睛造成伤害。一般交流电比直流电危险，工频交流电（50~60Hz）最危险。是否触电与电压、电流都有关系。对于50Hz的交流电，10mA以上能使肌肉强烈收缩；25mA以上可导致呼吸困难，甚至停止呼吸；100mA以上可使心脏的心室产生纤维颤动，以致无法救治。直流电对人体的危害与交流电相仿。若两手同时接触45V的乙电（干电池的一种）两极则会打手。为了防止触电，在实验中应注意如下几点。

① 在使用电器设备前，应先阅读产品使用说明书，熟悉设备电源接口标记和电流、电压等指标，核对是否与电源规格相符合，只有在完全吻合下才可正常安装使用。

② 在安装仪器或连接线路时，电源线应最后接上。在结束实验拆除线路时，应首先切断电源，拆除电源线。

③ 一切电器设备均应有良好的绝缘，其金属外壳应接地线。绝不允许用潮湿的手进行操作。

④ 安装、修理、检查电器设备时，要切断电源，严禁带电操作！不可用试电笔试高压电！

⑤ 初次使用或长期一直使用的电器设备，必须检查线路、开关、地线是否安全妥当。

并且先用试电笔试验是否漏电,只有在不漏电时才能正常使用。为防止人体触电,电器应安装"漏电保护器"。不使用电器时,要及时拔掉插头使之与电源脱离。不用电时要拉闸。电器发生故障时,在原因不明之前,切忌随便打开仪器外壳,以免发生危险和损坏电器。

⑥ 有些电器设备或仪器,为了防止超负荷工作或局部短路,要求加装"保险丝"。保险丝大都由铅、锡、锌等材料制成,必须按要求选用。严禁用铁、铜、铝等金属丝代替。

⑦ 不得将湿物放在电器上,更不能将水洒在电器设备或线路上。严禁用铁柄毛刷或湿抹布清刷电器设备和开关。电器设备附近严禁放置食物和其他物品,以免导电燃烧。

⑧ 电压波动大的地区,电器设备等仪器应加装稳压器,以保证仪器安全和实验在稳定状态下进行。

⑨ 使用直流电源的设备,千万不要把电源正负极接反!

⑩ 设备仪器以及电线的线头都不能裸露,以免造成短路,在不可避免裸露的地方用绝缘胶带包好。

七、消防常识

化学实验室应准备各种灭火器、消防砂等消防用品,并应定期检查,使其处于备用状态。实验人员应懂得消防知识,会使用一般消防器材。

1. 常用灭火器的种类、适用范围及使用方法

(1) 四氯化碳灭火器 常用的四氯化碳灭火器为手提贮压式,其筒身由薄钢板卷焊而成,上部为悬挂用的横梁,下部为旋钮和喷嘴,最低贮量为1L,最高贮量为10L,筒内装的是四氯化碳灭火剂和压缩空气。

使用时只要旋开旋钮,四氯化碳就从喷嘴喷出。四氯化碳密度大,沸点低,不助燃,不导电,遇热易挥发为气体,其蒸气的密度是空气的4.5倍。当四氯化碳喷到燃烧物表面后,遇热迅速汽化,形成很重的蒸气,包围住燃烧物使之与空气隔绝;同时,四氯化碳在汽化过程中吸收大量的热量,降低了燃烧区的温度,起到冷却的作用。当空气中含有10%的四氯化碳蒸气时,燃烧的火焰因"窒息"而熄灭。

由于四氯化碳不导电,所以主要用于扑灭电器设备或电器设备附近所发生的火灾,不能用于扑救钾、钠、镁、铝、乙炔、二硫化碳等物质的着火。否则,会引起强烈的分解而发生爆炸。

四氯化碳有毒,在高温时能放出光气一类的剧毒气体,所以使用四氯化碳灭火器时,操作者一定要站在上风方向,以免中毒。在狭窄或通风不良的分析室中不能使用。

(2) 化学泡沫灭火器 MP8型手提式泡沫灭火器是用薄钢板卷焊成的圆筒,筒内壁镀锡并涂有防锈漆,筒中央吊挂着盛有硫酸铝溶液的聚乙烯塑料瓶,瓶胆口用瓶盖封闭,瓶胆与筒壁之间充装着加有少量发泡剂和泡沫稳定剂的碳酸氢钠饱和溶液,筒盖是用塑料或钢板压制成的,内装滤网、垫圈、喷嘴,筒盖与筒身之间有密封垫圈,筒盖借助垫圈和螺母紧固在筒身上,其外形结构如图1-5所示。

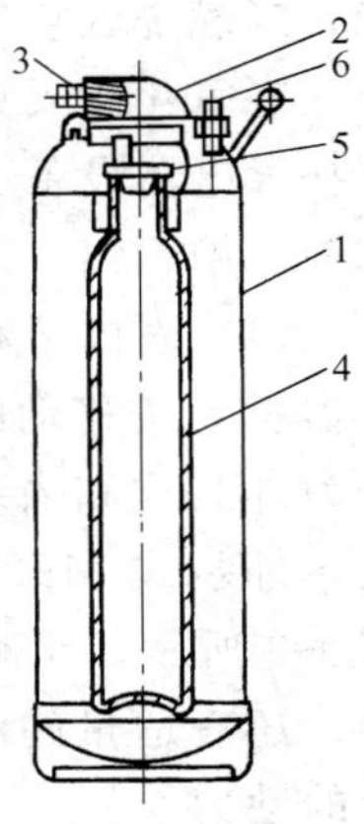

提取泡沫灭火器时,不能肩扛或倾斜,防止两种溶液混合。使用时,左手握住提环,右手抓住筒体底边,喷嘴对准火源,迅速将灭火器颠倒过来,轻轻抖动几下,筒内两种溶液互相混合,发生化学反应,反应生成的二氧化碳气体一方面在发泡剂的作用下形成以二氧化碳为核心

图1-5 MP8型泡沫灭火器
1—筒身;2—筒盖;
3—喷嘴;4—瓶胆;
5—瓶胆盖;6—螺母

外包氢氧化铝的化学泡沫,另一方面使灭火筒内压强迅速增大,将大量的二氧化碳泡沫喷出。这种化学泡沫具有黏性,能附着在燃烧物的表面,将燃烧物覆盖使之与空气隔绝,熄灭火焰。

泡沫灭火器能扑灭多种液体和固体物质所发生的火焰,特别是对于不溶于水的易燃液体如汽油、煤油、香蕉水、松香水等着火的扑灭更为有效。但不能扑救忌水物质和电器设备的火灾。

(3) 二氧化碳灭火器　二氧化碳灭火器按开关方式的不同分为手轮式、鸭嘴式两种,都是由钢瓶、启闭阀、喷筒、虹吸管和手柄等组成,其结构如图1-6、图1-7所示。

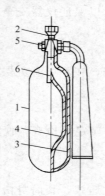
图1-6　手轮式二氧化碳灭火器
1—钢瓶;2—开关;3—喷筒;
4—虹吸管;5—安全膜;6—手柄

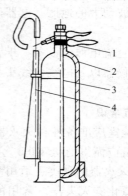
图1-7　鸭嘴式二氧化碳灭火器
1—开关;2—钢瓶;3—虹吸管;4—喷筒

使用时,一手握着喇叭喷筒的把手将其对准火源,另一手打开开关,即可喷出二氧化碳。如果是鸭嘴式开关,右手拔出保险销,紧握喇叭喷筒木柄,左手将上面的鸭嘴向下压,二氧化碳即从喷筒喷出,如果是手轮开关,向左旋转即可喷出二氧化碳。开始喷出的二氧化碳是雪花状的干冰,因吸收燃烧区空气中的热量很快成为气体二氧化碳,这样使燃烧区的温度大幅度降低,起到了冷却作用。同时大量的二氧化碳气体笼罩着燃烧物,使之与空气隔绝,当燃烧区空气中二氧化碳的浓度达到36%~38%时,火焰很快熄灭。

二氧化碳灭火器灭火后不留下任何痕迹,不损坏被救物品,不导电、不腐蚀,尤其适用于扑灭电器设备、精密仪器、电子设备、图书馆、档案馆等处发生的火灾。忌用于某些金属如钾、钠、铝、镁等引起的火灾。

(4) 固体干粉灭火器　干粉灭火器是以高压二氧化碳作为动力喷射固体干粉的新型灭火器材。按移动的方式可分为手提式、推车式和背负式。按二氧化碳钢瓶安装的位置可分为外装式和内装式,二氧化碳钢瓶装在干粉筒身内称为内装式,装在筒身外称为外装式。外装式MF8型干粉灭火器的结构如图1-8所示,内装式MF4型干粉灭火器的结构如图1-9所示。干粉筒是用优质钢板制成的,耐压强度高,内装固体碳酸氢钠等钠盐或钾盐,还有适量的润滑剂和防潮剂。二氧化碳钢瓶内装的二氧化碳压缩气体是作为喷射干粉的动力。

使用时,可将干粉灭火器用手提或肩扛到火场,上下颠倒几次,在距离火场3~4m处,撕去灭火器上的封记,拔出保险销,一手握紧喷嘴,对准火源,另一手的大拇指将压把按下,干粉即可喷出,并要迅速摇摆喷嘴,使粉雾横扫整个火区,由近而远向前推移,渐次将火扑灭。

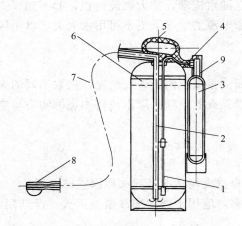
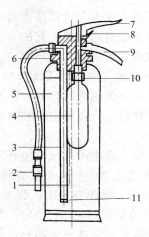

图 1-8　外装式 MF8 型干粉灭火器

1—进气管；2—出粉管；3—二氧化碳钢瓶；4—筒身与钢瓶的紧固螺母；5—提柄；6—干粉筒身；7—胶管；8—喷嘴；9—提环

图 1-9　内装式 MF4 型干粉灭火器

1—进气管；2—喷枪；3—出粉管；4—二氧化碳钢瓶；5—筒体；6—筒盖；7—压把；8—保险销；9—提把；10—钢字；11—防潮堵

干粉灭火器无毒、无腐蚀作用，适用于扑灭油类、可燃气体、有机溶剂、电器设备等火灾，尤其适用于电器设备和遇水燃烧物质的着火。

(5) 1211 灭火器　手提式 1211 灭火器主要由钢瓶和筒盖两部分组成，其结构如图 1-10 所示。

使用手提式 1211 灭火器时，应首先拔掉铅封和安全销，手提灭火器上部，不要把灭火器放平或颠倒，用力紧握压把，启开阀门，储压在钢瓶内的灭火剂即可喷射出来。灭火时，必须将喷嘴对准火源，左右扫射，向前推进，将火扑灭。当手放松时，压把受弹力作用恢复原位，阀门封闭，喷射停止。如果遇到零星小火时，可重复开启灭火器阀门，以点射灭火。

1211 灭火器是一种新型的高效、低毒灭火器材，它是在氮气的压力下将 1211（二氟一氯一溴甲烷）以液态灌装在耐压钢瓶里。它适用于扑灭油类、有机溶剂、可燃气体、精密仪器和文物档案等发生的火灾，有手提式和推车式两种。

使用以上各种灭火器材时，应注意维护和保养。灭火器应放在干燥、通风、取用方便的地方。冬季保温防冻，夏季防止暴晒，注意使用年限，防止喷嘴堵塞，防止受潮，对不同种类的灭火器进行定期和不定期的检查、测量和分析。泡沫灭火器每半年检查一次，1~2 年需更换药剂，以防失效。二氧化碳灭火器每月测量一次，若质量减少 1/10 时，应充气。1211 灭火器每年检查一次，如不低于标准质量的 1/10 时，可继续贮存使用，否则，应及时补充 1211 或氮气。

化学实验室除备有上述几种常用的灭火器材外，还应备有沙箱、砂袋、石棉布、防火毯等灭火器材。

水是常用的灭火材料。因 1kg 水汽化时，需要吸收 2.255MJ 热量，因此，水可从燃烧物上吸收大量热量，使燃烧物温度迅速降低，以致燃烧不再进行。但化验室发生火灾，是否要用水来灭火应十分慎重。凡遇水分解，产生可燃气体和热量的物质着火，不能用水灭火，否则能扩大燃烧面积造成更大的火灾；比水轻且不与水混溶的易燃物

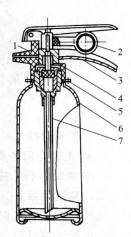

图 1-10　手提式 1211 灭火器

1—喷嘴；2—保险卡；3—提把；4—盖头；5—密封机构；6—筒身；7—吸管

着火，不能用水灭火，否则易燃物浮在水面上，且随水流动，扩大燃烧面积，起不到灭火作用。若是由于电器原因而引起的火灾，在没有切断电源的情况下更不可用水灭火，以免因水能导电而造成触电事故。

2．化学实验室常用的灭火措施

当实验室不慎起火时，一定不要惊慌失措，而应根据不同的着火情况，采取不同的灭火措施。由于物质燃烧需要空气和一定的温度，所以灭火的原则是降温或将燃烧的物质与空气隔绝。

化学实验室常用的灭火措施有：

① 小火用湿布、石棉布覆盖燃烧物即可灭火；

② 火势较大要用各种灭火器灭火，灭火器要根据现场情况及起火原因正确选用；

③ 对活泼金属 Na、K、Mg、Al 等引起的火灾，应用干燥的细沙覆盖灭火。严禁用水、酸碱式灭火器、泡沫式灭火器和二氧化碳灭火器；

④ 有机溶剂着火，切勿用水灭火，而应用"1121"灭火器、干粉等灭火；

⑤ 在加热时着火，立即停止加热，关闭煤气总阀，切断电源，把一切易燃易爆物移至远处；

⑥ 电器设备着火，先切断电源，再用四氯化碳灭火器灭火，也可用干粉灭火器或"1211"灭火器灭火；

⑦ 当衣服着火时，切勿慌张跑动，应立即脱下衣服、就地躺下滚动、用石棉布覆盖着火处或用湿衣服在身上抽打灭火。

对火灾受伤人员，伤势较重者，应立即送往医院。火情很大，应立即报告火警。

思 考 题

1．化学实验有哪些基本要求？
2．化学实验中的意外事故应如何处理？
3．化学实验中的废弃物应如何处理？
4．如何正确识别和使用气体钢瓶？
5．化学实验中用电时应注意些什么？
6．如何正确选择和使用消防器材？

技能训练 1-1 气体钢瓶的识别和使用

一、训练目标

1．能正确识别各类气体钢瓶。
2．能正确选择、安装减压阀，在 15min 内将输出气体压力调试到所需要的压力。

二、实验用品

氢气钢瓶、氮气钢瓶、空气钢瓶、减压阀等。
固定或活络扳手、垫圈、不锈钢短接管、聚乙烯塑料管。

三、训练内容

气体钢瓶的识别和选择、气体钢瓶的移动、气体钢瓶的安放、选择合适的减压阀、安装减压阀、试漏、气体钢瓶的开启、输出压力调节、气体钢瓶的关闭等。

四、操作步骤

1．根据气瓶漆色标志及瓶身上所打的钢印标记选择所需的气种气瓶。

2. 旋紧瓶帽，小心移动至实验室外指定的专用房间里，直立放在气瓶固定架上。注意！①移动时不可将气瓶横放在地上滚动，应轻搬轻放。②室内通风良好。氢气钢瓶必须与氧气钢瓶分开放置，且远离热源、电源。

3. 选择合适的减压阀。检查气瓶和减压阀螺母螺纹是否匹配，清除高压气瓶出气口、减压阀接口及管道内的灰尘。

4. 将减压阀用螺旋套帽装在高压钢瓶总阀的出气口上，并用扳手上紧（氢气钢瓶减压阀为反扣安装）。注意！应先用手拧满螺纹后再用扳手上紧。

5. 检查减压阀是否已关好。在确实关好的情况下，打开气瓶总阀，然后缓慢旋转减压阀T形阀杆使低压室压力表指示所要求的压力。注意！打开气瓶时，操作者应站在气瓶侧面，气瓶出气口不准对着人。

6. 用肥皂水检查气瓶总阀，减压阀接口及导管是否漏气，如发现漏气，应立即关闭气瓶总阀进行处理。

7. 实验结束后，关上气瓶总阀，待压力表指针指零后，旋松减压阀T形阀杆。

8. 整理现场。

五、思考题
1. 如何识别不同种类的气体钢瓶？
2. 如何选用、安装减压阀？
3. 使用高压气瓶应注意哪些问题？

技能训练 1-2　常用灭火器材操作演习

一、训练目标
1. 熟悉常用灭火器材的外形结构及各部件的作用。
2. 掌握常用灭火器材的操作方法及注意事项。

二、实验用品
泡沫灭火器、二氧化碳灭火器、干粉灭火器、1211灭火器、燃烧槽（长2m、宽1m、高0.5m）。可燃物稻草、麦草、玉米秆、柴油、火柴等。

三、操作步骤
1. 火场的准备。
① 在远离建筑物的安全空地上准备好稻草、麦草、干柴等可燃物代替火场。
② 将用薄钢板焊制成的燃烧槽放在安全的地方，倒入柴油，再加少量的汽油代替火场。
2. 灭火操作训练。
① 基本知识训练。将灭火器提到现场，对照实物说明灭火器的型号、规格、灭火原理、操作方法、使用范围和使用性能等，指出灭火器各组成部件的位置，讲述各部件的作用。
② 灭火操作训练。将火场可燃物点燃后，按照各种灭火器的使用方法进行灭火操作练习。

四、注意事项
1. 使用灭火器灭火时，灭火器的筒底和筒盖不能对着人，以防喷嘴堵塞导致机体爆破，使灭火人员遭受伤害。泡沫灭火器不能和水一起灭火，因为水能破坏泡沫，使其失去覆盖燃烧物的作用。
2. 使用二氧化碳灭火器时，手一定要握在喇叭筒的把手上，因为喷出的二氧化碳压力突然下降，温度也必然降低，手若握在喇叭筒上易被冻伤。

3. 使用二氧化碳灭火器时,一定要注意安全。因为当空气中二氧化碳含量高达20%~30%时,会使人精神不振、呼吸衰弱,严重时可因窒息而死亡。

4. 用灭火器灭火时,要迅速、果断,不遗留残火,以防复燃。扑灭容器内液体燃烧时,不要直接冲击液面,以防燃烧着的液体溅出或流散到外面使火势扩大。

五、思考题

1. 本次练习所使用的灭火器材在构造、灭火剂、灭火原理、应用范围、使用性能、操作方法上有何区别?

2. 使用泡沫灭火器时为什么不能像干粉灭火器一样直接用肩扛到火场?灭火时,为什么筒盖和筒底不能对着人?

第二节 实验记录和数据处理

1. 明确实验记录的要求、实验结果的表达方法、实验报告的书写方法。
2. 掌握有效数字的运算规则。

一、实验记录

化学实验中的各种测量数据及有关现象应及时、准确、详细而如实地记录在专门的实验原始记录本上,切忌带有主观因素,更不能随意抄袭、拼凑或伪造数据。实验记录是化学实验工作原始情况的记载,其基本要求是如下。

① 用钢笔或圆珠笔填写,文字记录应简单、明了、清晰、工整,数据记录应尽量采用表格形式。

② 实验中涉及的各种特殊仪器的型号、实验条件、标准溶液浓度等应及时记录。

③ 记录实验数据时,只能保留最后一位可疑数字。例如,常用滴定管的最小刻度是0.1mL,而读数时要读至0.01mL。如某一滴定管中溶液的体积读数为23.35mL,其中前三位数字是准确读取的,而最后一位5是估读的,有人可能估计为4或6,即有正负一个单位的误差,该溶液的实际体积是在(23.35±0.01)mL范围内的某一数值。此时体积测量的绝对误差为±0.01mL;相对误差为

$$\frac{\pm 0.01}{23.35} \times 100\% = \pm 0.04\%$$

最后一位数字称为可疑数字、有误差的数字或不确定的数字。

由于测量仪器不同,测量误差可能不同。常用的几个重要物理量测量的绝对误差一般为:质量,±0.0001g(万分之一的分析天平);溶液的体积,±0.01mL(滴定管、容量瓶、吸量管);pH,±0.01;电位,±0.0001V;吸光度,±0.001单位等。因此,用万分之一的分析天平称量时,要求记录至0.0001g;滴定管、吸量管、容量瓶等的读数,应记录至0.01mL;用分光光度计测量溶液的吸光度时,应记录至0.001读数。其余依此类推。由此可见,实验记录上的每一个数据,都是测量结果,不仅表示了数量的大小,而且还能正确地反映测量的精确程度。所以,必须根据具体试验情况及测量仪器的精度正确读取和记录测量数据。

④ 原始数据不准随意涂改，不能缺项。在实验中，如发现数据测错、记错或算错需要改动时，可将该数据用一横线划去，并在其上方写上正确数字。

二、实验结果的表达

取得实验数据后，应进行整理、归纳，并以简明的方法表达实验结果，其方法有列表法、作图法和数学方程表示法三种，可根据具体情况选择使用。最常用的是列表法和作图法。

1. 列表法

将实验数据中的自变量和因变量数值按一定形式和顺序一一对应列成表格，这种表达方式称为列表法。列表法简单易行、直观，形式紧凑，便于参考比较，在同一表格内，可以同时表示几个变量间的变化情况。实验的原始数据一般采用列表法记录。列表时应注意以下几点。

① 一个完整的数据表，应包括表的序号、名称、项目、说明及数据来源。

② 原始数据表格，应记录包括重复测量结果的每个数据，在表内或表外适当位置应注明如室温、大气压、温度、日期与时间、仪器与方法等条件。直接测量的数值可与处理的结果并列在一张表上，必要时在表的下方注明数据的处理方法或计算公式。

③ 将表分为若干行，每一变量占一行，每行中的数据应尽量化为最简单的形式，一般为纯数，根据物理量＝数值×单位的关系，将量纲、公共乘方因子放在第一栏名称下，以量的符号除以单位来表示，如 V/mL，p/kPa，T/K 等。

④ 表中所列数值的有效数字要记至第一位可疑数字；每一行所记录的数字排列要整齐，同一纵行数字的小数点要对齐，以便互相比较。数值为零时记作"0"，数值空缺时应记一横线"—"。如用指数表示，可将指数放在行名旁与之相乘，但此时指数上的正负应异号。如测得的 K_a 为 1.75×10^{-5}，则行名可写为 $K_a\times10^5$，数值记作 1.75。

⑤ 自变量通常取整数或其他方便的值，其间距最好均匀，并按递增或递减的顺序排列。

2. 作图法

将实验数据按自变量与因变量的对应关系绘制成图形，这种表达方式称为作图法。作图法可以形象、直观地表示出各个数据连续变化的规律性，以及如极大、极小、转折点等特征，并能从图上求得内插值、外推值、切线的斜率以及周期性变化等，便于进行分析和研究，是整理实验数据的重要方法。

为了得到与实验数据偏差最小而又光滑的曲线图形，作图时必须遵照以下规则。

(1) 图纸的选择　通常多用直角坐标纸，有时也用半对数坐标纸或对数坐标纸，在表达三组分体系相图时，则选用三角坐标纸。

(2) 坐标轴及分度　习惯上以横坐标表示自变量，纵坐标表示因变量，每个坐标轴应注明名称和单位，如 $c/(\text{mol/L})$，λ/nm，T/K 等，纵坐标左面自下而上及横坐标下面从左向右每隔一定距离标出该处变量的数值。要选择合理的比例尺，使各点数值的精度与实验测量的精度相当。坐标分度以 1，2，4，5 等最为方便，不宜采用 3，6，7，9 或小数等。通常可不必拘泥于以坐标原点作为分度的零点。曲线若系直线或近乎直线，则应使图形位于坐标纸的中央位置或对角线附近。

(3) 作图点的标绘　把数据标点在坐标纸上时，可用点圆（⊙）、方块（□）、三角（△）或其他符号（如×、十、@等）标注于图中，各符号中心点及面积大小要与所测数据及其误差相适应，不能过大或过小。若需在一张图上表示几组不同的测量值时，则各组数据应分别选用不同形式的符号，以示区别，并在图上注明不同的符号各代表何种情况。数据点上不要标注数据，实验报告上应有完整的数据表。

（4）绘制曲线 如各实验点成直线关系，用铅笔和直尺依各点的趋向，在点群之间画一直线，注意应使直线两侧点数近乎相等，即使各点与曲线距离的平方和为最小。

对于曲线，一般在其平缓变化部分，测量点可取得少些，但在关键点，如滴定终点、极大、极小以及转折等变化较大的区间，应适当增加测量点的密度，以保证曲线所表示的规律是可靠的。

描绘曲线时，一般不必通过图上所有的点及两端的点，但力求使各点均匀地分布在曲线两侧邻近。对于个别远离曲线的点，应检查测量和计算中是否有误，最好重新测量，如原测量确属无误，就应引起重视，并在该区间内重复进行更仔细的测量以及适当增加该点两侧测量点的密度。

作图时先用硬铅笔（2H）沿各点的变化趋势轻轻描绘，再以曲线板逐段拟合手描线的曲率，绘出光滑的曲线。

目前，随着计算机的普及，各种软件均有作图的功能，应尽量使用。但在利用微机作图时，也要遵循上述原则。

三、有效数字及其运算规则

1. 有效数字

有效数字是指在测量中实际能测量到的数字。因此，在记录测量数据和计算结果时，应根据所使用仪器的精确程度（即仪器的最小刻度），必须使所保留的有效数字中，只有最后一位是估计的。可见，有效数字是由全部准确的数字和一位可疑数字构成的。

2. 有效数字的位数

确定有效数字的位数时应注意以下几点。

① 有效数字中的"0"有不同的意义

a. "0"在数字前，仅起定位作用，"0"本身不是有效数字。如0.256，是三位有效数字；0.05，是一位有效数字。

b. "0"在数字中，则是有效数字。如25.08，是四位有效数字，1.0002是五位有效数字。

c. "0"在小数点后，也是有效数字。如25.00、0.5000、20.30 都是四位有效数字；0.0080是两位有效数字。

d. 以"0"结尾的正整数，其有效数字的位数不定。如25000，可能是两位、三位、四位，甚至是五位有效数字。这种数值应根据有效数字的位数情况，用科学记数法改写为10的整数次幂来表示。若是两位，则写成 2.5×10^4；若是三位，则写成 2.50×10^4；若是五位，则写成 2.5000×10^4。

② 含有对数的有效数字位数的确定，取决于小数部分数字的位数。整数部分只说明这个数的方次。如 pH=11.02 的溶液，$[H^+]=9.6 \times 10^{-12}$ mol/L，是二位有效数字。

③ 百分数或千分数的有效数字的位数，取决于小数部分数字的位数。如55.08%是四位有效数字，0.30‰是两位有效数字，0.007%是一位有效数字。

④ 对于计算公式中所含的自然数，如测定次数 $n=4$，化学反应计量系数 2、3、π、e 等常数，$\sqrt{2}$，$\frac{1}{2}$ 等系数均不是测量所得，可视为有足够多的有效数字。

⑤ 若某一数据的第一位有效数字等于或大于 8，则有效数字的位数可多算一位，如 0.0876、0.0980 可视为四位有效数字。

⑥ 在进行单位换算时，有效数字的位数不能改变。如 20.30mL＝0.02030L，是四位有效数字；14.0g＝$1.40×10^4$mg，是三位有效数字，不可写成 14000mg。

⑦ 表示误差时，无论是绝对误差或相对误差，一般只需取一位有效数字，最多取两位有效数字。

3. 数字修约规则

实验的最终结果，常常需要对若干测量参数经各种数学运算才能求得，而各测量参数有效数字的位数又不尽相同，在计算时应弃去多余的数字进行修约。对数字的修约过去采用"四舍五入"的原则。显然逢 5 就进位的办法，从统计规律分析，会使数据偏向高的一边，引起系统的舍入误差。目前国家标准（GB）规定采用"四舍六入五取舍"的规则修约。其修约规则见表 1-2。

表 1-2　数字修约规则

修约顺口溜	修约例子	
	修约前数字	修约后数字
四要舍	4.8141	4.81
	4.8121	4.81
六要入	4.8161	4.82
	4.8181	4.82
五后有数则进一	4.8151	4.82
	4.81503	4.82
五后无数看前方		
前为奇数须进一	4.8150	4.82
	4.835	4.84
前为偶数要舍去	4.8450	4.84
	4.805①	4.80
不论舍弃多少位，必须一次修约完	4.8546②	4.85

① 数字"0"视为偶数。
② 不可修约为 4.8546→4.855→4.86。

4. 有效数字的运算规则

对测量数值进行运算时，每个测量值的准确程度不一定完全相等，必须按有效数字的运算规则进行计算。

（1）加减法　几个数据相加或相减时，它们的和或差的有效数字位数的保留，应以小数点后位数最少即绝对误差最大的数据为准。将其他数据按数字修约规则修约多余数字后，再相加减。如

$$\begin{array}{r} 0.0121 \\ 25.64 \\ +)\,1.0435 \end{array} \quad \xrightarrow{\text{以 25.64 为基准进行修约}} \quad \begin{array}{r} 0.01 \\ 25.64 \\ +)\,1.04 \\ \hline 26.69 \end{array}$$

（2）乘除法　几个数据相乘或相除时，它们积或商的有效数字位数应以有效数字位数最少即相对误差最大的数据为准。将其他数据按修约规则修约后，再进行计算。例如

$$\frac{0.0243\times7.105\times70.06}{164.2}=\frac{0.0243\times7.10\times70.1}{1.64\times10^2}=0.0737$$

(3) 乘方和开方　对测量数值进行乘方或开方运算时，原数值有几位有效数字，计算结果就可保留几位有效数字。例如，$12^2=144=1.4\times10^2$。又如，$\sqrt[3]{2.28\times10^3}=13.16168873=13.2$。

四、实验报告

实验完毕后，应对实验现象认真分析和总结，对原始数据进行处理，对实验结果进行讨论，把直接的感性认识提高到理性认识阶段；对所学知识举一反三，会有更多的收获。这些工作都需通过书写实验报告来训练和完成。实验报告是实验的记录和总结，因此实验报告的格式应规范，内容应准确，书写要清楚，纸面要整洁。

由于实验类型的不同，对实验报告的要求、格式等也有所不同。但对实验报告的内容大同小异，一般都包括三部分，即预习部分、实验记录部分和数据整理及结论部分。

1. 预习（实验前完成）

预习部分通常包括下列内容。

① 实验标题。
② 实验日期。
③ 实验目的。
④ 仪器药品　所用仪器型号，重要的仪器装置图等。药品规格及溶液浓度等。
⑤ 实验原理　简要地用文字和化学反应式说明，特殊仪器的实验装置应画出装置图。
⑥ 简明扼要地写出实验步骤。

2. 实验记录

实验记录又称原始记录，要根据实验类型自行设计记录项目或记录表格，在实验中及时记录。这部分内容一般包括实验现象、检测数据。有的实验数据直接由仪器自动记录或画成图像。

3. 数据整理及结论（实验后完成）

这部分包括结果计算、实验结论、问题讨论及现象分析等。

(1) 结果计算与结论　对于制备与合成类实验，要求有理论产量计算、实际产量及产率计算。对于分析化学实验，要求写出计算公式和计算过程，计算实验误差并且报告结果。对于化学物理参数的测定，要有必要的计算公式和计算过程，并用列表法或图解法表达出来。

(2) 问题讨论　对实验中遇到的问题、异常现象进行讨论，分析原因，提出解决办法，对实验结果进行误差计算和分析，对实验提出改进意见。

(3) 实验总结　对所做实验进行总结并作出结论。

习　题

1. 对实验记录有哪些基本要求？
2. 什么是有效数字？"0"在有效数字中有什么特殊意义？
3. 下列数据各包含几位有效数字？
① 0.030500　② 3.6×10^{-5}　③ 42.30%　④ 1000.00　⑤ 35000　⑥ pH=4.12　⑦ 3.5400×10^8　⑧ 0.0987

4. 将下列数据修约成两位有效数字。
① 0.305　② 0.095　③ 2.55　④ 2.451　⑤ 4.3498　⑥ 7.36　⑦ 7.3967　⑧ 0.2968

5. 按有效数字的运算规则计算下列各式。

① $213.64+4.4+0.3244$

② $\dfrac{2.52\times 4.10\times 15.04}{6.15\times 10^4}$

③ $\dfrac{0.0324\times 8.1\times 2.12\times 10^2}{0.00615}$

④ $\dfrac{31.0\times 4.03\times 10^{-4}}{3.152\times 0.002034}+5.8$

⑤ $\dfrac{0.1000\times(25.00-1.52)\times 246.47}{1.000\times 1000}\times 100\%$

⑥ $\sqrt{\dfrac{1.5\times 10^{-8}\times 6.1\times 10^{-8}}{3.3\times 10^{-5}}}$

第三节 化学实验常用器皿

学习目标

1. 了解化学实验常用器皿的类别。
2. 了解化学实验常用器皿的规格、用途及使用注意事项。

化学实验常用的仪器中，大部分为玻璃制品和一些瓷质类器皿。瓷质类器皿包括蒸发皿、布氏漏斗、瓷坩埚、瓷研钵等。玻璃仪器种类很多，按用途大体可分为容器类、量器类和其他器皿类。

容器类包括试剂瓶、烧杯、烧瓶等。根据它们能否受热又可分为可加热的器皿和不宜加热的器皿。

量器类有量筒、移液管、滴定管、容量瓶等。量器类一律不能受热。

其他器皿包括具有特殊用途的玻璃器皿，如冷凝管、分液漏斗、干燥器、分馏柱、砂芯漏斗、标准磨口玻璃仪器等。

标准磨口玻璃仪器（简称标准口玻璃仪器），是具有标准内磨口和外磨口的玻璃仪器。标准磨口是根据国际通用技术标准制造的，国内已经普遍生产和使用。使用时根据实验的需要选择合适的容量和口径。相同编号的磨口仪器，它们的口径是统一的，连接是紧密的，使用时可以互换，用少量的仪器可以组装多种不同的实验装置，通常应用在有机化学实验中。目前常用的是锥形标准磨口，其锥度为1∶10，即锥体大端直径与锥体小端直径之差与磨面锥体的轴向长度之比为1∶10。根据需要，标准磨口制作成不同的大小。通常以整数数字表示标准磨口的系列编号，这个数字是锥体大端直径（以 mm 为单位）最接近的整数。常用标准磨口系列见表1-3。

表1-3 常用标准磨口系列

编 号	10	12	14	19	24	29	34
口径(大端)/mm	10.0	12.5	14.5	18.8	24.0	29.2	34.5

有时也用 D/H 两个数字表示标准磨口的规格，如14/23，即大端直径为14.5mm，锥体长度为23mm。

使用标准磨口玻璃仪器时应注意以下几点。

① 磨口处必须洁净，不能沾有固体杂物或硬质杂物，以免磨口对接不严，导致漏气。

② 装配仪器时，要注意安装顺序正确，装置整齐、稳妥，保证磨口连接处不受到应力。

③ 一般用途的磨口无需涂润滑剂，以免玷污反应物或生成物，但若反应中有强碱性物质或进行减压蒸馏时，磨口应涂润滑脂（真空活塞脂）。

④ 用后应立即拆卸洗净，否则磨口的连接处将会发生黏结，难以拆开。

化学实验常用的仪器、器皿、用具的种类繁多，成套成台的仪器设备将在以后实验中使用时单独说明，本节仅介绍常用的玻璃仪器及其他常见的简单器皿和用具。

一、常用玻璃仪器

常用的玻璃仪器的规格、用途及使用注意事项见表 1-4。

表 1-4　常用的玻璃仪器

仪器图示	规格及表示方法	一般用途	使用注意事项
 烧杯	有一般型和高型、有刻度和无刻度等几种 规格以容积(mL)表示，还有容积为 1mL、5mL、10mL 的微烧杯	反应物量较多时，用此反应器 配制溶液和溶解固体等 还可用作简易水浴	①加热前先将外壁水擦干，放在石棉网上 ②反应液体不超过容积的 2/3，加热液体不超过容积的 1/3
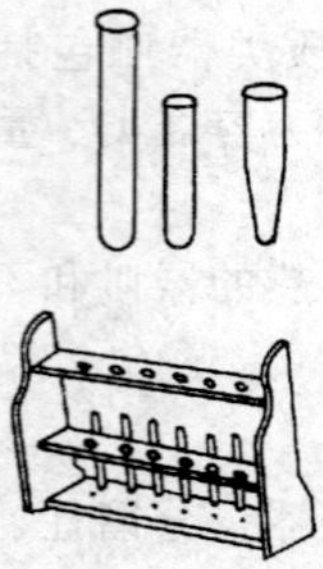 试管与试管架	按质料可分为硬质和软质试管；还可分为普通试管和离心试管 普通试管有平口、翻口；有刻度、无刻度；有支管、无支管；具塞、无塞等几种（离心试管也有具刻度和无刻度之分） 无刻度试管以直径×长度(mm)表示其大小规格。有刻度的试管规格以容积(mL)表示 试管架有木质和金属制品两类	用作少量试剂的反应容器，便于操作和观察 用于收集少量气体 离心试管用于沉淀分离 试管架用于承放试管	①普通试管可直接用火加热，硬质的可加热至高温，但不能骤冷 ②离心试管不能直接加热，只能用水浴加热 ③反应液体不超过容积的 1/2，加热液体不超过容积的 1/3 ④加热前试管外壁要擦干，要用试管夹，加热时管口不要对人，要不断振荡，使试管下部受热均匀 ⑤加热液体时，试管与桌面成 45°；加热固体时，管口略向下倾斜
 具塞锥形瓶 　锥形瓶	有具塞、无塞等种类 规格以容积(mL)表示	作反应容器，可避免液体大量蒸发 用于滴定用的容器，方便振荡	①滴定时，所盛溶液不超过容积的 1/3 ②其他同烧杯
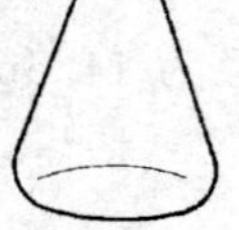 碘量瓶	具有配套的磨口塞 规格以容积(mL)表示	与锥形瓶相同，可用于防止液体挥发和固体升华的实验	同锥形瓶

续表

仪器图示	规格及表示方法	一般用途	使用注意事项
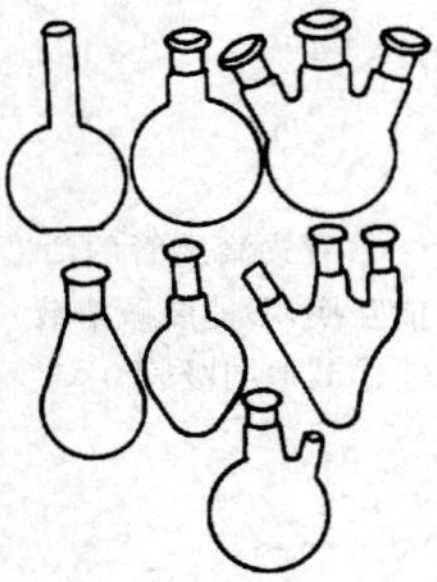 烧瓶	有平底、圆底；长颈、短颈；细口、磨口；圆形、茄形、梨形；二口、三口等种类 规格以容积（mL）表示。还有微量烧瓶	在常温和加热条件下作反应容器 作液体蒸馏容器，受热面积大。圆底的耐压；平底的不耐压，不能作减压蒸馏 多口的可装配温度计、搅拌器、加料管，与冷凝器连接	①盛放的反应物料或液体不超过容积的2/3，但也不宜太少 ②加热前，先将外壁水擦干，放在石棉网上。加热时，要固定在铁架台上 ③圆底烧瓶放在桌面上，下面要有木环或石棉环，以免翻滚损坏
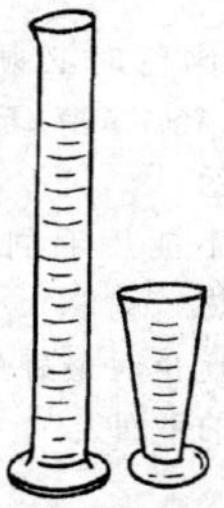 量筒和量杯	上口大、下口小的叫量杯。有具塞、无塞等种类 规格以所能量度的最大容积（mL）表示	量取一定体积的液体	①不能加热 ②不能作反应容器，也不能用作混合液体或稀释的容器 ③不能量取热的液体 ④量度亲水溶液的浸润液体，视线与液面水平，读取与弯月面最低点相切的刻度
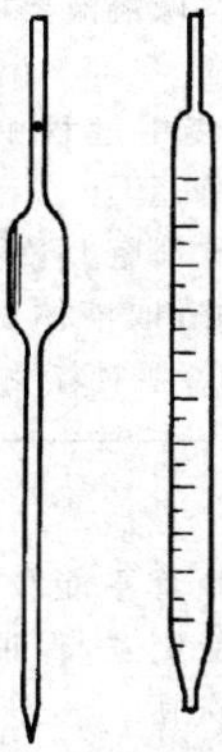 吸管	吸管又叫吸量管，有分刻度线直管型和单刻度线大肚型两种。还可分为完全流出式和不完全流出式。此外还有自动移液管 规格以所能量度的最大容积（mL）表示	准确量取一定体积的液体或溶液	①用后立即洗净 ②具有准确刻度线的量器不能放在烘箱中烘干，更不能用火加热烘干 ③读数方法同量筒
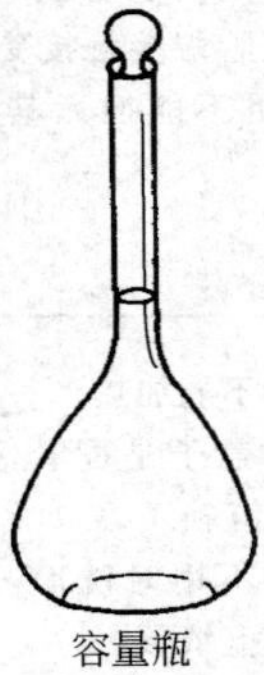 容量瓶	塞子是磨口塞，现在也有用塑料塞的。有量入式和量出式之分 规格以刻线所示的容积（mL）表示	用于配制准确浓度的溶液	①塞子配套，不能互换 ②其他同吸管

续表

仪器图示	规格及表示方法	一般用途	使用注意事项
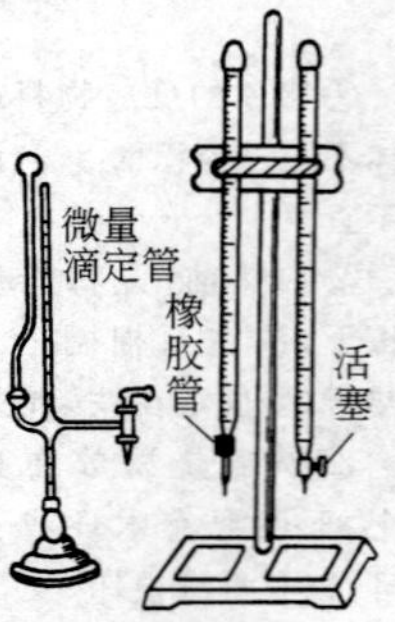 滴定管（微量滴定管、橡胶管、活塞）	具有玻璃活塞的为酸式滴定管，具有橡皮滴头的为碱式滴定管。用聚四氟乙烯制成的，则无酸碱式之分。还有微量滴定管　规格以所能量度的最大容积(mL)表示	用于准确测量液体或溶液的体积　容量分析中的滴定仪器	①酸式滴定管的活塞不能互换，不能装碱溶液　②其他同吸管
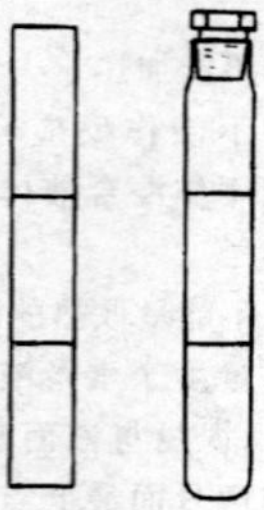 比色管	用无色优质玻璃制成　规格以环线刻度指示容量(mL)表示	盛溶液来比较溶液颜色的深浅	①比色时必须选用质量、口径、厚薄、形状完全相同的　②不能用毛刷擦洗，不能加热　③比色时最好放在白色背景的平面上
 试剂瓶	有广口、细口；磨口、非磨口；无色、棕色等种类　规格以容积(mL)表示	广口瓶盛放固体试剂　细口瓶盛放液体试剂或溶液　棕色瓶用于盛放见光易分解和不太稳定的试剂	①不能加热　②盛碱溶液要用胶塞或软木塞　③使用过程中不要弄乱、弄脏塞子　④试剂瓶上必须保持标签完好；取液体试剂倾倒时，标签要对着手心
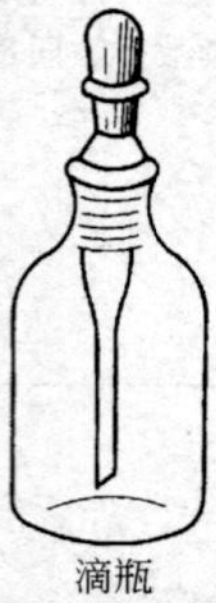 滴瓶、滴管 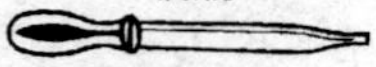	有无色和棕色两种，滴管上配有橡胶帽　规格以容积(mL)表示	盛放液体或溶液	①滴管不能吸得太满，也不能倒置，保证液体不进入胶帽　②滴管专用，不得弄乱、弄脏　③滴管要保持垂直，不能使管端接触接受容器内壁，更不能插入其他试剂中
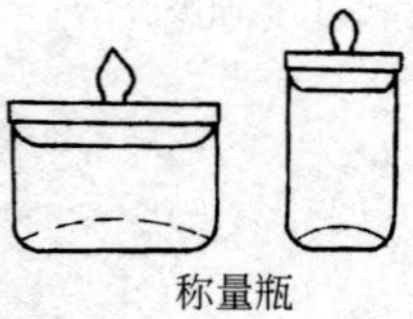 称量瓶	分扁形和高形两种　规格以外径×高(cm)表示	用于称量　测定物质的水分	①不能加热　②盖子是配套磨口的，不能互换　③不用时洗净，在磨口处垫上纸条

续表

仪器图示	规格及表示方法	一般用途	使用注意事项
 表面皿	规格以直径(cm)表示	用来盖在蒸发皿上或烧杯上,防止液体溅出或落入灰尘。也可用作称取固体药品的容器	①不能用火直接加热 ②作盖用时,直径要比容器口直径大些 ③用作称量试剂时,要事先洗净、干燥
 培养皿	规格以玻璃底盖外径(cm)表示	存放固定药品 作菌种培养繁殖用	①不能用火直接加热 ②固体样品应放在培养皿中,以便在干燥器或烘干箱中干燥
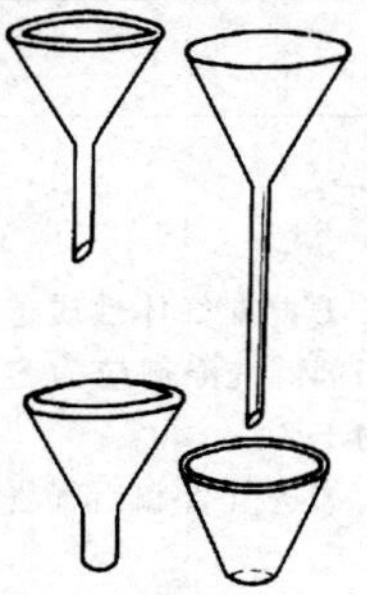 漏斗	有短颈、长颈、粗颈、无颈等种类 规格以斗径(mm)表示	用于过滤;倾注液体导入小口容器中;粗颈漏斗可用来转移固体试剂 长颈漏斗常用于装配气体发生器,作加液用	①不能用火加热,过滤的液体也不能太热 ②过滤时,漏斗颈尖端要紧贴承接容器的内壁 ③长颈漏斗在气体发生器中作加液用时,颈尖端应插入液面以下
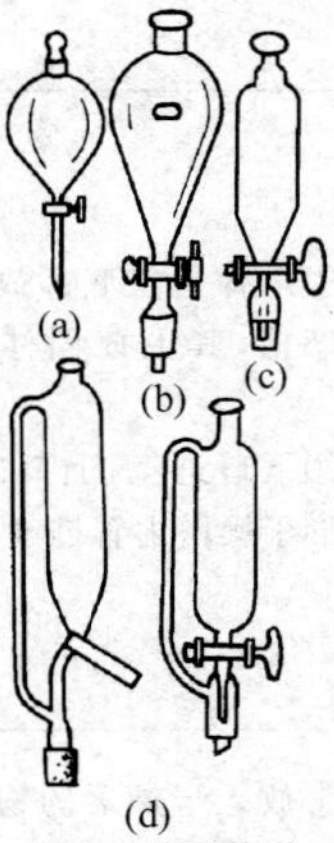 分液、滴液漏斗 (a)(b)(c)(d)	有球形、梨形、筒形、锥形等 规格以容积(mL)表示	互不相溶的液-液分离;在气体发生器中作加液用;对液体的洗涤和进行萃取;作反应器的加液装置	①不能用火直接加热 ②漏斗活塞不能互换 ③进行萃取时,振荡初期应放气数次 ④作滴液加料到反应器中时,下尖端应在反应液下面
 抽滤瓶 布氏漏斗 吸滤管 (吸滤瓶)	布氏漏斗有瓷制或玻璃制品,规格以直径(cm)表示 吸滤瓶以容积(mL)表示大小 吸滤管以直径×管长(mm)表示规格,磨口的以容积(mL)表示大小	连接到水冲泵或真空系统中进行晶体或沉淀的减压过滤	①不能直接用火加热 ②漏斗和吸滤瓶大小要配套,滤纸直径要略小于漏斗内径 ③过滤前,先抽气。结束时,先断开抽气管与滤瓶连接处再停抽气,以防止液体倒吸
 洗瓶	有玻璃和塑料两种,大小以容积(mL)表示	洗涤沉淀和容器	①不能装自来水 ②塑料的不能加热 ③一般都是自制

续表

仪器图示	规格及表示方法	一般用途	使用注意事项
 启普发生器	规格以容积(mL)表示	用于常温下固体与液体反应,制取气体。通常固体应是块状或颗粒,且不溶于水,生成的气体也难溶于水	①不能用来加热或加入热的液体 ②使用前必须检查气密性
 洗气瓶	规格以容积(mL)表示	内装适当试剂用于除去气体中的杂质	①根据气体性质选择洗涤剂。洗涤剂应为容积的约1/2 ②进气管和出气管不能接反
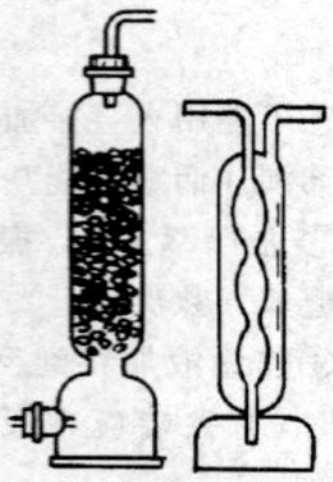 干燥塔	规格以容积(mL)表示	净化和干燥气体	①塔体上室底部放少许玻璃棉,其上放固体干燥剂 ②下口进气,上口出气。球形干燥塔内管进气
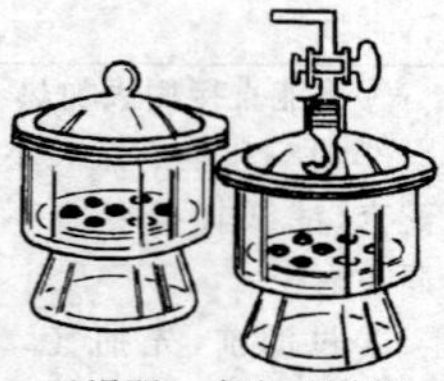 干燥器、真空干燥器	分普通干燥器和真空干燥器两种 规格以内径(cm)表示	存放试剂防止吸潮 在定量分析中将灼烧过的坩埚放在其中冷却	①放入干燥器的物品温度不能过高 ②下室的干燥剂要及时更换 ③使用中要注意防止盖子滑动打碎 ④真空干燥器接真空系统抽去空气,干燥效果更好
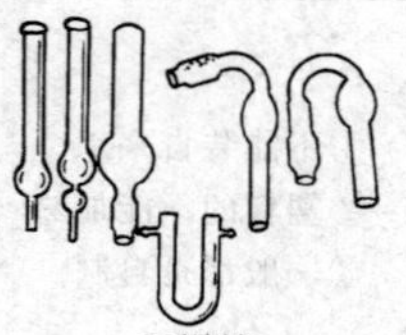 干燥管	有直形、弯形、U形等形状 规格按大小区分	盛干燥剂干燥气体	①干燥剂置于球形部分,U形的置于管中,在干燥剂面上放棉花填充 ②两端大小不同的,大头进气,小头出气

续表

仪器图示	规格及表示方法	一般用途	使用注意事项
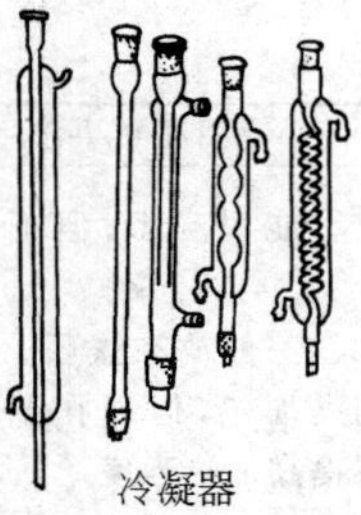 冷凝器	有直形、球形、蛇形、空气冷凝管等多种。还有标准磨口的冷凝管。规格以外套管长(cm)表示	在蒸馏中作冷凝装置。球形的冷却面积大，加热回流最适用。沸点高于140℃的液体蒸馏，可用空气冷凝管	①装配仪器时，先装冷却水胶管，再装仪器。②通常从下支管进水，从上支管出水。开始进水须缓慢，水流不能太大
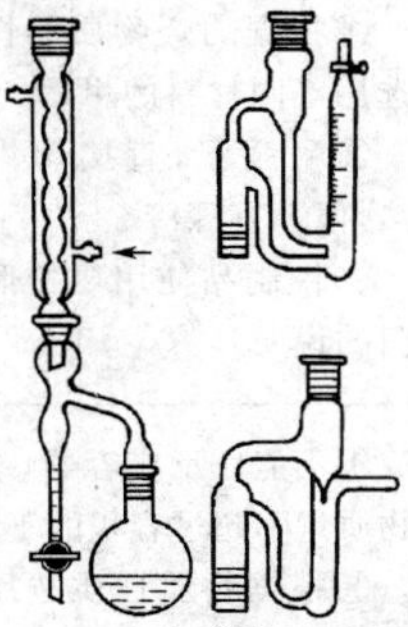 水分离器	多为磨口玻璃制品	用于分离不相混溶的液体，在酯化反应中分离微量水	
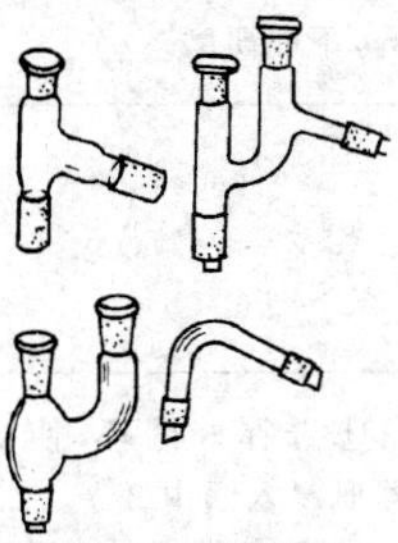 蒸馏头和加料管	标准磨口仪器	用于蒸馏，与温度计、蒸馏瓶、冷凝管连接	①磨口处必须洁净，不得有脏物。一般无需涂润滑剂，但接触强碱溶液时，应涂润滑剂。②安装时，要对准连接磨口，以免承受歪斜应力而损坏。③用后立即洗净，注意不要使磨口连接黏结而无法拆开
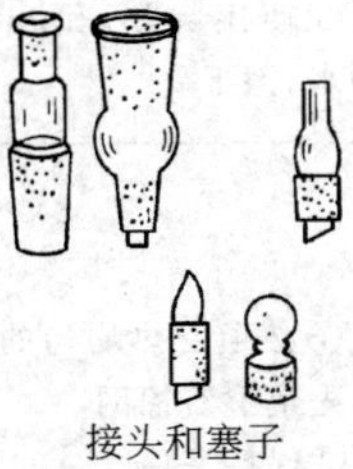 接头和塞子	标准磨口仪器	连接不同规格的磨口和用作塞子	同蒸馏头
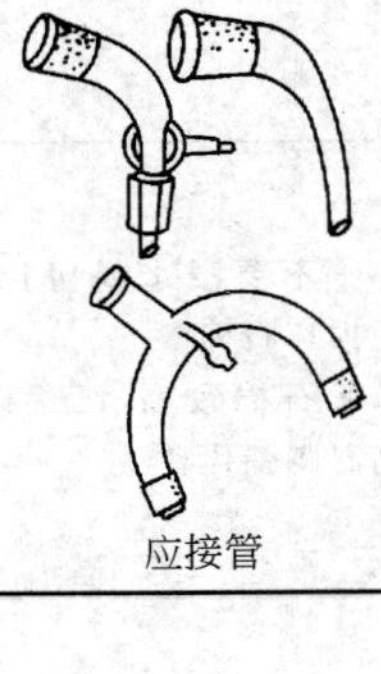 应接管	标准磨口仪器，也有非磨口的，分单尾和双尾两种	承接蒸馏出来的冷凝液体	同蒸馏头

二、常用其他器皿和用具

常用其他器皿和用具的规格、用途、及使用注意事项见表1-5。

表1-5　常用其他器皿和用具

器皿用具图示	规格及表示方法	一般用途	使用注意事项
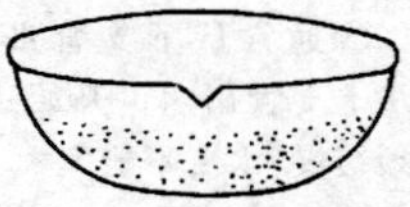 蒸发皿	有瓷、石英、铂等制品 规格以上口直径(mm)或容积(mL)表示	蒸发或浓缩溶液,也可作反应器,还可用于灼烧固体	①能耐高温,但不宜骤冷 ②一般放在铁环上直接用火加热,但须在预热后再提高加热强度
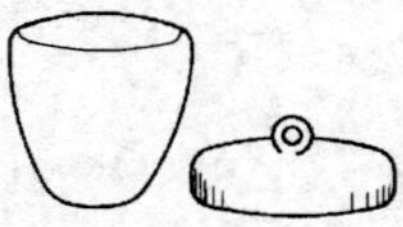 坩埚	有瓷、石墨、铁、镍、铂等制品 规格以容积(mL)表示	熔融或灼烧固体	①根据灼烧物质的性质选用不同材料的坩埚 ②耐高温,直接用火加热,但不宜骤冷 ③铂制品使用要按照专门的说明
 研钵	有玻璃、瓷、铁、玛瑙等制品,以口径(mm)表示	混合、研磨固体物质	①不能作反应容器,放入物质量不超过容积的1/3 ②根据物质性质选用不同材料的研钵 ③易爆物质只能轻轻压碎,不能研磨
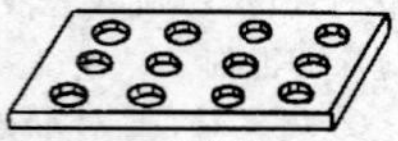 点滴板	上釉瓷板,分黑、白两种	在上面进行点滴反应,观察沉淀生成或颜色	
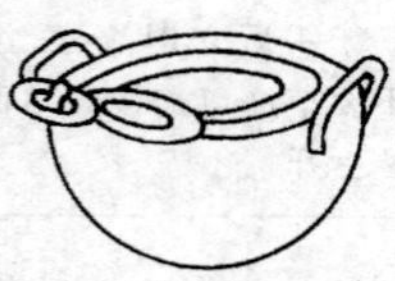 水浴锅	有铜、铝等制品	用作水浴加热	①选择好圈环,使受热器皿浸入锅中2/3 ②注意补充水,防止烧干 ③使用完毕,倒出剩余的水,擦干
 三脚架	铁制品,有大、小、高、低之分	放置加热器	①必须受热均匀的受热器先垫上石棉网 ②保持平稳
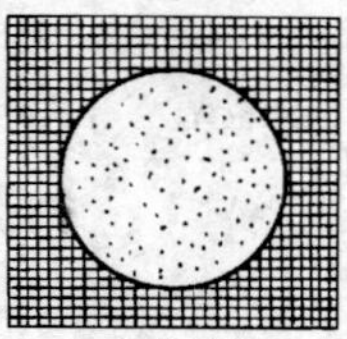 石棉网	由铁丝编成,涂上石棉层。有大小之分	盛放受热容器,使加热均匀	①不要浸水或扭拉,以免损坏石棉 ②石棉致癌,已逐渐用高温陶瓷代替

续表

器皿用具图示	规格及表示方法	一般用途	使用注意事项
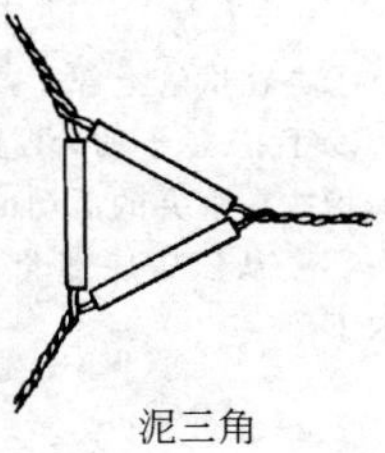 泥三角	由铁丝编成,上套耐热瓷管,有大小之分	坩埚或小蒸发皿直接加热的承放者	①灼烧后不要滴上冷水,保护瓷管 ②选择泥三角的大小要使放在上面的坩埚露在上面的部分不超过本身高度的1/3
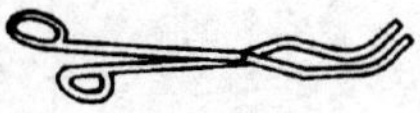 坩埚钳	铁或铜合金制成,表面镀铬	夹取高温下的坩埚或坩埚盖	必须先预热再夹取
 药匙	由骨、塑料、不锈钢等材料制成	取固定试剂	根据实际选用大小合适的药匙。取量很少时,用小端。用完后洗净擦干,才能再去取另外一种药品
 毛刷	有试管刷、滴定管刷和烧杯刷等 规格以大小和用途表示	洗刷仪器	毛不耐碱,不能浸在碱溶液中。洗刷仪器时,小心顶端戳破仪器
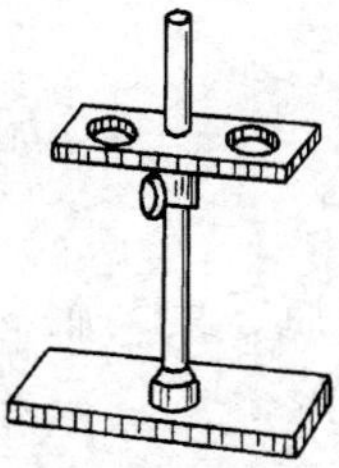 漏斗架	木制,由螺丝可调节固定上板的位置	过滤时上面盛放漏斗,下面放置滤液承接容器	
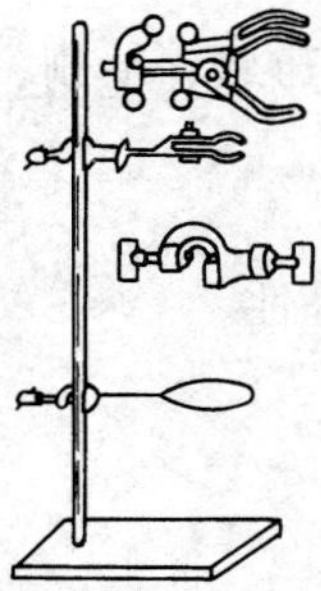 铁架台、铁圈及铁夹	铁架台用高(cm)表示。铁圈以直径(cm)表示。铁夹又称自由夹,有十字夹、双钳、三钳、四钳等类型 也有用铝、铜制的制品	固定仪器或放置容器,铁环可代替漏斗架使用	①固定仪器时,应使装置的重心落在铁架台底座中部,保证稳定 ②夹持仪器不宜过紧或过松,以仪器不转动为宜

续表

器皿用具图示	规格及表示方法	一 般 用 途	使用注意事项
试管夹	用木、钢丝制成	夹持试管加热	①夹在试管上部 ②手持夹子时,不要把拇指按在管夹的活动部分 ③要从试管底部套上或取下
夹子	有铁、铜制品。常用的有弹簧夹和螺旋夹两种	夹在胶管上以沟通、关闭流体的通路,或控制调节流量	

思 考 题

1. 实验室中用来量取液体体积的仪器有哪些?
2. 实验室中可用酒精灯加热的仪器有哪些?
3. 烧杯有哪些用处?

技能训练 1-3 化学实验常用器皿的认领

一、训练目标

1. 认识化学实验常用的仪器。
2. 了解各种玻璃仪器的规格和性能。

二、实验用品

容器类 洗瓶、试管、烧杯、表面皿、锥形瓶、烧瓶、试剂瓶、滴瓶、集气瓶、称量瓶、培养皿等。

量器类 量筒、量杯、吸量管、移液管、容量瓶、滴定管等。

其他玻璃器皿 冷凝管、分液漏斗、干燥器、砂芯漏斗、标准磨口玻璃仪器等。

瓷质类器皿 蒸发皿、布氏漏斗、瓷坩埚、瓷研钵、点滴板等。

其他器皿 洗耳球、石棉网、泥三角、三脚架、水浴锅、坩埚钳、药匙、毛刷、试管架、漏斗架、铁架台、铁圈、铁夹、试管夹等。

三、操作步骤

1. 检查实验仪器 根据实验室提供的仪器登记表对照检查仪器的完好性。
2. 认识各种仪器的名称和规格。
3. 将仪器分类摆放整齐于实验柜中。

四、思考题

1. 化学实验常用的仪器有哪些类别?
2. 各类仪器有何区别?

第四节 化学试剂

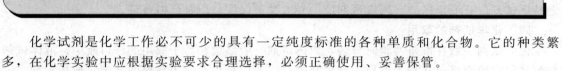

1. 了解化学试剂的规格及适用范围。
2. 合理选择和保管化学试剂。
3. 能正确取用化学试剂。

化学试剂是化学工作必不可少的具有一定纯度标准的各种单质和化合物。它的种类繁多，在化学实验中应根据实验要求合理选择，必须正确使用、妥善保管。

一、化学试剂的规格

化学试剂根据用途可分为一般化学试剂和特殊化学试剂。

根据国家标准（GB），一般化学试剂按其纯度和杂质含量的高低可分为四级，其规格及适用范围见表1-6。

表1-6 化学试剂的规格及适用范围

试剂级别	名称	英文名称	符号	标签颜色	适用范围
一级品	优级纯	guaranteed reagent	G.R.	绿色	纯度很高，适用于精密分析及科学研究工作
二级品	分析纯	analytical reagent	A.R.	红色	纯度仅次于一级品，主要用于一般分析测试、科学研究及教学实验工作
三级品	化学纯	chemical pure	C.P.	蓝色	纯度较二级品差，适用于教学或精度要求不高的分析测试工作和无机、有机化学实验
四级品	实验试剂	laboratorial reagent	L.R.	棕色或黄色	纯度较低，只能用于一般性的化学实验及教学工作

此外，指示剂也属于一般试剂。

特殊化学试剂如高纯试剂、色谱试剂与制剂、生化试剂等大都只有一个级别。一些高纯试剂常常还有专门的名称，如基准试剂、光谱纯试剂、分光光度纯试剂、色谱纯试剂等。

基准试剂的纯度相当于（或高于）一级品，是滴定分析中标定标准溶液的基准物质，也可直接用于配制标准溶液。

光谱纯试剂（符号S.P.）杂质的含量用光谱分析法已测不出或杂质含量低于某一限度，主要用作光谱分析中的标准物质。

分光光度纯试剂要求在一定波长范围内没有或很少有干扰物质，用作分光光度法的标准物质。

色谱试剂与制剂包括色谱用固体吸附剂、固定液、载体、标样等。要注意，"色谱试剂"和"色谱纯试剂"是不同概念的两类试剂。前者是指使用范围，即色谱中使用的试剂，后者是指其纯度高，杂质含量用色谱分析法测不出或低于某一限度，用作色谱分析的标准物质。

生化试剂用于各种生物化学实验。

按规定，试剂瓶的标签上应标示试剂的名称、化学式、摩尔质量、级别、技术规格、产品标准号、生产许可证号（部分常用试剂）、生产批号、厂名等，危险品和毒品还应给出相应的标志。

二、化学试剂的选用

试剂的纯度愈高其价格愈高，应根据实验要求，本着节约的原则，合理选用不同级别的试剂。不可盲目追求高纯度而造成浪费，也不能随意降低规格而影响测定结果的准确度。在能满足实验要求的前提下，尽量选用低价位的试剂。

三、化学试剂的保管

试剂应保存在通风、干燥、洁净的房间里，防止污染或变质。氧化剂、还原剂应密封、避光保存。易挥发和低沸点试剂应置低温阴暗处。易侵蚀玻璃的试剂应保存于塑料瓶内。易燃易爆试剂应有安全措施。剧毒试剂应由专人妥善保管，用时严格登记。

四、化学试剂的取用

化学试剂一般在准备实验时分装，固体试剂一般盛放在易于取用的广口瓶中。液体试剂和配制的溶液则盛放在易于倒取的细口瓶中，一些用量小而使用频繁的试剂，如指示剂、定性分析试剂等可盛放在滴瓶中。盛有试剂的瓶都贴有标签，注明试剂名称、规格、制备日期、浓度等，标签外面涂上了一层薄蜡或用透明胶带等保护。

注意在取用试剂前要核对标签，确认无误后才能取用。各种试剂瓶的瓶盖取下后不能乱放，一般应倒立仰放在实验台上，如果瓶盖顶不是平顶而是扁平的则可用食指和中指夹住瓶盖暂不放置，同时进行取用操作，或放在清洁干燥的表面皿上，绝不能横置实验台上使其受到玷污。取用试剂后要即时盖好瓶盖（注意不要盖错），并将试剂瓶放回原处，以免影响他人使用。试剂取量要合适，多余的试剂不可倒入原试剂瓶中，以免污染试剂。有回收价值的，可放回回收瓶中。不得用手直接接触化学试剂。

1. 固体试剂的取用

① 取固体试剂要用洁净干燥的药匙，它的两端分别是大小两个匙，取较多试剂时用大匙，取少量试剂或所取试剂要加入到小试管中时，则用小匙。应专匙专用，用过的药匙必须及时洗净晾干存放在干净的器皿中。

② 往试管特别是未干燥的试管中加入固体试剂时，可将试管倾斜至近水平，再把药品放在药匙里或干净光滑的纸对折成的纸槽中，伸进试管约 2/3 处（如图 1-11、图 1-12 所示），然后直立试管和药匙或纸槽，让药品全部落到试管底部。

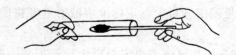

图 1-11　用药匙往试管里倒入固体试剂　　图 1-12　用纸槽往试管里倒入固体试剂

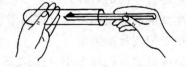

取用块状固体时，应先将试管横放，然后用镊子把药品颗粒放入试管口，再把试管慢慢地竖立起来，使药品沿管壁缓缓滑到底部（如图 1-13 所示）。若垂直悬空投入，则易击破试管底部。

③ 颗粒较大的固体，应放入洁净而干燥的研钵中研碎后再取用。研磨时研钵中所盛固体的量不得超过研钵容量的 1/3（如图 1-14 所示）。

④ 取用一定质量的固体试剂时，可用托盘天平或分析天平等进行称量。分析天平的称量方法见第三章。

图 1-13 块状固体加入法

图 1-14 块状固体的研磨

托盘天平又称台秤。其操作简便快速、称样量大，但称量精度不高，一般能称准到 0.1g，也有能称准到 0.01g 的托盘天平，可用于精确度要求不高的称量。

托盘天平的构造如图 1-15 所示。它是由天平横梁、支承横梁的天平座、放置称量物和砝码的秤盘、平衡螺杆、平衡螺母、指针、刻度盘、刻度标尺及游码等部件组成。刻度标尺上的每一大格为 1g，一大格又分为若干小格，每一小格为 0.1g 或 0.2g。托盘天平的规格根据其最大载荷可分为：100g、200g、500g、1000g、2000g。

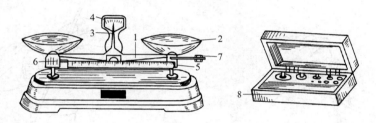
图 1-15 托盘天平
1—横梁；2—秤盘；3—指针；4—刻度盘；5—游码标尺；6—游码；7—调零螺母；8—砝码盘

使用前，应先将游码拨至刻度尺左端"0"处，观察指针的摆动情况。若指针在刻度盘左右两边摆动的格数几乎相等，或者停止摆动时指针指在刻度盘的中线上，则表示天平处于平衡状态（此时指针的休止点叫零点），即天平可以使用。若指针在刻度尺左右摆动的格数相差很大，则应用调零螺丝调准零点后方可使用。

称量时，被称的物品放在左盘，砝码放在右盘。加砝码时，先加大砝码，若偏大，再换小砝码，最后用游码调节，至指针在刻度盘左右两端摆动的格数几乎相等为止（此时指针的休止点叫停点或平衡点）。把砝码和游码的数值加在一起，就是托盘中物品的质量（读准至 0.1g）。

但要注意，不可把药品直接放在托盘上（而应放在称量纸上）称量，潮湿或具有腐蚀性的药品应放在已称量过的洁净干燥的容器（如表面皿、小烧杯等）中称量。不可以把热的物品放在托盘天平上称量。称量完毕，要把砝码放回砝码盒中，将游码退到刻度"0"处，将托盘天平清扫干净。注意，天平的砝码必须用镊子取放。

⑤ 有毒药品要在教师指导下取用。

2. 液体试剂的取用

(1) 从滴瓶中取用液体试剂 从滴瓶中取用液体试剂时，提取滴管使管口离开液面。用手指紧捏胶帽排出管中空气，然后插入试剂中，放松手指吸入试液。再提取滴管垂直地放在试管口或承接容器的上方，将试剂逐滴滴下（见图 1-16）。注意，试管应垂直不要倾斜。切不可将滴管伸入试管中或与接收器的器壁接触，以免玷污滴管。滴管不能倒置，更不可随意乱放，用毕立即插回原瓶，要专管专用，以免玷污试剂。用毕还要将滴管中

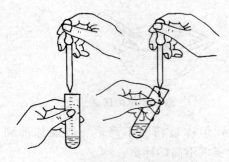

图 1-16 往试管中滴加液体试剂

剩余试剂挤回原滴瓶,不能将充有试剂的滴管放置在滴瓶中。

(2) 用倾注法从细口瓶中取用液体试剂 手心握持贴有标签的一面,逐渐倾斜试剂瓶,让试剂沿着洁净的试管内壁流下(见图 1-17)。取出所需量后,应将试剂瓶口在容器口边靠一下,再逐渐使试剂瓶竖直,这样可使试剂瓶口残留的试剂顺着试管内壁流入试管内,而不致沿试剂瓶外壁流下。如盛接容器是烧杯,则应左手持洁净的玻璃棒,玻璃棒下端靠在烧杯内壁上,而试剂瓶口靠在玻璃棒上,使溶液沿玻璃棒及烧杯壁流入烧杯(见图 1-18)。取完试剂后,应将瓶口顺玻璃棒向上提一下再离开玻璃棒,使瓶口残留的溶液沿着玻璃棒流入烧杯。悬空倒入试剂于试管或烧杯中是错误的。

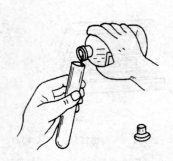

图 1-17 往试管中倒取液体试剂

图 1-18 往烧杯中倒入液体试剂

(3) 定量取用液体试剂 定量取用液体试剂时,可以使用容量适当的量筒(杯)或移液管等。移液管等的使用方法见第三章。用量筒(杯)量取液体试剂时,应按图 1-19 所示的要求量取。对于浸润玻璃的透明液体(如水溶液)视刻度线与量筒(杯)内液体凹液面最低点水平相切而读数(见图 1-20)。对浸润玻璃的有色不透明液体或不浸润玻璃的液体如水银等则要看凹液面上部或凸液面的上部而读数。

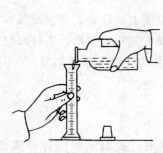

图 1-19 用量筒量取液体

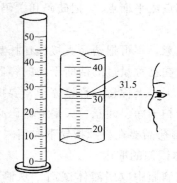

图 1-20 对量筒内液体体积的读数

3. 试剂取用的估量

有些化学试剂的用量通常不要求十分准确,不必称量或量取,估量即可。所以,要学会估计液体和固体的量。

对于液体试剂，一般滴管的 20～25 滴约为 1mL，10mL 的试管中试液约占 1/5 时，则试液约为 2mL。不同的滴管，滴出的每滴液体的体积也不相同。可用滴管将液体（如水）滴入干燥的量筒，测量滴至 1mL 的滴数，即可求算出 1 滴液体的体积。

对于固体试剂，常要求取少量，可用药匙的小头取一平匙即可。有时要求取米粒、绿豆粒或黄豆粒大小等，所取量与之相当即可。

思 考 题

1. 一般化学试剂有哪些规格？各有什么用途？怎样合理选用？
2. 取用固体试剂和液体试剂时应注意什么？

技能训练 1-4　固体和液体试剂的取用

一、训练目标

1. 熟练掌握固体试剂的取用方法。
2. 熟练掌握液体试剂的取用方法。
3. 熟练掌握取用试剂的估量方法。

二、实验用品

试管、量筒、烧杯、玻璃棒、表面皿、毛刷、洗瓶、镊子、药匙、纸槽、称量纸、托盘天平。

0.1% NaCl 溶液、0.01mol/L $KMnO_4$ 溶液、$KMnO_4$ 固体、粗食盐、粗锌粒。

三、操作步骤

1. 选择适宜的量筒，分别量取 5mL 和 30mL 0.1% 的 NaCl 溶液，并分别倾入试管和 100mL 烧杯中。

2. 量取 1mL 0.01mol/L $KMnO_4$ 溶液，并倾入试管中，观察并估量 1mL 溶液占试管容积的几分之几。

在同样规格的另一支试管中估取约 1mL 0.01mol/L $KMnO_4$ 溶液，并倒入量筒中，观察误差的大小。

量取 3mL 0.01mol/L $KMnO_4$ 溶液，重复上述操作。

3. 用滴管吸取 0.1% NaCl 溶液，并逐滴地滴到 10mL 量筒中，记录滴至 1mL 刻度处时的总滴数。记住这个数字，这是不用量筒量取少量溶液的简便方法。

4. 熟悉托盘天平的构造，练习调"零"点的操作，两次。

5. 称量一个表面皿，记下它的质量。然后，在托盘天平右盘上添加 1g 砝码。再向左盘上的已知重量的表面皿里小心加入 $KMnO_4$ 固体，直到天平两端平衡为止。取下表面皿，将砝码放回砝码盒中，恢复天平平衡状态。回收 $KMnO_4$ 固体。

在托盘天平的左、右盘中，各放两张同样大小的称量纸，观察天平平衡状态。再按上述方法称量 5g 粗食盐，并将称得的食盐倒入试管中，再将其倒入回收瓶中。

6. 用托盘天平称取 1g 粗锌粒，并将称得的锌粒放入试管中，然后回收之。

四、思考题

1. 用托盘天平称量固体药品时，应注意什么？
2. 若按本实验中称量粗食盐的方法称量高锰酸钾行吗？为什么？

第五节 试纸 滤纸

1. 了解试纸的类型及制备方法。
2. 正确选择和使用试纸。
3. 了解滤纸的类型、主要技术指标及规格。

一、试纸

试纸是用滤纸浸渍指示剂或液体试剂而制成的。用于定性检验一些溶液的性质或某些物质的存在。其特点是制作简易，使用方便，反应快速。各种试纸都应当密封保存，防止被实验室里的气体或其他物质污染而变质、失效。试纸的种类很多，本节介绍实验室常用的几种试纸。

1. 酸碱性试纸

（1）pH 试纸　pH 试纸用于检测溶液的 pH，有广泛 pH 试纸和精密 pH 试纸两种，有商品出售。

广泛 pH 试纸，按变色范围又可分为 1~10、1~12、1~14、9~14 四种，最常用的是 1~14 的 pH 试纸。广泛 pH 试纸用于粗略地检测溶液的 pH，其测定的 pH 变化值为 1 个单位。

精密 pH 试纸种类很多，按变色范围可分为 pH 为 0.5~5.0、2.7~4.7、3.8~5.4、5.4~7.0、6.8~8.4、8.2~10.0、9.5~13.0 等，可以根据不同的需求选用。精密 pH 试纸用于比较精确地检测溶液的 pH，其测定的 pH 变化值小于 1 个单位。

（2）石蕊试纸　石蕊试纸用于检测溶液的酸碱性。有红色石蕊试纸和蓝色石蕊试纸两种，有商品出售。酸性溶液使蓝色石蕊试纸变红，碱性溶液使红色石蕊试纸变蓝。

（3）其他酸碱试纸　酚酞试纸为白色，遇碱性介质变成红色。苯胺黄试纸为黄色，遇酸性介质变成红色。中性红试纸有黄色和红色两种。黄色中性红试纸遇到碱性介质变成红色，遇强酸变成蓝色；红色中性红试纸遇到碱性介质变成黄色，在强酸中变成蓝色。

2. 特性试纸

（1）淀粉碘化钾试纸　将 3g 可溶性淀粉加入 25mL 水中，搅匀，倾入 225mL 沸水中，再加入 1g KI 和 1g Na_2CO_3，用水稀释至 500mL。将滤纸浸入浸渍，取出，在阴凉处晾干成白色，剪成条状，贮存于棕色瓶中备用。

淀粉碘化钾试纸用于检验 Cl_2、Br_2、NO_2、O_2、$HClO$、H_2O_2 等氧化剂，湿润的淀粉碘化钾试纸遇到这些氧化剂变成蓝色。其原因是，上述氧化剂将试纸中的 I^- 氧化而生成了 I_2。例如 Cl_2 和试纸上的 I^- 作用

$$2I^- + Cl_2 \longrightarrow I_2 + 2Cl^-$$

生成的 I_2 立即与淀粉作用呈蓝色。如果氧化剂氧化性强，浓度又大，可进一步反应

$$I_2 + 5Cl_2 + 6H_2O \longrightarrow 2HIO_3 + 10HCl$$

使 I_2 变成了 IO_3^-，结果使最初出现的蓝色又褪去。

（2）醋酸铅试纸　将滤纸用 3% 的 $Pb(Ac)_2$ 溶液浸泡后，在无 H_2S 的环境中晾干而成。

试纸为无色，用于检验痕量 H_2S 的存在。H_2S 气体与湿润的试纸上的 $Pb(Ac)_2$ 反应生成 PbS 沉淀。

$$Pb(Ac)_2 + H_2S \longrightarrow PbS\downarrow + 2HAc$$

沉淀呈黑褐色并有金属光泽。有时颜色较浅但定有金属光泽为特征。若溶液中 S^{2-} 的浓度较小，加酸酸化逸出 H_2S 太微，用此试纸就不易检出。

（3）硝酸银试纸　将滤纸放入 2.5% 的 $AgNO_3$ 溶液中浸泡后，取出晾干即成，保存在棕色瓶中备用。硝酸银试纸为黄色，遇 AsH_3 有黑斑形成。其反应为

$$AsH_3 + 6AgNO_3 + 3H_2O \longrightarrow 6Ag\downarrow + 6HNO_3 + H_3AsO_3$$
$$\text{（黑斑）}$$

（4）电极试纸　1g 酚酞溶于 100mL 乙醇中，5g NaCl 溶于 100mL 水中，将两溶液等体积混合。取滤纸浸入混合溶液中浸泡后，取出干燥即成。将该试纸用水润湿，接在电池的两个电极上，电解一段时间，与电池负极相接的地方呈现酚酞与 NaOH 作用的红色。

$$2NaCl + 2H_2O \longrightarrow 2NaOH + H_2\uparrow + Cl_2\uparrow$$

3. 试纸的使用

（1）石蕊试纸和酚酞试纸的使用　用镊子取一小块试纸放在干净的表面皿边缘上或点滴板上。用玻璃棒将待测溶液搅拌均匀，然后用棒端蘸少量溶液点在试纸块中部，观察试纸颜色的变化，确定溶液的酸碱性。切勿将试纸投入溶液中，以免污染溶液。

（2）pH 试纸的使用　用法同石蕊试纸。待试纸变色后与色阶板的标准色阶比较，确定溶液的 pH。

（3）淀粉碘化钾试纸的使用　将一小块试纸用蒸馏水润湿后，放在盛有待测溶液的试管口上，如有待测气体逸出，试纸则变色。必须注意不要使试纸直接接触待测物。

醋酸铅和硝酸银试纸的用法与淀粉碘化钾试纸基本相同，区别是湿润后的试纸盖在放有反应溶液的试管口上。

使用试纸时，每次用一小块即可。不要直接用手取用试纸，以免手上不慎沾上的化学品污染试纸。从容器取出所需试纸后要立即盖严容器。

二、滤纸

滤纸主要用于重量分析和分离操作中沉淀的分离。有各种不同类型的滤纸，在实验过程中，应当根据沉淀的性质和数量，合理地选用。

1. 滤纸的类型

化学实验室中常用的有定量滤纸和定性滤纸两种。

用于重量分析的滤纸是定量滤纸。定量滤纸又称为无灰滤纸，用稀盐酸和氢氟酸处理过，其中大部分无机杂质都已被除去，每张滤纸灼烧后的灰分常小于 0.1mg（小于或等于常量分析天平的感量），在重量分析法中可以忽略不计。定性滤纸则不然，主要用于一般沉淀的分离，不能用于重量分析。

按过滤速度和分离性能的不同，滤纸又可分为快速、中速和慢速三种，在滤纸盒上分别以白带、蓝带和红带作为标志。

2. 滤纸的主要技术指标及规格

滤纸外形有圆形和方形两种。常用的圆形滤纸有 7cm、9cm、11cm 等规格。方形滤纸都是定性滤纸，有 60cm×60cm、30cm×30cm 等规格。

我国国家标准《化学分析滤纸》(GB/T 1914—93) 对定量滤纸和定性滤纸产品的分类、型号和技术指标及试验方法等都有规定。滤纸产品按质量分为 A 等、B 等、C 等。在此只将

A 等产品的主要技术指标列于表 1-7。

表 1-7　定性、定量滤纸 A 等产品的主要技术指标及规格

指　标　名　称		快　速	中　速	慢　速
过滤速度①/s		≤35	≤70	≤140
型号	定性滤纸	101	102	103
	定量滤纸	201	202	203
分离性能(沉淀物)		氢氧化铁	碳酸锌	硫酸钡(热)
湿耐破度/mmH$_2$O②		≥130	≥150	≥200
灰分	定性滤纸	≤0.13%		
	定量滤纸	≤0.009%		
铁含量(定性滤纸)		≤0.003%		
定量③/(g/m^2)		80.0±4.0		
圆形纸直径/cm		5.5、7、9、11、12.5、15、18、23、27		
方形纸尺寸/cm		60×60、30×30		

① 过滤速度：把滤纸折成 60° 角的圆锥形，将滤纸完全浸湿，取 15mL 水进行过滤，开始滤出的 3mL 不计时，然后用秒表计量滤出 6mL 水所需要的时间。
② 1mmH$_2$O=9.806375Pa。
③ 定量：规定面积内滤纸的质量，这是造纸工业术语。

思　考　题

1. 试纸有哪些类型，各有什么用途？
2. 重量分析中应选用何种滤纸？

技能训练 1-5　试纸的使用

一、训练目标

1. 了解试纸的类型。
2. 学会选择和使用试纸。

二、实验用品

点滴板、表面皿、玻璃棒。

0.1mol/L HCl、0.1mol/L H$_2$SO$_4$、0.1mol/L NaOH、0.1mol/L KOH、0.1mol/L NaCl、蒸馏水、碘水、广泛 pH 试纸、精密 pH 试纸、酚酞试纸、石蕊试纸、淀粉-KI 试纸。

三、操作步骤

1. 溶液的酸碱性和 pH 的测定。用广泛 pH 试纸和精密 pH 试纸，分别测定下表中各溶液的 pH。

被测溶液	溶液的 pH	溶液的酸碱性
0.1mol/L HCl		
0.1mol/L H$_2$SO$_4$		
0.1mol/L NaOH		
0.1mol/L KOH		
0.1mol/L NaCl		
蒸馏水		

2. 用酚酞试纸和红色石蕊试纸分别测定下表中各溶液的酸碱性。

被测溶液	酚酞试纸		红色石蕊试纸	
	溶液的酸碱性	现象	溶液的酸碱性	现象
0.1mol/L NaOH				
0.1mol/L KOH				

3. 用蓝色石蕊试纸测定下表中溶液的酸碱性。

被测溶液	溶液的酸碱性	现象
0.1mol/L HCl		
0.1mol/L H_2SO_4		

4. 用淀粉-KI试纸测定碘水，并说明其现象。

四、思考题

1. 测定溶液的酸碱性应选择何种试纸？
2. 较精确地测定溶液的pH应选择何种试纸？
3. 测定Cl_2应选择何种试纸？有何现象？
4. 测定H_2S气体应选择何种试纸？有何现象？
5. 测定AsH_3应选择何种试纸？有何现象？
6. 使用各种试纸时应注意些什么？

第六节　化学实验室用水

1. 了解化学实验用水的分类、级别、主要指标及用途。
2. 能选择使用化学实验用水。

水是一种使用最广泛的化学试剂。是最廉价的溶剂和洗涤液，可溶解许多物质，尤其是无机化合物，人们的生活、生产、科学研究等都离不开它。水质的好坏直接影响化工产品的质量和实验结果。

各种天然水，由于长期与土壤、空气、矿物质等接触，都不同程度地溶有无机盐、气体和某些有机物等杂质。其中，无机盐主要是钙和镁的酸式碳酸盐、硫酸盐、氯化物等；气体主要是氧气、二氧化碳和低沸点易挥发的有机物等。一般讲，水中含离子性杂质的量的顺序为：盐碱地水＞井水（或泉水）＞自来水＞河水＞塘水＞雨水。水中含有机物杂质的量的顺序是：塘水＞河水＞井水＞泉水＞自来水。因此，天然水不宜直接用于化学实验，必须进行处理。

一、化学实验用水的分类及用途

经初步处理后得到的自来水，除含有较多的可溶性杂质外，是比较纯净的水，在化学实验中常用作粗洗仪器用水、水浴用水及无机制备前期用水等。

自来水再经进一步处理后所得的纯水（即化学实验用水），在化学实验中常用作溶剂用水、清洗仪器用水、分析用水及无机制备的后期用水等。

1. 按制备方法分类

根据制备方法（纯水的制备方法见第四章）的不同，可将化学实验用水分为蒸馏水、离子交换水和电渗析水。

(1) 蒸馏水　用蒸馏法制得的水称为蒸馏水。由于可溶性盐不挥发，在蒸馏过程中留在剩余的水中，所以蒸馏水比较纯净。一般水的纯度可用电阻率（或电导率）的大小来衡量，电阻率越高或电导率越低（电阻与电导互为倒数），说明水越纯净。蒸馏水在室温时的电阻率可达 $10^5\Omega\cdot cm$，而自来水一般约为 $3\times10^3\Omega\cdot cm$。蒸馏水中的少量杂质，主要来自于冷凝装置的锈蚀及可溶性气体的溶解。在某些实验（如分析化学实验等）中，往往要求使用更高纯度的水。这时可在蒸馏水中加入少量高锰酸钾和氢氧化钡，再次进行蒸馏，以除去水中极微量的有机杂质、无机杂质以及挥发性的酸性氧化物（如 CO_2）。这种水称为重蒸水（二次蒸馏水），电阻率可达 $10^6\Omega\cdot cm$。保存重蒸水应用塑料容器而不能用玻璃容器，以免玻璃中所含钠盐及其他杂质会慢慢溶于水，而使水的纯度降低。

(2) 离子交换水　用离子交换法制得的水叫离子交换水，因为溶于水的杂质离子已被除去，所以又称为去离子水。去离子水的纯度很高，常温下的电阻率可达 $5\times10^6\Omega\cdot cm$ 以上。但因未除去非离子型杂质，含有微量有机物，故为三级水。

(3) 电渗析水　用电渗析法制得的水称为电渗析水。电渗析水纯度比蒸馏水低，未除去非离子型杂质。电阻率为 $10^4\sim10^5\Omega\cdot cm$，接近三级水的质量。

2. 按水的质量分类

按水的质量可将化学实验用水分为一级水、二级水及三级水。

(1) 三级水　三级水包括蒸馏水、离子交换水及电渗析水等。它是最普遍使用的纯水，可直接用于一般化学分析实验、无机化学实验及有机化学实验，还用于制备二级水乃至一级水。

(2) 二级水　可用离子交换或多次蒸馏等方法制取。二级水主要用于无机痕量分析实验，如原子吸收光谱分析、电化学分析实验等。

(3) 一级水　可用二级水经过石英设备蒸馏或离子交换混合床处理后，再经 $0.2\mu m$ 微孔滤膜过滤来制取。一级水主要用于有严格要求的分析化学实验，包括对微粒有要求的实验，如高效液相色谱分析用水等。

二、化学实验用水的级别及主要指标

我国实验室用水已经有了国家标准，GB 6682—92 规定实验用水的技术指标见表 1-8。

表 1-8　化学实验用水的级别及主要指标

指 标 名 称	一　级	二　级	三　级
pH 范围(25℃)			6.0～7.5
电导率(25℃)/(mS/m)	≤0.01	≤0.10	≤0.50
可氧化物质(以 O 计)/(mg/L)		≤0.08	≤0.4
吸光度(254nm,1cm 光程)	≤0.001	≤0.01	
蒸发残渣[(105±2)℃](mg/L)		≤1.0	≤2.0
可溶性硅(以 SiO_2 计)/(mg/L)	≤0.01	≤0.02	

注：1. 高纯水的 pH 难于测定，故一级水、二级水没有规定 pH 的要求。
2. 一级水、二级水的电导率必须"在线"（即将测量电极安装在制水设备的出水管道内）测定。
3. 由于在一级水的纯度下，难于测定可氧化物质和蒸发残渣，对其限量不做规定，可用其他条件和制备方法来保证一级水的质量。

纯水来之不易，也较难于存放，在化学实验中，要根据实验要求选用适当级别的纯水。在保证实验要求的前提下，注意节约用水。

思 考 题

1. 自来水为什么不能直接用于化学实验？
2. 纯水有几种级别？各有何用途？
3. 普通化学分析实验是否应该使用一级水？

第二章 化学实验基本操作技术

化学实验基本操作技术是化学实验的基础，因此，必须熟练掌握化学实验基本操作技术。

第一节 化学实验常用玻璃器皿的洗涤与干燥

掌握玻璃仪器的洗涤及干燥方法。

化学实验中，玻璃仪器的清洁与否，直接影响实验结果。所以，实验前必须清洗玻璃仪器。某些实验需要使用干燥的仪器，因此，有时还要对玻璃仪器进行干燥处理。

一、玻璃仪器的洗涤

1. 洗涤液的选择

洗涤玻璃仪器时，应根据实验要求、污物的性质及玷污程度，合理选用洗涤液。实验室常用的洗涤液有以下几种。

(1) 水　水是最普通、最廉价、最方便的洗涤液，可用来洗涤水溶性污物。

(2) 热肥皂液和合成洗涤剂　是实验室常用的洗涤液，洗涤油脂类污垢效果较好。

(3) 铬酸洗涤液　铬酸洗涤液具有强酸性和强氧化性，适用于洗涤有无机物玷污和器壁残留少量油污的玻璃器皿。用洗液浸泡玷污器皿一段时间，洗涤效果更好。洗涤完毕后，用过的洗涤液要回收在指定的容器中，不可随意乱倒。此洗液可重复使用，当其颜色变绿时即为失效。该洗液要密闭保存，以防吸水失效。

(4) 碱性 $KMnO_4$ 溶液　该洗液能除去油污和其他有机污垢。使用时倒入欲洗器皿，浸泡一会儿后再倒出，但会留下褐色 MnO_2 痕迹，须用盐酸或草酸洗涤液洗去。

(5) 有机溶剂　乙醇、乙醚、丙酮、汽油、石油醚等有机溶剂均可用来洗涤各种油污。但有机溶剂易着火，有些还有毒，使用时应注意安全。

(6) 特殊洗涤液　一些污物用一般的洗涤液不能除去，可根据污物的性质，采用适当的试剂进行处理。如：硫化物玷污可用王水溶解；沾有硫黄时可用 Na_2S 处理；AgCl 玷污可用氨水或 $Na_2S_2O_3$ 处理。

一般方法很难洗净的有机玷污，可用乙醇-浓硝酸溶液洗涤。先用乙醇润湿器壁并留下约 2mL，再向容器内加入 10mL 浓 HNO_3，静置片刻即发生剧烈反应并放出大量的热，反应停止后用水冲洗干净。此过程会产生红棕色的 NO_2 有毒气体，必须在通风橱内进行。注意，绝不可事先将乙醇和硝酸混合！

除上述洗涤液外，实验室常用的其他洗涤液见附录Ⅰ。

2. 洗涤的一般程序

洗涤玻璃仪器时，通常先用自来水洗涤，不能奏效时再用肥皂液、合成洗涤剂等刷洗，仍不能除去的污物，应采用其他洗涤液洗涤。洗涤完毕后，都要用自来水冲洗干净，此时仪器内壁应不挂水珠，这是玻璃仪器洗净的标志。必要时再用少量蒸馏水淋洗 2~3 次。

3. 洗涤方法

洗涤玻璃仪器时，可采用下列几种方法。

（1）振荡洗涤 又叫冲洗法，是利用水把可溶性污物溶解而除去。往仪器中注入少量水，用力振荡后倒掉，依此连洗数次。试管和烧瓶的振荡洗涤如图 2-1 和图 2-2 所示。

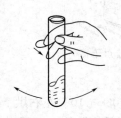  

图 2-1　试管的振荡　　　　图 2-2　烧瓶的振荡　　　　图 2-3　试管的刷洗

（2）刷洗法 仪器内壁有不易冲洗掉的污物，可用毛刷刷洗。先用水湿润仪器内壁，再用毛刷蘸取少量肥皂液等洗涤液进行刷洗。试管的刷洗方法如图 2-3 所示。刷洗时要选用大小合适的毛刷，不能用力过猛，以免损坏仪器。

（3）浸泡洗涤 对不溶于水、刷洗也不能除掉的污物，可利用洗涤液与污物反应转化成可溶性物质而除去。先把仪器中的水倒尽，再倒入少量洗液，转几圈使仪器内壁全部润湿，再将洗液倒入洗液回收瓶中。用洗液浸泡一段时间效果更好。

二、玻璃仪器的干燥

对玻璃仪器进行干燥，可采用下列几种方法。

1. 晾干

对不急于使用的仪器，洗净后将仪器倒置在格栅板上或实验室的干燥架上，让其自然干燥，如图 2-4 所示。

2. 烤干

烤干是通过加热使仪器中的水分迅速蒸发而干燥的方法。加热前先将仪器外壁擦干，然后用小火烘烤。烧杯等放在石棉网上加热，试管用试管夹夹住，在火焰上来回移动，试管口略向下倾斜，直至除去水珠后再将管口向上赶尽水汽，如图 2-5 所示。

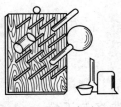 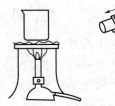

图 2-4　晾干　　　　　　　图 2-5　烤干

3. 吹干

将仪器倒置沥去水分，用电吹风的热风或气流烘干器吹干玻璃仪器。如图 2-6 和图 2-7 所示。

4. 快干（有机溶剂法）

在洗净的仪器内加入少量易挥发且能与水互溶的有机溶剂（如丙酮、乙醇等），转动仪器使仪器内壁湿润后，倒出混合液（回收），然后晾干或吹干。一些不能加热的仪器（如比色皿等）或急需使用的仪器可用此法干燥。

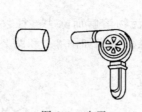

图 2-6　吹干　　　　　　　　图 2-7　气流烘干器

5. 烘干

将洗净的仪器控去水分，放在电烘箱的隔板上，温度控制在 105～110℃ 左右烘干。

烘箱又叫电热恒温干燥箱，如图 2-8 所示，是干燥玻璃仪器常用的设备，也可用于干燥化学药品。

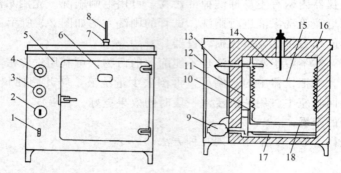

图 2-8　电热恒温干燥器

1—鼓风开关；2—加热开关；3—指示灯；4—控温器旋钮；5—箱体；6—箱门；7—排气阀；
8—温度计；9—鼓风电动机；10—隔板支架；11—风道；12—侧门；13—温度控制器；
14—工作室；15—试样隔板；16—保温层；17—电热器；18—散热板

带有精密刻度的计量容器不能用加热方法干燥，否则会影响仪器的精度，可采用晾干或冷风吹干的方法干燥。

思　考　题

1. 玻璃仪器洗净的标志是什么？
2. 简述玻璃仪器洗涤的一般过程。
3. 精密玻璃量具的干燥可采用哪几种方法？

技能训练 2-1　玻璃仪器的洗涤与干燥

一、训练目标

熟练掌握玻璃仪器的洗涤与干燥方法。

二、实验用品

试管架、试管、烧杯、烧瓶、容量瓶、锥形瓶、漏斗、表面皿、毛刷（各种规格）、洗瓶、酒精灯、石棉网、试管夹、气流烘干器、烘箱。

洗衣粉或肥皂水、铬酸洗液、酒精。

三、操作步骤

1. 用水或洗涤液将给定的仪器洗涤干净，洗净后的仪器合理放置，用过的铬酸洗液倒入回收瓶中。

2. 烤干两支试管，吹干两支试管，用烘箱将烧杯、烧瓶及锥形瓶烘干，用酒精快速干燥两支试管。用过的酒精倒入指定的容器中。

四、思考题

1. 烤干试管时，为什么试管口要略向下倾斜？
2. 向有废液的试管里注水进行洗涤的操作是否正确？为什么？

第二节　加热、干燥和冷却技术

学习目标

1. 了解常用热源的构造，掌握其正确的使用方法。
2. 掌握物质的加热、干燥及冷却的方法。

化学实验中对物质进行加热、冷却和干燥时，必须根据物质的性质、实验目的、仪器的性能等正确选择加热、冷却和干燥方法。

一、常用的热源

1. 酒精灯

酒精灯的构造如图 2-9 所示，其加热温度为 400～500℃。灯焰分为外焰、内焰和焰心三部分，如图 2-10 所示。

图 2-9　酒精灯的构造
1—灯帽；2—灯芯；3—灯壶

图 2-10　酒精灯的灯焰
1—外焰；2—内焰；3—焰心

使用酒精灯时，首先要检查灯芯，将灯芯烧焦和不齐的部分修剪掉，再用漏斗向灯壶内添加酒精，加入的酒精量不能超过总容量的 2/3。加热时，要用灯焰的外焰加热。熄灭时要用灯帽盖灭，不能用嘴吹灭。使用酒精灯时还需注意，酒精灯燃着时不能添加酒精，不要用燃着的酒精灯去点燃另一盏酒精灯。

2. 酒精喷灯

酒精喷灯有座式和挂式两种，其构造见图 2-11、图 2-12，加热温度为 800～1000℃。使用座式酒精喷灯时，首先用探针疏通酒精蒸气出口，再用漏斗向酒精壶内加入工业酒精，酒精量不能超过容积的 2/3，然后在预热盘中注入少量酒精，点燃，以加热灯管。为使灯管充分预热，可重复进行多次。待灯管充分预热后，在灯管口上方点燃酒精蒸气，旋转空气调节器调节空气孔的大小,即可得到理想的火焰。停止使用时,用石棉网盖灭火焰,也可旋转调节器熄灭。

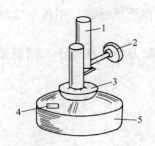 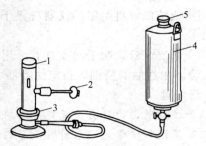

图 2-11 座式喷灯
1—灯管;2—空气调节器;3—预热盘;
4—铜帽;5—酒精壶

图 2-12 挂式喷灯
1—灯管;2—空气调节器;3—预热盘;
4—酒精贮罐;5—盖子

使用时,必须使灯管充分预热,否则酒精不能完全气化,会有液体酒精从灯管口喷出形成"火雨",容易引起火灾。座式酒精喷灯连续使用时不能超过半小时,如需较长时间使用,到半小时时应暂先熄灭喷灯,冷却,添加酒精后再继续使用。

挂式酒精喷灯的用法与座式相似。使用时,酒精贮罐需挂在距喷灯约 1.5m 左右的上方;使用完毕,必须先将酒精贮罐的下口关闭,再关闭喷灯。

3. 煤气灯

煤气灯的构造如图 2-13 所示,加热温度为 700~1200℃。灯焰分为氧化焰、还原焰和焰心三部分,如图 2-14 所示。

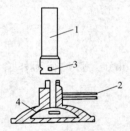 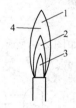

图 2-13 煤气灯的构造
1—灯管;2—空气入口;
3—煤气入口;4—针阀

图 2-14 煤气灯灯焰
1—氧化焰;2—还原焰;3—焰心;
4—最高温度处

使用时,旋转金属灯管,关闭空气入口,擦燃火柴,再打开煤气开关,将煤气点燃。旋转金属灯管,调节空气进入量,拧动螺旋形针阀,调节煤气进入量,待火焰分为三层时,即得正常火焰,用氧化焰加热。实验完毕,向里旋转针阀,关闭煤气灯开关,火焰即被熄灭。若空气和煤气的进入量调节得不适当,会产生不正常的火焰——凌空火焰和侵入火焰。如图 2-15 和图 2-16 所示。当遇到这两种情况时,应关闭煤气的开关,重新点燃和调节。

图 2-15 凌空火焰
(煤气、空气量都过大)

图 2-16 侵入火焰
(煤气量小,空气量大)

煤气中都含有CO等有毒成分，使用过程中要注意安全，防止漏气引起火灾或中毒。

4. 常用电热源

根据需要，实验室还常用电炉、马弗炉、管式炉、电加热套等电器进行加热，设备如图2-17所示。

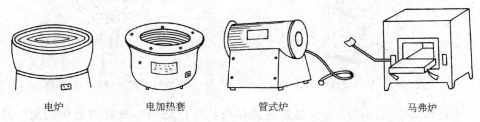

图2-17 常用电设备热源

管式炉的最高使用温度为900℃左右，马弗炉为900℃（镍铬丝）和1300℃（铂丝），电炉为900℃左右，电加热套为450~500℃。使用这些电热源时，一般可以通过调节电阻来控制所需温度。

二、加热方法

加热方法的选择，取决于试剂的性质和盛放该试剂的器皿，以及试剂用量和所需的加热程度。热稳定性好的液体或溶液、固体可直接加热，受热易分解及需严格控制加热温度的液体只能在热浴上间接加热。

实验室中，试管、烧杯、蒸发皿、坩埚等常作为加热的容器，它们可以承受一定的温度，但不能骤热和骤冷。因此，加热前应将器皿的外壁擦干。加热后不能突然与水或潮湿物接触。

1. 直接加热法

（1）加热试管中的液体 加热时，用试管夹夹在试管的中上部，试管略倾斜，管口向上，不能对着自己或别人。先加热液体的中上部，再慢慢下移，然后不时地上下移动，使液体各部分受热均匀，否则容易引起暴沸，使液体冲出。试管中的液体量不得超过试管容积的1/2。如图2-18所示。

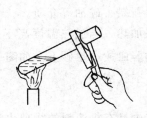

图2-18 加热试管中的液体

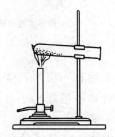

图2-19 加热试管中的固体

（2）加热试管中的固体 先将块状或粒状固体试剂研细，再用纸槽或角匙装入硬质试管底部，装入量不能超过试管容量的1/3，然后铺平，管口略向下倾斜，以免凝结在管口的水珠倒流到灼热的试管底部，使试管炸裂。加热时，先来回将整个试管预热，一般灯焰从试管内固体试剂的前部缓慢向后部移动，然后在有固体物质的部位加强热。如图2-19所示。

（3）加热烧杯和烧瓶中的液体 将盛有液体的烧杯或烧瓶放在石棉网上加热，以免因受热不均使玻璃器皿破裂，如图2-20所示。

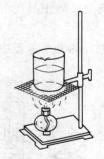
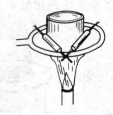

图 2-20　加热烧杯中的液体　　　　图 2-21　灼烧坩埚中的固体

（4）**灼烧坩埚中的固体**　在高温加热固体时，可以把固体放在坩埚中灼烧。开始时，火不要太大，使坩埚均匀地受热，然后加大火焰，用氧化焰将坩埚灼烧至红热。灼烧一定时间后，停止加热，在泥三角上稍冷后，用已预热的坩埚钳夹住放在干燥器内。如图 2-21 所示。

2. 间接加热法

为了使被加热容器或物质受热均匀，或者进行恒温加热，实验室中常采用水浴、油浴、砂浴等方法加热。

（1）**水浴加热**　当被加热物质要求受热均匀，而温度不超过 100℃时，可采用水浴加热。利用受热的水或产生的蒸汽对受热器皿和物质进行加热。常用铜质水浴锅（水浴锅内盛水量不超过容积的 2/3），选用适当大小的水浴锅铜圈支承被加热的器皿。也可以用大烧杯代替水浴锅，如图 2-22 所示。

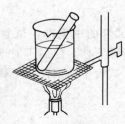

(a) 水浴锅加热　　　(b) 烧杯水浴加热

图 2-22　水浴加热

电热恒温水浴锅可根据需要自动控制恒温。使用时必须先加好水，箱内水位应保持在 2/3 高度处（严禁水位低于电热管），然后再通电，可在 37～100℃范围内选择恒定温度。图 2-23 为两孔电热恒温水浴。

（2）**油浴加热**　油浴适用于 100～250℃的加热，用油浴锅，也可用大烧杯代替，常用于油浴的有甘油、植物油、石蜡、硅油等介质。

（3）**砂浴加热**　当加热温度高于 100℃时，可用砂浴。砂浴是一个铺有一层均匀细砂的铁盘，被加热器皿放在热砂上。如图 2-24 所示。

除水浴、油浴和砂浴外，还有金属（合金）浴、空气浴等。

三、物质的干燥

干燥是去除固体、液体或气体中含有少量水分或少量有机溶剂的物理化学过程。除去化学品中的水分、在干燥条件下贮存化学品、在无水条件下进行化学反应及精密仪器的防潮

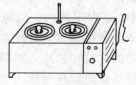
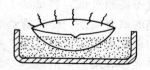

图 2-23　电热恒温水浴　　　　图 2-24　砂浴加热

等，都要进行干燥处理。

干燥的方法可分为物理方法和化学方法。物理方法有加热、冷冻、真空干燥、分馏、共沸蒸馏及吸附等；化学方法是用干燥剂脱水。干燥剂是能与水可逆地结合成水合物或与水发生化学反应生成其他化合物的物质。化学实验室中常用的干燥剂见表 2-1。

表 2-1 常用干燥剂

干燥剂	酸碱性	应 用 范 围	备　　注
$CaCl_2$	中性	烷烃、卤代烃、烯烃、酮、醚、硝基化合物、中性气体、氯化氢	吸水量大，作用快，效力不高；含有碱性杂质 CaO；不适用于醇、胺、氨、酚、酸等的干燥
Na_2SO_4	中性	同 $CaCl_2$ 及其不能干燥的物质	吸水量大，作用慢，效力低
$MgSO_4$	中性	同 Na_2SO_4	比 Na_2SO_4 作用快，效力高
$CaSO_4$	中性	烷、醇、醚、醛、酮、芳香烃等	吸水量小，作用快，效力高
K_2CO_3	强碱性	醇、酮、酯、胺、杂环等碱性物质	不适用于酚、酸类化合物
KOH，NaOH	强碱性	胺、杂环等碱性物质	不适用于酸性物质，作用快速有效
CaO	碱性	低级醇、胺	作用慢，效力高，干燥后液体需蒸馏
金属 Na	强酸性	烃中痕量水、醚、三级胺	不适用于醇、卤代烃等，作用快速有效
浓 H_2SO_4	酸性	脂肪烃、烷基卤代物	不适用于醇、烯、醚及碱性化合物，效力高
P_2O_5		醚、烃、卤代烃、腈中痕量水、酸性物质、CO_2 等	不适用于醇、酮、碱性化合物、HCl、HF 等，效力高，吸收后需蒸馏分离
分子筛		有机物	作用快，效力高，可再生使用
硅胶		吸潮保干	不适用于 HF

1. 气体的干燥

实验室制备的气体常带有酸雾、水汽和其他杂质，必须根据气体及所含杂质的种类、性质合理选择吸收剂、干燥剂，进行净化和干燥处理。气体的干燥，常用的仪器包括洗气瓶、干燥塔、干燥管、U 形管等，其结构见表 1-4。液体处理剂（如浓 H_2SO_4 等）置于洗气瓶中，固体处理剂（如无水 $CaCl_2$ 等）则置于干燥塔内。

2. 有机液体的干燥

有机液体中的水分可用适当的干燥剂干燥。可先用吸水量大、价格低廉的干燥剂作初步干燥，尽可能除净有机液体中的水，然后将液体置于锥形瓶中，加入适量的、颗粒大小适中的干燥剂，塞紧瓶口，不断地振摇，振摇后长时间放置，最后分离。

当浑浊液体变为澄清，干燥剂不再黏附在容器壁上，振摇容器时液体可自由飘移时，表示水分已基本除去。

有些液体有机物也可用分馏或形成共沸混合物的方法除去水分。

3. 固体的干燥

(1) 自然干燥　对于在空气中稳定不吸潮或含有易燃易挥发溶剂的固体，可将其放在干燥洁净的表面皿或其他器皿上，在空气中慢慢晾干。

(2) 加热干燥　对于熔点较高且遇热不分解的固体，可将其放于表面皿中，用恒温烘箱或红外灯烘干。有时把含水固体放在蒸发皿中，先在水浴或石棉网上直接加热，再用烘箱烘干。

(3) 干燥器干燥　对于易吸潮、分解或升华的固体，可在干燥器中干燥。干燥器的类型有普通干燥器、真空干燥器（见表 1-4）和真空恒温干燥器（见图 2-25）。干燥器也可用来干燥保存化学品。

普通干燥器一般用于保存易吸潮的物质，但干燥效率不高，干燥所需时间较长。普通干燥器是磨口的厚玻璃器具，磨口上涂有凡士林，使之密闭，里面有一多孔瓷板，下面放置干燥剂，上面放置盛有待干燥样品的表面皿等。

开启干燥器时，左手按住干燥器的下部，右手按住盖子上的圆顶，向左前方推开干燥器盖，取下后磨口向上，放在实验台上安全的地方，左手放入或取出器皿。加盖时，也应拿住盖上圆顶，推着盖好。移动干燥器时，应该用两手的拇指同时按住盖，防止滑落打碎。

真空干燥器的干燥效果比普通干燥器的好。真空干燥器上有玻璃活塞，用于抽真空。使用时，真空度不宜过高，一般用水泵抽气。启盖前，必须先慢慢放入空气，然后再启盖。

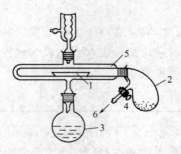

图 2-25 真空恒温干燥器
1—放样小船；2—曲颈瓶；3—烧瓶；
4—活塞；5—夹层；6—接水泵

真空恒温干燥器适用于少量物质的干燥。将待干燥的固体置于夹层干燥筒内，吸湿瓶内装有干燥剂 P_2O_5，烧瓶中放有有机溶剂，它的沸点要低于要干燥固体的熔点。使用时，通过活塞抽真空，加热回流烧瓶中的有机溶剂，利用蒸气加热夹层，从而使药品在恒定温度下得到干燥。

四、物质的冷却方法

有些化学反应、分离及提纯需要在低温下进行，可根据不同的要求，选用合适的冷却方法。

1. 自然冷却

将热的液体在空气中放置一段时间，使其自然冷却至室温。

2. 吹风冷却和流水冷却

当进行快速冷却时，可将盛有液体的器皿放在冷水流中冲淋或用鼓风机吹风冷却。

3. 冷冻剂冷却

当需要使液体的温度低于室温时，可使用冷冻剂冷却。常用的冷冻剂有冰、冰盐溶液（温度可降至 -20℃）、液氮（温度可降至 -190℃）等。注意，温度低于 -38℃时，不能用水银温度计，应改用内装有机液体的低温温度计。

4. 回流冷凝

许多有机化学反应需要使反应物在较长时间内保持沸腾才能完成。为了防止反应物以蒸气逸出，常用回流冷凝装置，使蒸气不断地在冷凝管中冷凝成液体，返回反应器中。详见第四章。

思 考 题

1. 座式酒精喷灯由哪几部分组成？
2. 煤气灯由哪几部分组成？
3. 可以直接加热的仪器有哪些？
4. 间接加热有哪些方法？
5. 冷却有哪些方法？
6. 在 C_2H_5OH、NH_3、CO_2、O_2、CH_3COOH 中，可用 $CaCl_2$、浓 H_2SO_4、$NaOH$、P_2O_5 干燥的分别是何种物质？

技能训练 2-2 加热练习

一、训练目标

学会正确使用酒精灯、酒精喷灯，熟练掌握液体、固体的加热方法。

二、实验用品

酒精灯、酒精喷灯、试管、试管夹、硬质试管、铁架台（带铁夹）、石棉网、火柴。$CuSO_4 \cdot 5H_2O$、工业酒精。

三、操作步骤

1. 酒精灯的点燃。将酒精灯的灯芯修剪好，向酒精灯灯壶中加入工业酒精，并点燃。

2. 加热试管中的液体。在一支试管中加入约 2mL 的水，用试管夹夹住试管的中上部，在火焰上加热至沸腾。

3. 加热试管中的固体。在一支干燥的硬质试管中加入 1g 左右的 $CuSO_4 \cdot 5H_2O$ 晶体，平铺在试管的底部，固定在铁架台上，进行加热，等所有晶体变为白色时，停止加热。当试管冷却到室温后，加入 2～3 滴水，观察颜色的变化。

4. 酒精喷灯的使用。先用探针疏通酒精蒸气出口，再用漏斗向酒精壶内加工业酒精，酒精量不能超过容积的 2/3，然后在预热盘中注入少量酒精，点燃，以加热灯管。为使灯管充分预热，可重复进行多次。待灯管充分预热后，点燃酒精喷灯，调节空气量，直到得到理想的火焰。停止使用时，用石棉网盖灭。反复练习几次酒精喷灯的使用。

四、思考题

1. 能否用手拿着试管进行加热？为什么？
2. 给试管中固体加热时，为什么管口要略向下倾斜？
3. 为什么酒精灯和酒精喷灯中加入酒精的量要适当？
4. 酒精灯的灯焰分为哪几部分？煤气灯的灯焰分为哪几部分？能否自己设计一个试验，说明灯焰各部分温度的不同？
5. 指出下列图中操作的错误。

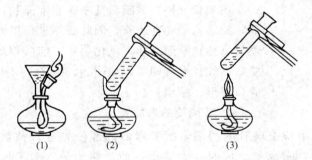

(1)　　　　　(2)　　　　　(3)

第三节　玻璃加工及玻璃仪器装配技术

 学习目标

1. 了解玻璃加工技术。
2. 掌握仪器装配技术。

在化学实验中，常常需要加工玻璃管、装配玻璃仪器。因此，简单的玻璃加工操作和玻璃仪器的装配，是一项必备的基本操作技术。

一、玻璃加工的基本操作技术

1. 洗涤

玻璃管在运输及保管过程中，内壁会沾上一些尘土污物，若不清除，加工制成的毛细管、安瓿球等，由于内壁不净，将对实验结果造成影响。因此，在玻璃管进行加工之前，需要将玻璃管内壁冲洗干净，晾干。

2. 玻璃管（棒）的切割

将干净、粗细合适的玻璃管（棒），平放在台面上，一手捏紧玻璃管（棒），一手握锉刀，用刀刃在玻璃管（棒）截断处，沿与玻璃管（棒）垂直的方向，用力向前或向后划一锉痕（不可来回划），再用水沾一下锉痕，然后双手握住玻璃管（棒），两拇指抵住锉痕的背面，轻轻用力推压，同时两手向外拉，玻璃管（棒）即在锉痕处断开。如图2-26、图2-27所示。

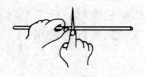
图2-26 锉痕

图2-27 截断

如果玻璃管（棒）较粗，用上述方法截断较困难，可利用玻璃骤热、骤冷易裂的性质，将粗玻璃管的锉痕处用水湿润，再将一根末端拉细的玻璃管在灯焰上加热成熔球，立即触及锉痕处，玻璃管（棒）即可在锉痕处断开。

3. 玻璃管（棒）断面的熔光

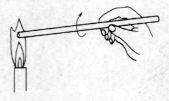
图2-28 玻璃管（棒）断面的熔光

玻璃管（棒）截断后其断面非常锋利，使用时极易划伤皮肤，损坏塞子和乳胶管，因此必须进行熔光处理。熔光时将玻璃管（棒）断面斜插入氧化焰中，前后移动并不断转动，烧到管口微红且光滑即可，如图2-28所示。不可熔烧得太久，以免管口变形、缩小。

4. 玻璃管的弯曲

弯玻璃管时，双手持玻璃管的两端，把要弯曲的部位先进行预热，然后在火焰中加热，并不断缓慢地转动玻璃管，同时左右移动，使受热均匀（为了加大玻璃管的受热面积，可用鱼尾灯头），如图2-29所示。当玻璃管开始变软时，迅速离开火焰，然后将玻璃管弯曲成所需要的角度，如图2-30所示。也可用吹气法弯制，即用右手食指或用棉花堵住右端管口，从左端管口吹气，迅速将玻璃管弯成所需的角度，如图2-31所示。玻璃管的弯曲部分，厚度和粗细必须保持均匀，里外要平滑。若玻璃管要弯成较小的角度时，可分成几次完成。

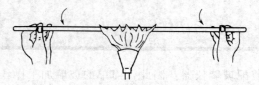
图2-29 玻璃管的加热

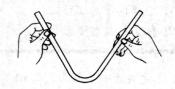
图2-30 玻璃管弯曲

加工后的玻璃管应立即进行退火处理，否则玻璃管容易爆裂。方法是将经高温熔烧的玻璃管在火焰中逐步降低温度，然后缓慢移出火焰，放在石棉网上自然冷却。

5. 滴管的拉制

双手持玻璃管的两端，将要拉细的部位预热，然后在火焰中加热，并不断缓慢地转动玻璃管，使玻璃管受热均匀。当玻璃管熔烧到变软时，迅速离开火焰，两手同时向两边拉伸，先慢后快，直到其粗细程度符合要求为止，拉出的细管与原玻璃管要在同一轴线上，如图2-32所示。冷却数秒钟，再放在石棉网上自然冷却至室温，从拉细部分的中间切断，即得两支一端粗一端细的玻璃管。将细管口在火焰中熔光，粗口熔烧至红热后，立即在石棉网上轻轻压下成卷边，或用锉刀柄斜放管口内迅速而均匀旋转，使管口成喇叭口形，冷却后装上胶头制成滴管。

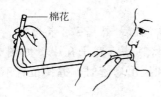

图 2-31　吹气法弯管

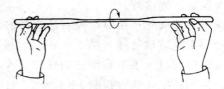

图 2-32　玻璃管拉细

6. 毛细管的拉制

选用直径为1cm左右的干净玻璃管，双手持玻璃管的两端，将要拉细的部位预热，然后在火焰中加热，并不断缓慢地转动玻璃管，使玻璃管受热均匀。当玻璃管熔烧到变软时，迅速离开火焰，两手同时向两边拉伸，先慢后快，直到拉成符合要求的毛细管。

拉好的直径约为1mm的毛细管，按所需长度的两倍截断，两端用小火封闭，以免灰尘和潮气的进入。使用时，从中间截断，即可得到熔点管或沸点管的内管。

拉好的直径约为2mm的毛细管，根据需要的毛细管长度，在拉细处截断，即可得到减压蒸馏所需的一端粗一端细的毛细管。

二、塞子的加工

化学实验中仪器的封口、物质的制备、蒸馏仪器的连接等，都要用到塞子。化学实验室常用的塞子有玻璃磨口塞、橡皮塞、塑料塞和软木塞，仪器装配时多用橡皮塞和软木塞。

玻璃磨口塞能与带有磨口的瓶口很好地密合，密封性好。但不同瓶子的磨口塞不能任意调换，否则不能很好密合，使用前最好用牛皮筋系好。带有磨口的瓶子不适于盛放碱性物质。橡皮塞可以把瓶子塞得很严密，并可耐强碱性物质的侵蚀，但易被酸和某些有机物质（如汽油、丙酮、苯等）所侵蚀。软木塞不易与有机物作用，但易被酸碱所侵蚀。

1. 塞子的选择

塞子的大小应与仪器的口径相匹配，塞子进入仪器内的部分不得少于塞子本身高度的1/2，也不能多于2/3，如图2-33所示。

2. 塞子的钻孔

橡皮塞有弹性，孔道钻成后会收缩，孔径变小，因此要选一个比要插入橡皮塞的玻璃管口径略粗的钻孔器。钻孔时，将塞子小的一端朝上，平放在桌面上的一块木板上（避免钻坏桌面），左手持塞，右手握住钻孔器的柄，如图2-34所示。钻孔前在钻孔器刀口涂上甘油或水，将钻孔器按在选定的位置上，向同一方

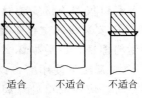

图 2-33　塞子的选择

图 2-34 钻孔方法

向一面旋转一面用力向下压。钻孔器要垂直于桌面，不能左右摇摆，更不能倾斜，以免把孔钻斜。塞子钻通后，向钻孔时的反方向旋转拔出钻孔器，捅出钻孔器里的橡皮。

钻孔后，检查孔道是否合适、光滑，若孔径略小或孔道不光滑，可用圆锉修正。软木塞钻孔与橡皮塞的钻孔方法相同，但钻孔器的口径比欲插入的玻璃管外径要略小一点。

三、玻璃仪器装配技术

1. 一般仪器的连接与安装

一般仪器的连接与安装是根据装置图，选择合适的仪器及其配套的玻璃管、乳胶管、橡皮塞等，洗净、晾干，按所用热源位置的高低，将仪器由下而上，从左到右，依次固定、连接好。

当塞子与玻璃管连接时，先将玻璃管的前端用甘油或水润湿，然后一手持塞子，一手握住玻璃管（手距玻璃管插入端2~3cm），缓慢旋转玻璃管将其插入塞子孔中，如图 2-35 所示。插入玻璃管时，手不能距玻璃管的插入端太远，插入和拔出弯管时，握持位置不能放在弯曲处，否则易把玻璃管折断。

将玻璃管与乳胶管连接时，也要将玻璃管插入端润湿后再旋转插入，并尽可能使被连接的两玻璃管在乳胶管内相碰，且使它们在同一直线上。

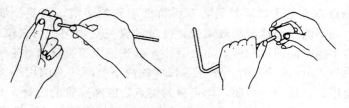

图 2-35 玻璃管与塞子的连接方法

整个仪器安装完毕后，要认真检查各连接部位的密闭性、完好性，使仪器装置紧密稳妥，保证实验的顺利进行。

实验结束后，应按安装时相反的顺序拆除仪器装置，拆除后的仪器要洗干净，晾干，分类妥善保管。

2. 磨口仪器的装配

在化学实验中，还常用到由硬质玻璃制成的标准磨口玻璃仪器。由于玻璃仪器的大小及用途不同，标准磨口的大小也不同。常用的标准磨口系列根据磨口的规格进行编号。凡属同类规格的标准内外磨口均可互相紧密连接，因此，可根据需要选配和组装各种类型的成套仪器。

磨口仪器的装配与一般仪器的安装程序相似。但实验中可省去钻孔等多项操作，比普通玻璃仪器安装方便，密闭性好。

磨口仪器连接安装时应注意以下几点。

① 安装仪器之前，磨口接头部分应清洗干净，擦干，防止磨口连接不紧密。但不能用去污粉擦洗，以免损坏磨口。

② 常压下使用磨口仪器，一般不涂润滑剂，以免污染反应物或产物。但反应中有强碱存在时，应在磨口处涂润滑剂，以防止磨口连接处受碱腐蚀而粘接。

③ 安装仪器时，要紧密、整齐，调整好角度和高度，注意避免磨口连接处受力不均衡

而使仪器碎裂。

④ 实验完毕后，应立即将装置拆卸、洗净、晾干，并分类保存。对于带活塞、塞子的磨口仪器，活塞、塞子不能随意调换，应垫上纸片配套存放。

思 考 题

1. 为什么要将截断的玻璃管（棒）熔光？
2. 玻璃管弯曲后，为什么还要进行退火处理？
3. 使用磨口仪器应注意哪些问题？
4. 简述仪器连接安装的一般顺序。
5. 简述下列装置安装的顺序。

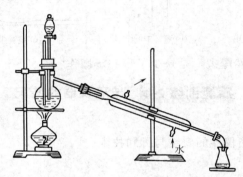

技能训练 2-3　玻璃工的操作练习

一、训练目标

1. 掌握酒精喷灯的使用方法。
2. 初步掌握玻璃管（棒）的截、弯、拉、烧熔等基本操作，能按规格制作玻璃棒、滴管、弯管和毛细管。

二、实验用品

酒精喷灯、鱼尾灯头、锉刀、直尺、石棉网、火柴。

工业酒精、玻璃管、玻璃棒。

三、操作步骤

1. 玻璃管、玻璃棒的截取。按照玻璃管（棒）的截断方法，分别截取 200mm 玻璃管 4 根，200mm 玻璃棒 2 根。

2. 熔光。点燃酒精喷灯，将截取的玻璃管、玻璃棒的断面斜插入火焰中熔光，放在石棉网上冷却。注意与未熔烧的玻璃管、玻璃棒分开放置，以免因一时忘却而烫手。

3. 玻璃弯管、玻璃棒的制作❶。按玻璃弯管的制作方法，制作直角弯管 1 个，135°弯管 1 个，60°弯管 1 个；玻璃棒 2 根。

4. 滴管的制作。按滴管的制作方法，用 200mm 的玻璃管按规格制作滴管 2 支，如图 2-36 所示。

5. 毛细管的拉制。按毛细管的拉制方法拉制出直径约为 1mm 的毛细管，截取中间粗细均匀部分 200mm 左右，并将两端熔烧封口，冷却。

---

❶ 教师可根据具体情况，自定玻璃制品种类及其规格，如弯曲搅拌器用的玻璃棒等。

图 2-36　滴管及其规格

将合格的弯管、玻璃棒、滴管及毛细管交给教师保管。

四、思考题

1. 根据操作练习,解释玻璃加工时出现下列图示现象的原因。

(a) 弯管里外扁平　　(b) 弯管中间细　　(c) 拉管歪斜

2. 刚弯好的玻璃管突然爆裂,是缺少了哪一步操作?

技能训练 2-4　玻璃仪器的装配

一、训练目标

掌握橡皮塞钻孔、玻璃仪器的安装与拆卸技术。

二、实验用品

蒸馏烧瓶、冷凝管、温度计、锥形瓶、橡皮塞、铁架台、石棉网、酒精灯、接液管、钻孔器。

三、装置图

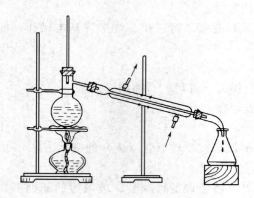

四、操作步骤

1. 将玻璃仪器洗涤干净。
2. 选择合适的橡皮塞及钻孔器,在橡皮塞上钻孔并修整光滑。
3. 依照装置图,将仪器由下而上、从左到右依次连接安装,并固定在铁架台上。检查各连接部位的密封性、完好性,使整套仪器装置紧密稳妥。
4. 按安装时相反的顺序拆除仪器装置。拆除后的仪器用水洗涤干净。

五、思考题

1. 橡皮塞钻孔与软木塞钻孔有何差异?
2. 如何连接玻璃管和橡皮塞?操作时需要注意什么?

第四节 溶解与搅拌技术

学习目标
1. 能合理选择溶剂溶解物质,掌握溶解物质的方法及步骤。
2. 学会使用各种搅拌器。

一、溶解

溶解操作是化学实验的常用的基本操作之一。必须根据溶质和溶剂的性质及溶解的目的,合理选择溶剂及溶解条件,对物质进行溶解。

溶解是溶质在溶剂中分散形成溶液的过程,是一个复杂的物理化学过程,同时伴随着热效应。物质在溶解时若吸热,其溶解度随温度的升高而增大;物质在溶解时若放热,则其溶解度随温度的升高而减小。一般固体溶于水多为吸热过程,因此,实验中常用加热的方法加快溶解速度。

物质溶解度的大小也与溶质和溶剂的性质有关。根据大量实验事实,人们总结出了"相似相溶"的经验规律,即物质在与其性质相似的溶剂中较易溶解。极性物质一般易溶于水、醇等极性溶剂中;而非极性物质易溶于苯、四氯化碳等非极性溶剂。无机物大多易溶于水,有机物则易溶于有机溶剂。一些难溶物质可用酸、碱或混合溶剂。一些难溶于水的物质,常常使其先在高温下熔融,转化成可溶于水的物质,然后再溶解。如将 Na_2CO_3 与 SiO_2 共熔,使 SiO_2 转化成可溶于水的硅酸盐。

气体的溶解度还受到压力的影响,它随气体压力的增加而增大。而固体和液体的溶解度几乎不受压力的影响。

常用的无机溶剂有水、酸性溶剂及碱性溶剂。

(1) 水　用于溶解可溶性的硝酸盐、醋酸盐、铵盐、硫酸盐、氯化物和碱金属化合物等。

(2) 酸性溶剂　常用的酸性溶剂有硝酸、盐酸、硫酸、氢氟酸、磷酸、王水等。利用它们的酸性、氧化还原性等性质,可溶解一些氧化物、硫化物、碳酸盐、磷酸盐等。

(3) 碱性溶剂　常用的碱性溶剂有氢氧化钠、氢氧化钾。可用于溶解金属铝、锌及其合金、氧化物、氢氧化物等。

溶解固体时,先根据其性质选择适当的溶剂,再由固体的量及在一定温度下的溶解度,计算或估算出所需溶剂的量。然后将固体在研钵中研成粉末,取一定量放入烧杯中,加入适量溶剂,进行搅拌或加热,以加速溶解。

二、搅拌器具及其使用

物质在加热、溶解、冷却及化学反应时,常需搅拌,常用的搅拌器具有以下几种。

1. 玻璃棒

搅拌液体时,手持玻璃棒并转动手腕,使玻璃棒带动容器中的液体均匀转动,使溶质与溶剂充分混合或使溶液的温度均匀一致。

注意:搅拌液体时,不能将玻璃棒沿器壁划动或玻璃棒抵着容器底部划动,不能使液体溅出，也不要用力过猛，否则易打破器壁。

2. 电动搅拌器

快速或长时间的搅拌可使用电动搅拌器，其结构如图 2-37 所示。

搅拌器扎头与搅拌叶相连接，所用的搅拌叶由金属或玻璃棒加工而成，搅拌叶有各种形状，可供搅拌不同物质或在不同容器中搅拌时选择使用。如图 2-38 所示。

使用电动搅拌器时应注意：

① 搅拌叶要装正，装牢固，不能与容器壁接触。可在启动前，用手转动搅拌叶，检查是否符合要求。

② 使用时先缓慢启动，再调整到正常转速；停止时也要逐步减速。搅拌速度不要太快，以免液体溅出。

③ 搅拌器长时间使用对电机不利，中间可停一段时间后再用。

3. 磁力搅拌器

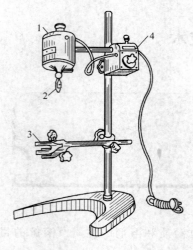

图 2-37　电动搅拌器
1—微型电动机；2—搅拌器扎头；
3—大烧瓶夹；4—转速调节器

利用磁场对磁铁的吸引，通过电动机转动磁铁，使装有磁铁的转子跟着一起转动，从而实现搅拌操作，装置如图 2-39 所示。磁力搅拌适用于体积小、黏度低的液体，在滴定分析中经常用此方法搅拌溶液。

磁力加热搅拌器既可加热，又能搅拌，加热温度可达 80℃，使用非常方便。装置如图 2-40 所示。

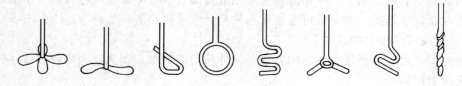

图 2-38　常用搅拌叶

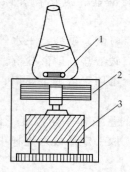

图 2-39　磁力搅拌器
1—转子；2—磁铁；3—电动机

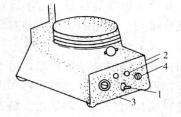

图 2-40　磁力加热搅拌器
1—电源开关；2—指示灯；3—调速旋钮；4—加热调节旋钮

使用磁力搅拌时应注意：

① 磁力搅拌器工作时必须接地。

② 转子要沿容器壁轻轻滑入容器底部。

③ 先将转子放入容器中，再将容器放在搅拌器上。打开电源后，要缓慢调节调速旋钮

进行搅拌。速度过快会使转子脱离磁铁的吸引,不停地跳动,出现此情况时,应迅速将调速旋钮调到停止的位置,待转子停止跳动后再逐步加速。

④ 搅拌结束后,要先取出转子,再倒出液体,立即洗净转子并保存好。

思 考 题

1. 简述用 100g H_2O 溶解 5g KNO_3 的操作步骤。
2. 搅拌的作用是什么?
3. 试举例说明生产、生活中哪些方面需要搅拌?

技能训练 2-5　搅拌器的使用

一、训练目标

巩固取用试剂的方法,掌握溶解和搅拌技术、磁力搅拌器的使用方法。

二、实验用品

研钵、台秤、角匙、烧杯、量筒、玻璃棒、三脚架、石棉网、酒精灯、试剂瓶、搅拌叶、磁力搅拌器。

NaCl 固体、浓 H_2SO_4 ❶。

三、操作步骤

1. 溶解与稀释。

① 用台秤称取 3g NaCl 固体,倒入 100mL 烧杯中,用量筒加入 25mL 蒸馏水,加热并用玻璃棒不断搅拌,使固体 NaCl 完全溶解,冷却至室温,转入试剂瓶中,贴上标签保存。

② 用量筒量取 2mL 浓 H_2SO_4,在用玻璃棒不断搅拌下缓慢倒入装有 100mL H_2O 的烧杯中,冷却至室温,转入试剂瓶中,贴上标签保存。

2. 磁力加热搅拌器的使用。用量筒量取 100mL H_2O 倒入 250mL 烧杯中,再将转子沿烧杯壁缓慢放入烧杯中,然后将烧杯放到磁力加热搅拌器上,打开电源开关,缓慢调节调速旋钮,使转速缓缓加快。停止搅拌时,先将调速旋钮调到最小,再关闭电源,最后取出转子,洗净保存,将液体倒入水池。

四、思考题

1. 稀释浓 H_2SO_4 时,应如何操作?
2. 使用磁力搅拌器时,如果转子不停地跳动,应如何处理?

---

❶ 教师可自定要配制的溶液,如配制随堂实验所需的溶液。

第三章 化学实验基本测量技术

在化学实验中,常常需要称量物质的质量、量取物质的体积、测定环境或体系的温度及气体的压力等。只有熟练掌握这些基本测量技术,才能得到准确的测量结果。

第一节 质量的称量技术

1. 了解电光天平和电子天平的称量原理、构造及性能。
2. 了解电光天平的使用方法,掌握电子天平的使用方法。
3. 熟练掌握称样方法。

化学实验中常用的称量仪器是天平。天平的种类很多,有电光天平和电子天平等,本节着重介绍常用的电光天平和电子天平。

一、电光天平

1. 电光天平的种类和规格

常用的电光天平有半自动电光天平、全自动电光天平等。电光天平一般能称准至 0.1mg,可用于精确度要求较高的称量中。一般分析测试中所用电光天平的最大载荷为 200g,最小分度值为 0.1mg 或 0.05mg。电光天平的精确度级别可由天平的最大称量与检定标尺分度值之比 n(n=Max/e)来表示,可划分为四个准确度级别(见表 3-1)。而特种准确度级和高准确度级天平可细分为十个级别,参见表 3-2。例如最大称量为 200g,检定分度值为 0.0001g 的天平,它的 $n=200/0.0001=2×10^6$,由表查得准确度级别为 3 级。

表 3-1 天平的准确度级别

级 别	名 称	符 号	级 别	名 称	符 号
特种准确度级	高精密天平	I	中准确度级	商用天平	III
高准确度级	精密天平	II	普通准确度级	普通天平	IV

2. 半自动电光天平和全自动电光天平

(1) 称量原理 半自动电光天平和全自动电光天平都属于等臂天平。各种等臂天平都是根据杠杆原理制造的。设有一杠杆 ABC(见图 3-1),其支点为 B,A、C 两点所受的力分别为 Q 和 P,Q 为被称量物体的质量,P 是砝码的质量。当杠杆处于平衡状态时,支点两边的力矩相等,即

$$Q · AB = P · BC$$

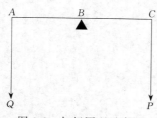

图 3-1 杠杆原理示意图

表 3-2　特种准确度级和高准确度级天平的级别

准确度级别		最大称量与检定标尺间隔之比
Ⅰ	1	$1\times10^{7}\leqslant n$
	2	$5\times10^{6}\leqslant n<1\times10^{7}$
	3	$2\times10^{6}\leqslant n<5\times10^{6}$
	4	$1\times10^{6}\leqslant n<2\times10^{6}$
	5	$5\times10^{5}\leqslant n<1\times10^{6}$
	6	$2\times10^{5}\leqslant n<5\times10^{5}$
	7	$1\times10^{5}\leqslant n<2\times10^{5}$
Ⅱ	8	$5\times10^{4}\leqslant n<1\times10^{5}$
	9	$2\times10^{4}\leqslant n<5\times10^{4}$
	10	$1\times10^{4}\leqslant n<2\times10^{4}$

对于等臂天平，支点两边的臂长相等，即 $AB=BC$，则 $Q=P$。该式表明，在等臂天平处于平衡状态时，被称物体的质量等于砝码的质量。此即为等臂天平的称量原理。

（2）结构　半自动电光天平和全自动电光天平的结构见图 3-2 和图 3-3。

① 天平梁。天平梁是天平的主要部分，一般用质轻、坚固、膨胀系数小的铝合金制成，起平衡和承载物体的作用。梁上装有三个三棱形的玛瑙刀，其中一个装在正中的称为中刀或支点刀，刀口向下。天平启动后，中刀放在天平柱上的玛瑙平板刀承上。另外两个与中刀等距离地安装在梁的左右两端，称为边刀或承重刀，刀口向上。天平启动后，吊耳底面的玛瑙平板刀承压在刀口上。这三个刀口必须完全平行且位于同一平面内，如图 3-4 所示。

② 支柱、水平泡和托叶。支柱是金属做的中空圆柱，下端固定在天平底座中央，支撑着天平梁。在支柱上装有水平泡，用以检查天平是否放置水平。托叶也装在支柱上，用以保护刀口。当天平处于非工作状态时，由两个托叶支起天平梁，使刀口与平板刀承分离。

③ 指针。指针固定在梁的正中，其下端装有一透明的微分标尺。微分标尺等分为 10 大格，100 小格。最大可读出 10mg，最小可读出 0.1mg。

④ 吊耳和秤盘。两个吊耳分别悬挂于左右两端的边刀上。吊耳的上钩挂着秤盘，下钩

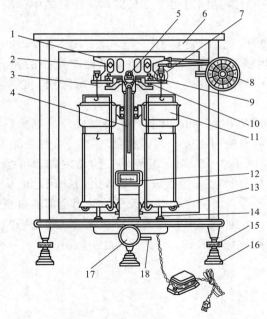

图 3-2　半自动电光天平
1—天平梁（横梁）；2—平衡螺丝；3—吊耳；4—指针；
5—支点架；6—天平箱（框罩）；7—环码；8—指数盘；
9—承重刀；10—支架；11—阻尼内筒；12—投影屏；
13—秤盘；14—盘托；15—螺丝脚；16—垫脚；
17—开关旋钮（升降枢）；18—微动调节杆

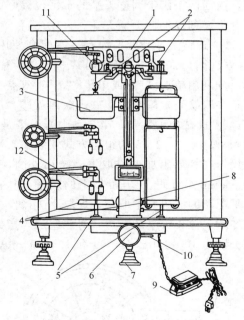

图 3-3　全自动电光天平
1—天平梁（横梁）；2—吊耳；3—阻尼内筒；4—秤盘；
5—盘托；6—开关旋钮（升降枢）；7—垫脚；
8—光源；9—变压器；10—微动调节杆；
11—环码（毫克组）；12—砝码（克组）

挂着空气阻尼器内筒。

⑤ 空气阻尼器。阻尼器由两个特制的金属圆筒构成，外筒开口向上固定在支柱上，内筒挂在吊耳上，比外筒略下，开口向下，悬于外筒中，两筒间隙均匀，无摩擦。当天平梁摆动时，左右阻尼器的内筒也随着上下移动，由于盒内空气阻力，天平很快达到平衡，从而加快称量速度。

吊耳、阻尼器内筒、秤盘上一般都刻有"1"、"2"标记，安装时应分左右配套使用。

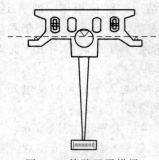

图 3-4　等臂天平横梁

⑥ 开关旋钮（启止旋钮）和盘托。天平启动与休止是通过启止旋钮完成的。启动时，顺时针旋转启动旋钮，带动升降枢，控制与其连接的托叶下降，天平梁放下，刀口与刀承相承接，天平处于工作状态。休止时，逆时针旋转启止旋钮，使托叶升起，天平梁被托起，刀口与刀承脱离，天平处于休止状态。秤盘下方的底板上安有盘托，也受启止旋钮控制。休止时，盘托支持着秤盘，防止秤盘摆动，可保护刀口。

⑦ 平衡螺丝和灵敏度螺丝。在天平梁两端各装有一个平衡螺丝，当天平零点偏离太大时，可利用平衡螺丝粗调。在梁的后上方有一个灵敏度调节螺丝，用以调节天平的灵敏度。

⑧ 天平箱（玻璃框罩）。为了保持天平在稳定气流环境中工作，减少外界温度、人的呼吸等对称量的影响，并为了防尘、防潮，天平的主要部件装置在天平箱内，箱的前面和左右两边有门。前门供维修、清洁用，两边门供取放称量物和加减砝码用。箱下装有三只螺旋脚，前面两个用于调整天平的水平位置，后面一只脚是固定的，三只脚都放在脚垫中，箱内放置干燥剂以保持干燥。

⑨ 砝码。每台天平都有一盒配套使用的砝码。盒内装有 1g，2g，2g，5g，10g，20g，20g，50g，100g 的三等砝码共 9 个。标称值相同的砝码，其实际质量可能有微小的差异，所以分别用单点"．"或单星"＊"、双点"‥"或双星"＊＊"作标记以示区别。必须用镊子夹取砝码，用毕放回砝码盒内盖严。

⑩ 机械加码装置。半自动电光天平是将 1g 以下、10mg 以上的砝码制成环码（圆形砝码），按 1、1、2、5 的组合方式安装在天平梁的右侧刀上方，通过指数转盘（见图 3-5）带动操作杆将环码加上或取下。转动外圈，可操纵 100～900mg 组环码，转动内圈，可操纵 10～90mg 组环码。10mg 以下的质量可从投影屏标尺上直接读取。1g 以上的砝码，可从与天平配套的砝码盒中取用，即要手工操作夹取砝码。而全自动电光天平的砝码全部通过指数盘加减，位于天平的左边，有三组加码指数盘，分别与三组悬挂的砝码相连，三组砝码的质量分别为 10～190g，1～9g 和 10～990mg，因此被称物放在右边天平盘上。

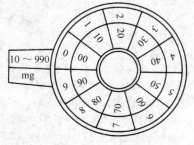

图 3-5　指数盘示意图

图 3-6　投影屏上标尺的读数

⑪ 光学读数装置。光源通过光学系统将微分标尺上的分度线放大，反射到投影屏上，从投影屏上可看到标尺的投影（见图 3-6），中间为零，左负右正，可以直接读出 0.1～10mg 的数值。投影屏中央有一条垂直黑线，标尺投影与该线重合处即为天平的平衡位置。天平箱下的微动调节杆（投影屏调节杆）可将光屏左右移动，用于天平零点的细调。

(3) 半自动电光天平的使用方法　电光天平是精密仪器，放在天平室里。天平室应保持干燥清洁。进入天平室后，对照天平号坐在自己使用的天平前，按下述方法进行操作。

① 取下防尘罩，叠平，放在天平箱上方。

② 检查、调节天平水平。检查天平是否水平，若不水平，用天平下方的螺丝脚调至水平（即支柱上方水平泡中的气泡在黑圈线的中央）。

③ 检查。检查天平指数盘是否在"000"位，环码有无脱落，砝码盒内砝码是否齐全，吊耳是否错位，启动后指针的摆动是否正常等。

④ 清扫。检查天平秤盘是否洁净，如天平内或秤盘上不洁净，应用软毛刷小心清扫干净。

⑤ 调节零点。天平不载重处于平衡状态时指针的位置（即投影屏上的读数）叫做零点。零点常有变动，所以，每次称量前，都必须先调节天平的零点。调节零点时，先接通电源，再启动开关旋钮，在光屏上即看到标尺，标尺停稳后，光屏中央的黑线应与标尺中的"0"线重合，即为零点。如不在零点，可拨动投影屏调节杆，移动屏的位置，调至零点；如还调不到零点，应报告指导教师，由教师进行调节。关闭天平，调节横梁上的平衡螺丝，再开启天平，通过拨动投影屏调节杆进行调节。

⑥ 称量。把称量物放在左盘中央，关闭左门；打开右门，根据估称的称量物的质量，把相应质量的砝码放入右盘中央，然后把天平开关旋钮半打开，观察标尺移动方向（标尺迅速往哪边跑，哪边就重），用以判断所加砝码是否合适并确定如何调整。当调整到两边相差的质量小于 1g 时，应关好右门，再依次调整 100mg 组和 10mg 组环码，每次均从中间量（500mg 或 50mg）开始调节。调定环码至 10mg 位后，完全启动天平，准备读数。

⑦ 读数。砝码与环码调定后，关闭天平门，待标尺在投影屏上停稳后再读数。该读数称为平衡点（天平在载重情况下，处于平衡状态时指针的位置）。砝码、环码的质量加标尺读数（均以克计）即为被称物质量。

⑧ 复原。称量完毕，取出被称物放回原处，砝码放回盒内，指数盘退回到"000"位，关闭两侧门，盖上防尘罩，凳子放回原处。

⑨ 登记。取出登记本登记，说明天平使用过程中是否存在问题。教师签字，然后离开天平室。

注意：全自动电光天平的砝码共有三组，质量分别为 10～190g、1～9g 和 10～990mg，全部悬挂在天平左侧，分别与三个加码指数盘相连，由旋转各自的加码指数盘加减，被称物放在右边天平盘上。其余操作都与半自动电光天平相同。

(4) 称量过程中的注意事项

① 砝码盒中的砝码必须用镊子夹取，不可用手直接拿取，以免玷污砝码。砝码只能放在天平盘上或砝码盒内，不得随意乱放。

② 加减砝码的顺序是由大到小，依次调定。在取、放称量物或加减砝码时（包括环码），必须休止天平。启动开关旋钮时，一定要轻、缓、匀，避免天平盘剧烈摆动。使天平刀口受损。

③ 称量物和砝码必须放在秤盘中央，避免秤盘左右摆动。不能称量过冷或过热的物体，

以免引起空气对流,使称量的结果不准确。称取具有腐蚀性、易挥发物质时,必须放在密闭容器内称量。

④ 在同一实验中,所有的称量要使用同一台天平,以减小称量误差。天平称量不能超过最大载重,以免损坏天平。

3. 电光天平的性能

电光天平的性能是衡量天平质量好坏的重要指标,主要包括灵敏度、稳定性、不等臂性和示值变动性。

(1) **灵敏度** 它是分析天平的主要质量指标之一。双盘半自动电光分析天平的灵敏度,是指天平的指针指在零位时,在左盘上增加 10mg 砝码时指针偏转的角度,这个偏转的角度可由屏幕上的格数表示。1mg 等于 10 个分度值,也称为 10 小格。当左盘上添加 10mg 砝码时,指针向右移动 98~102 个小格。此时,天平的灵敏度符合要求。

天平的灵敏度常用感量表示。感量与灵敏度互为倒数。感量就是分度值。灵敏度与分度值或感量的关系为:

$$分度值 = 感量 = \frac{1}{灵敏度}$$

灵敏度的单位是格/mg。分度值或感量的单位为 mg/格。双盘半自动电光天平的分度值为 0.1mg/格,称为万分之一天平。

天平的灵敏度在空载和载重两种情况下不一样,灵敏度随载重的增加而降低,因此有空载灵敏度和载重灵敏度之区别。

灵敏度应按不同天平规格进行调整。灵敏度低了,准确度差,不容易称准到 0.1~0.2mg 的质量。灵敏度过高,天平不稳定,达到平衡所需的时间较长,也容易受外界因素的干扰,精密度受到影响。

(2) **稳定性** 天平的稳定性是指在空载或负载情况下,当横梁受到扰动时,它能自动回到初始平衡位置的能力。它主要取决于横梁重心的高低,重心在支点以下越远,天平越稳定。天平的灵敏度与稳定性的乘积为一常数,提高天平的灵敏度必须在保证稳定性的基础上进行。

(3) **不等臂性** 不等臂性是指天平横梁的左右两臂(即中间玛瑙刀至两边玛瑙刀之间的距离)不相等的状况。天平横梁的左右两臂要求完全相等,但是由于装配的误差,以及温度的影响,还会使天平两臂的长度有一定的误差而影响称量结果的准确性。在实际工作中,经常使用同一台天平进行称量,所以这种误差有时可以相互抵消。

(4) **示值变动性** 天平的示值变动性,是指在不改变天平状态的情况下,多次开关天平,每一次天平达到平衡时,指针所指位置的重复性能。显然,重复性越好,称量结果的可靠程度也越高。

二、电子天平

随着生产和科学技术的发展,人们对称量的速度和称量的精度有了更高的要求,电子天平就是天平中新发展的一种。其称量快速、简便,具有超载报警、数据处理、联机等功能,常用于准确称量物质的质量。

1. 种类和规格

电子天平可分为普通电子天平、上皿电子天平及电子精密天平和电子分析天平等。电子精密天平一般为 5~6 级,适用于普通的较精密的测量。而电子分析天平为 3~4 级,主要用于化学检验中。电子天平的规格品种齐全,最大载荷从几十克至几千克,最小分度值可至

0.001mg。一般化学检验中所用电子分析天平（以下简称电子天平）的最大载荷量是 100g 或 200g，最小分度值为 0.1mg。

2. 构造原理

电子天平是最新一代天平，其控制方式和电路结构多种多样，但称量的依据都是电磁力平衡原理。若将通电导线放在磁场中，导线将产生电磁力，力的方向可以用左手定则来判定。当磁场强度不变时，力的大小与流过线圈的电流强度成正比。由于重物的重力方向向下，电磁力方向向上，与之相平衡，则通过导线的电流与被称物的质量成正比。

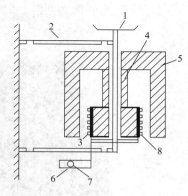

图 3-7 是电子天平的结构原理示意图。秤盘通过支架连杆与线圈相连，线圈置于磁场中。秤盘及被称物的重力通过连杆支架作用于线圈上，重力方向向下。线圈内有电流通过，产生一个向上作用的电磁力，与秤盘重力方向相反，大小相等。位移传感器处于预定的中心位置，当秤盘上的物体质量发生变化时，位移传感器检出位移信号，经调节器和放大器改变线圈的电流，直至线圈回到中心位置为止。通过数字显示出物体的质量。

图 3-7 电子天平结构原理示意图
1—秤盘；2—簧片；3—线圈及线圈架；4—磁钢；5—磁回路体；6—位移传感器；7—放大器；8—电流控制电路

3. 使用方法

化学检验中所用的各种型号的电子天平结构相近，使用方法也相似，本节主要介绍较为常用的 FA2004 型电子天平（其外观和键盘结构见图 3-8）的使用程序。

图 3-8 FA2004 型电子天平
1—ON（开启显示器键）；2—OFF（关闭显示器键）；3—TAR（清零、去皮键）；
4—CAL（校准键）；5—数值显示窗；6—天平盘；7—水平仪；8—天平脚；9—软毛刷

(1) 取下天平罩（见图 3-9），叠好，放在天平箱顶部（如图 3-10 所示）。

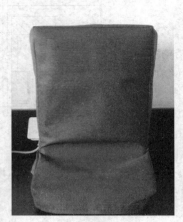

图 3-9　电子天平罩　　　　　图 3-10　电子天平罩的折叠、放置

(2) 检查、调节水平　查看水平仪的气泡是否在黑圈线中央，若偏移，应调节天平脚，使气泡位于水平仪黑圈线的中央。

(3) 清洁天平　若天平内或秤盘不干净，应用软毛刷小心清扫干净。

(4) 预热　接通电源，在关闭即"OFF"状态下预热 60min（依据天平使用说明书）。

(5) 开启显示器　按"ON"键，显示器先显示"±88888888％"，再显示天平型号"2004"，当显示称量模式"0.0000g"时，方可称量。

(6) 校准　为确保称量的正确性，电子天平安装后、每天首次使用前、环境变化、搬动或移位后，应对天平进行校准。

电子天平的校准方法是，按上述方法检查、调整准备好天平后，按去皮键即"TAR"键，待显示 0.0000g（见图 3-11），再按"CAL"键，显示 CAL-200（见图 3-12）；用镊子将 200g 标准砝码放在天平盘中央，关闭天平门，显示 200.0000g（见图 3-13），并发出控制信号"嘟"声，表示天平校准完毕；取下 200g 标准砝码，放回砝码盒中，关闭天平门，显示 0.0000g，表示天平校准成功，则可进行称量。

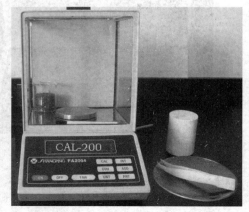

图 3-11　按"TAR"键及取下砝码后的显示　　　图 3-12　按"CAL"键后的显示

图 3-13 加 200g 标准砝码后的显示

注意：取下 200g 标准砝码后，若显示器显示的不是 0.0000g，需用上述方法重新校准。按"CAL"键后，显示器若显示"CAL-E"，应重按"TAR"键清零后，再进行下一步操作。

（7）称量　按"TAR"键，显示 0.0000g 后，置称量物于天平盘上，关闭天平门，显示器上的数字不断变化，待数字稳定并出现单位"g"后，则表示天平显示值已稳定，方可读数。此数值即为被称量物的质量，应及时记录于实验报告本上。

（8）称量结束工作　称量结束后，取出称量物，显示器应显示或接近 0.0000g；按"TAR"键，显示 0.0000g 后，按"OFF"键关闭显示器；清扫天平盘，关闭天平门；罩上天平罩；凳子放回原处。若当天不再使用天平，应拔去电源插头。

（9）登记　取出登记本，记录天平使用情况。

4. 电子天平的特点

（1）使用寿命长，性能稳定，灵敏度高且操作方便。

（2）电子天平采用电磁力平衡原理，称量时全量程不用砝码。放上被称物后，在几秒内即达到平衡，显示读数，因此称量速度快，精度高。

（3）具有自动校准、超载指示、故障报警、自动去皮等功能。

（4）电子天平具有质量电信号输出，可以与打印机、计算机连用，扩展其功能。这是机械化天平无可比拟的优点。

5. 使用注意事项

（1）使用电源必须是 220V 交流电，用户必须保证天平电源有良好的接地线。

（2）应放于无振动、无气流、无热辐射及不含有腐蚀性气体的环境中。

（3）开机后需预热 30～60min。

（4）操作台使用水泥台或其他防振的工作台。

三、称量方法

电子天平和电光天平常用的称量方法都是直接称量法、差减称量法和固定质量称量法，本节以 FA2004 型电子天平的称量为例。

1. 直接称量法

（1）不去皮直接称量法（以表面皿的称量为例）　依照上述称量的程序，准备好天平后，按"TAR"键，显示 0.0000g 后，用纸片或戴细纱手套挟持一干燥洁净的表面皿，放置天平盘中央，关闭天平门，数字稳定后读数，如图 3-14 所示，数值 26.1926g 即为该表面皿的质量（记为 m_1）。

用牛角匙取试样于上述表面皿中，关闭天平门，称得表面皿和试样的总质量为 26.6226g（见图 3-15），记为 m_2。两次称量质量之差（$m_2-m_1=0.4300g$）即为该试样的质量。此方法又称为增量法。及时记录称量值，并将试样全部转移到接收容器中。

图 3-14　表面皿的称量

图 3-15　表面皿和试样的总质量

（2）去皮直接称量法　按要求准备好天平后，按"TAR"键清零，显示 0.0000g 后，将表面皿放在天平盘上，关闭天平门，数字稳定后，按"TAR"键清零，当显示 0.0000g（见图 3-16）时，用牛角匙取试样放在表面皿上，关闭天平门，显示值如 0.3606g（见图 3-17）即为试样的质量。

图 3-16　表面皿去皮后的显示

图 3-17　去皮后试样称量值的显示

称量容器除表面皿外，还可用小烧杯或称量纸等。

在空气中稳定、没有吸湿性的试样，或坩埚等容器，均可用直接称量法称量。

2. 差减称量法（又称减量法或递减法）

（1）不去皮差减称量法　以 $NiSO_4$ 试样的称量为例，将适量的 $NiSO_4$ 试样装入干燥洁净的称量瓶中，放在天平左侧干燥洁净的表面皿上（见图 3-18），样品接收器烧杯或锥形瓶也放天平左侧；检查、调整天平后，按"TAR"键，显示 0.0000g；用洁净的小纸条套在称量瓶上（见图 3-19）或戴细纱手套拿取，放置天平盘中央，关闭天平门，数字稳定后读数，其数值如 32.9771g（见图 3-20）即为称量瓶和 $NiSO_4$ 的质量（记为 m_1）。取出称量瓶，倾出试样（见图 3-21）于承接器（烧杯或锥形瓶）中，用左手将其举在承接试样容器上方，右手用小纸片或戴细纱手套夹住瓶盖柄，打开瓶盖，将称量瓶缓慢向下倾斜，并用瓶盖轻轻敲击瓶口，使试样缓慢落入容器内。此操作应格外小心，不能把试样撒在容器外；当倾出试样接近所需质量时，进行回敲，即用瓶盖边轻敲瓶口，将称量瓶竖起，使附着在瓶口上的试样落入称量瓶或承接器内，然后盖好瓶盖（注意：瓶盖不要碰到瓶内的试样），将称量瓶再放回天平盘上称量。如此反复倾样、称量几次（不得超过 3 次），直至倾出试样质量达到要求的范围，再称取称量瓶和剩余 $NiSO_4$ 试样的质量如 32.5695g（见图 3-22），记为 m_2，两次称量质量之差（m_1-m_2）即为倾出 $NiSO_4$ 试样的质量。按上述方法连续操作，可称取多份试样，进行平行试验。

图 3-18　称量前称量瓶和接收器的放置

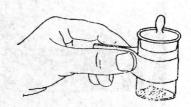

图 3-19　称量瓶拿法

图 3-20　称量瓶和 $NiSO_4$ 的称量

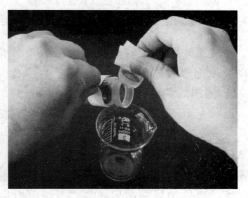

图 3-21　倾样方法

（2）去皮差减称量法　按上述要求准备好天平后，按"TAR"键，显示 0.0000g。将盛装一定量 $NiSO_4$ 试样的称量瓶放在天平盘上，关闭天平门，按"TAR"键，显示 0.0000g（见图 3-23）。取出称量瓶，按图 3-21 方法倾出所需量 $NiSO_4$ 试样后，再放回天平盘上，称取质量，显示值如 -0.4073g（见图 3-24），其"$-$"号表示取出，0.4073g 为所取试样的质量。

图 3-22 倾样后称量瓶和 NiSO$_4$ 的质量

图 3-23 去皮后倾样前的显示值

图 3-24 去皮倾样后的显示值

图 3-25 接近固定质量时加入试样的方法

在空气中不稳定（易吸潮、吸收空气中的 CO_2、易氧化等）的固体试样，宜采用称量瓶以差减称量法称量。

3. 固定质量称量法（去皮法）

以称量 0.5000g 固体试样为例。天平准备好后，按"TAR"键清零，显示 0.0000g 后，将承接器（表面皿、小烧杯或称量纸等）放在天平盘上，关闭天平门，数字稳定后，按"TAR"键清零，当显示 0.0000g 时，用牛角匙取试样放在天平盘的承接器上，至所加试样与固定质量相差很小时，需极其小心地将盛有试样的牛角匙伸向天平盘的承接器上方 2～3cm 处，角匙的另一端顶在掌心上，用拇指、中指及掌心拿稳牛角匙，并用食指轻弹匙柄，将试样慢慢抖入承接器中（见图 3-25），直至恰好达到指定的质量（如 0.5000g）。此操作应十分细心，如不慎加多了试样，只能用牛角匙取出多余的试样，再重复上述操作，直到恰好达到指定质量。

配制一定准确浓度的标准溶液或为了计算的方便，可用固定质量称量法称取物质。

4. 液体试样的称量

液体样品应根据样品的性质选择适宜的称量方法。

(1) 性质较稳定的液体试样的称量　在空气中不易挥发、不易吸收水分和 CO_2、不易被氧化的液体试样，可用小滴瓶以差减法称量。

(2) 较易挥发的液体试样的称量　较易挥发的液体试样可用具塞锥形瓶以增量法称量。例如称量浓盐酸时，可先在 100mL 具塞锥形瓶中加入 100mL 水，准确称取质量，然后快速加入适量的浓盐酸样品，立即盖上瓶塞，再准确称其质量，增加的质量即为浓盐酸样品的质量。

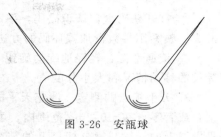

图 3-26　安瓿球

(3) 易挥发或与水剧烈作用的液体试样用特殊方法称量　例如醋酸样品的称量，可先在称量瓶中以增量法称量，然后连同称量瓶一起放入盛有适量水的具塞锥形瓶中，盖上具塞锥形瓶塞，轻轻摇动使称量瓶盖打开，样品与水混合后进行测定。发烟硫酸、发烟硝酸及乙酸乙酯等可用安瓿球（见图 3-26）以增量法称量。先准确称取安瓿球的质量，然后用镊子夹住安瓿球的毛细管部分，将球形部分在酒精灯上微热，赶去部分空气而产生负压后，迅速将其毛细管尖端插入液体样品中，球泡冷却后可吸入 12mL 样品。注意：切勿将毛细管碰断。用滤纸吸干毛细管外壁的溶液，并在火焰上加热封住毛细管口，再准确称量后，将安瓿球放入盛有适量试剂的具塞锥形瓶塞中，摇碎安瓿球，若摇不碎可用玻璃棒击碎，断开的毛细管也可用玻璃棒碾碎。待样品与试剂混合后即可进行测定。

思　考　题

1. 什么是天平的零点、平衡点、灵敏度和分度值？
2. 半自动电光天平与全自动电光天平的结构及使用方法有何不同？
3. 常用的称量方法有哪些？各适用于什么情况？

＊技能训练 3-1　电光分析天平的性能测试

一、训练目标

1. 熟悉电光天平各部件的名称和作用。
2. 掌握电光天平零点和灵敏度的测定方法。
3. 掌握称量操作，能准确称量物质的质量。

二、实验用品

半自动双盘电光天平或全自动双盘电光天平、称量瓶、坩埚、托盘天平、50mL 小烧杯。

三、操作步骤

1. 天平的检查。

① 检查天平的横梁、吊耳、秤盘、环码等部件是否处于正常位置，指数盘内外圈是否对准零位。

② 检查天平秤盘、底板及其他部件是否清洁，变色硅胶是否呈蓝色，砝码是否齐全对号，若秤盘和底板有灰尘或污物，应清除干净。若变色硅胶呈粉红色，应予以更换。

③ 检查天平是否处于水平状态，若水准气泡不在圆圈的中心，应用前两个垫脚螺丝将水准器气泡调节在圆圈内的中心位置。

2. 熟悉天平的构造和砝码组合。

① 对照实物指出天平各部件的名称、作用以及所处的位置。

② 打开砝码盒，认识砝码，熟悉砝码的面值及在砝码盒内的正确位置以及砝码的组合形式。熟悉用指数盘加减环码的方法及指数盘上的读数。

③ 接通电源，轻轻地旋动旋钮，开启天平，观察天平指针的摆动情况，投影屏上微分标尺的移动情况和大小分度值。

3. 天平零点的测定。测定天平的零点时，若微分标尺上的零线恰好与投影屏上的标线重合或者零点在±0.2mg 范围内，可记录零点的读数。重复测定 2～3 次，取其平均值。若投影屏上的标线与微分标尺上的零线不重合，零点也不在±0.2mg 范围内，则应根据零点相差的大小，分别用平衡螺丝或零点微动调节杆来调整，直至微分标尺上的零线对准投影屏上的标线或者零点在±0.2mg 范围内为止。

4. 天平空载时灵敏度的测定。测定并调整好天平的零点后，在天平左盘放一个校准过的 10mg 砝码（或游码），开启天平，测定其平衡点，两值之差，即为天平空载时的灵敏度。若微分标尺移至 98～102 个分度范围内，即灵敏度在（10±0.2）格/mg 之间，可记录灵敏度读数。重复测定 2～3 次，取其平均值。若天平的灵敏度不在（10±0.2）格/mg 范围内，应用重心铊进行调整，使之符合要求。但调整灵敏度后，必须重新测定和调整零点，然后再复测灵敏度，如此反复操作，直到灵敏度和零点都符合要求为止。

5. 天平载重时灵敏度的测定。测定并调整好天平零点后，在天平两盘各放一个校准过的 20g 砝码，开启天平，测定其平衡点（e_1）；在天平左盘放一个校准过的 10mg 砝码（或游码），开启天平，测定其平衡点（e_2），两平衡点之差（即 $e_2 - e_1$），即为天平载重 20g 时的灵敏度。

6. 称量结束工作。称量完毕，取出砝码放回砝码盒内，指数盘退回到"000"位；关检查、调节天平零点；清扫天平盘；盖上防尘罩；记录天平使用情况；凳子放回原处。

四、原始记录和数据处理

天平编号：　　　　　　　　　测定日期：

1. 天平空载时灵敏度的测定

测 定 次 数	1	2	3	平均值
零点/g				
平衡点(10mg)				
空载灵敏度/(格/mg)				
空载分度值/(mg/格)				

2. 天平载重时灵敏度的测定

测 定 次 数	1	2	3	平均值
零点/g				
平衡点(e_1)/mg				
平衡点(e_2)/mg				
载重灵敏度/(格/mg)				
载重分度值/(mg/格)				

五、思考题

1. 在加减砝码、环码或取放称量物时为什么必须关闭天平？
2. 是否分析天平的灵敏度越高，其称量的准确度就越高？
3. 称量物体试重时，微分标尺向着负数方向移动，表示物体重还是砝码重？
4. 试比较天平空载和载重时的灵敏度。

技能训练 3-2　直接称量法训练

一、训练目标
1. 掌握分析天平的使用方法。
2. 掌握直接称样法的操作。

二、实验用品
表面皿（1块）、称量瓶（1个）、细纱手套（1付）或称量纸条和纸片、电子天平（1台）、半自动或全自动电光天平（1台）。

三、操作步骤
1. 按要求洗涤、干燥表面皿和称量瓶
2. 电子天平的称量练习

(1) 称量前电子天平的准备　取下天平罩，叠好，放在天平顶部；检查、调节天平水平；清扫天平；接通电源，预热60min；开启显示器；校准天平。

(2) 称量　按"TAR"键，显示0.0000g；将表面皿放在天平盘上称取质量，并记录（记为 m_1）；按"TAR"键，显示0.0000g；将称量瓶放在天平盘上的表面皿中，称取质量，记为 m_2。

(3) 称量结束工作　取下称量物，放回原处；按"TAR"键，显示0.0000g；按"OFF"键关闭显示器；清扫天平盘；盖上天平罩，凳子放回原处，拔去电源插头；记录天平使用情况。

3. 电光天平的称量练习

(1) 称量前电光天平的准备　取下天平罩，叠好，放在天平顶部；检查、调节天平水平；检查天平各部件是否齐全、正常；清扫天平；将准备好的表面皿和称量瓶放在半自动电光天平的左侧（或全自动电光天平的右侧）；接通电源。

(2) 称量　调节天平零点，并记录；称量表面皿的质量，并记录；取下表面皿，检查、调节天平零点，并记录；称量称量瓶的质量，并记录；取下称量瓶，检查、调节天平零点，并记录。将称量瓶放在表面皿上，称量称量瓶和表面皿的总质量，并记录。

(3) 称量结束工作　取出天平盘上的被称物放回原处，砝码放回砝码盒内，指数盘退回到"000"位；检查天平零点，关闭天平，拔去电源插头；盖上天平罩，凳子放回原处；记录天平使用情况。

四、数据记录及处理
1. 电子天平的称量

称量日期：　　　　　　　　　　　　　天平号码：

m_1（表面皿质量）/g	m_2（称量瓶质量）/g	m_3（表面皿＋称量瓶质量）/g

2. 电光天平的称量

称量日期：　　　　　　　　　　　　　天平号码：

序号	称量物	零点/mg	平衡点/mg	砝码质量/g	称量物质量/g	称量后天平零点/mg
1	表面皿					
2	称量瓶					
3	表面皿＋称量瓶					

五、思考题

1. 比较电光天平分别称取的称量瓶、表面皿的质量和称量瓶与表面皿的总质量，比较电子天平分别称取的称量瓶、表面皿的质量和称量瓶与表面皿的总质量，比较电光天平和电子天平称取的称量瓶和表面皿的总质量。比较结果说明了什么？
2. 使用电光天平时应注意哪些问题？
3. 使用电子天平时应注意哪些问题？
4. 记录电子天平和电光天平上称取物质的质量时，应如何保留有效数字？

技能训练 3-3　差减法称量练习

一、训练目标

1. 进一步熟悉分析天平的使用方法。
2. 学会用差减法称量固体样品的质量。

二、实验用品

表面皿（1块）、称量瓶（1个）、细纱手套（1付）或称量纸条和纸片、NaCl固体、牛角匙（1把）、50mL烧杯（9个）、半自动或全自动电光天平（1台）、电子天平（1台）。

三、操作步骤

1. 称量前的准备

（1）按要求洗涤、干燥表面皿、称量瓶、角匙和烧杯，将烧杯编号为1~9号。

（2）将NaCl固体烘干，放在干燥器中冷却至室温。

（3）将称量瓶放在表面皿上，打开瓶盖，用干燥洁净的牛角匙取NaCl小心放入称量瓶中至其容量的2/3左右，盖上瓶盖，连同表面皿放在准备好的电子天平的左侧。

2. 电子天平的称量练习

（1）不去皮称量

① 按"TAR"键，显示0.0000g。

② 将盛有NaCl的称量瓶放在天平盘上称取质量，并记录（记为m_0）。

③ 按图3-21的方法从称量瓶倾出一份（0.2~0.4g）NaCl于1号小烧杯中，再将剩余的NaCl和称量瓶放回天平盘上称其质量，记为m_1。

④ 从上述称量瓶中再倾出第二份（0.2~0.4g）NaCl于2号小烧杯中，称得剩余的NaCl和称量瓶的质量，记为m_2。用同样的方法，从称量瓶中再取出第三份（0.2~0.4g）NaCl于3号小烧杯中，剩余的NaCl和称量瓶的质量记为m_3。

（2）去皮称量

① 在上述第三份NaCl称量后（即称量瓶在天平盘上），按"TAR"键，显示0.0000g。

② 按上述同样的方法倾出第四份NaCl于4号小烧杯中，然后将剩余的NaCl和称量瓶放回天平盘上称取质量，记为m_4。

③ 再按"TAR"键，显示0.0000g时，倾出第五份NaCl于5号小烧杯中后，放回天平盘上再称量，记为m_5。

④ 再去皮，以同样方法称取第六份NaCl于6号小烧杯中，记为m_6。

（3）称量结束工作（同技能训练3-2）

3. 电光天平的称量练习

（1）称量前电光天平的准备（同技能训练3-2）

（2）称量

① 调节天平零点。

② 将上述称取第六份 NaCl 后的称量瓶放在半自动电光天平左盘（或全自动电光天平的右盘）上称取质量，记为 m_7；若另取一称量瓶，可先在电子天平或托盘天平上初称其质量后，再用电光天平称量。

③ 从半自动电光天平右盘（或全自动电光天平的左盘）减去 0.2g 砝码。

④ 用上述电子天平称量的同样方法取出称量瓶倾出 0.2～0.4g NaCl 于 7 号小烧杯中，再将剩余的 NaCl 和称量瓶放回天平盘上称取质量，看其是否在 0.2～0.4g 范围内；若不足 0.2g，可用同法继续倾出 NaCl 于 7 号小烧杯中，再称量，如此反复，直至称得的 NaCl 在 0.2～0.4g 范围内，并将剩余的 NaCl 和称量瓶的质量记为 m_8；若称取的 NaCl 超过了 0.4g，必须重新称量。

⑤ 用上述同样的方法，再称取两份 NaCl 分别放入 8 号和 9 号小烧杯中。

(3) 称量结束工作（同技能训练 3-2）

四、数据记录及处理

1. 电子天平的称量

(1) 不去皮称量

称量日期：   天平号码：

样品序号	第一份	第二份	第三份
m(倾样前)/g	m_0	m_1	m_2
m(倾样后)/g	m_1	m_2	m_3
m(NaCl)/g	$m_0 - m_1$	$m_1 - m_2$	$m_2 - m_3$

(2) 去皮称量

称量日期：   天平号码：

样品序号	第四份	第五份	第六份
m(NaCl)/g	m_4	m_5	m_6

2. 电光天平的称量

称量日期：   天平号码：

样品序号	第七份	第八份	第九份
m(倾样前,称量瓶+NaCl)/g	m_7	m_8	m_9
m(倾样后,称量瓶+NaCl)/g	m_8	m_9	m_{10}
m(NaCl)/g	$m_7 - m_8$	$m_8 - m_9$	$m_9 - m_{10}$
称量后天平零点/mg			

五、思考题

1. 用电光天平差减称量样品时，是否要记录天平零点？为什么？

2. 差减法称量中应注意哪些问题？

3. 怎样才能使差减法称取的每份样品的质量及倾样次数在规定的范围内，且每份样品的质量相近？

技能训练 3-4　固定质量称量法练习

一、训练目标

1. 进一步巩固分析天平的称量技术。
2. 能用固定质量称量法准确称取一定质量的固体物质。

二、实验用品

50mL 烧杯（6个）、Na_2CO_3固体、牛角匙（1把）、细纱手套（1付）、半自动电光天平（1台）、电子天平（1台）。

三、操作步骤

1. 实验前的准备

（1）按要求洗涤、干燥烧杯和牛角匙。

（2）将 Na_2CO_3 固体烘干，放在干燥器中冷却至室温，装在扁型称量瓶中。

（3）将牛角匙和装有 Na_2CO_3 的称量瓶放在大表面皿上，置于电子天平的左侧。

2. 电子天平的称量练习（去皮称量法）

（1）称量前电子天平的准备（同技能训练 3-2）

（2）称量（称取 0.5000g Na_2CO_3）

① 按"TAR"键，显示 0.0000g。

② 将小烧杯放在天平盘上，按"TAR"键，显示 0.0000g。

③ 用牛角匙按图 3-17 加 Na_2CO_3 于小烧杯中，当接近 0.5000g 时，取少量 Na_2CO_3，按图 3-25，用拇指、中指及掌心拿稳牛角匙，并用食指轻弹匙柄，将 Na_2CO_3 慢慢抖入烧杯中，直至显示器恰好显示 0.5000g。用同样的方法称取三份 Na_2CO_3。

④ 称量结束工作（同技能训练 3-2）

3. 电光天平的称量练习

（1）称量前电光天平的准备（同技能训练 3-2）

（2）称量

① 调节天平零点。

② 将小烧杯放在半自动电光天平左盘（或全自动电光天平的右盘）上称量，记录砝码质量和平衡点。

③ 在半自动电光天平右盘（或全自动电光天平的左盘）上加 500mg 环码。

④ 按图 3-17 操作，用牛角匙慢慢加 Na_2CO_3 于小烧杯中，当接近称量烧杯的平衡点时，取少量 Na_2CO_3，按图 3-25，用拇指、中指及掌心拿稳牛角匙，并用食指轻弹匙柄，将 Na_2CO_3 慢慢抖入烧杯中，直至天平的平衡点与称量烧杯时的平衡点恰好一致。用同样的方法称取三份 Na_2CO_3。

（3）称量结束工作（同技能训练 3-2）

四、数据记录及处理

1. 电子天平的称量

称量日期：　　　　　　　　　　天平号码：

样品序号	第一份	第二份	第三份
$m(Na_2CO_3)/g$			

2. 电光天平的称量

称量日期：　　　　　　　　　　　　　天平号码：

样品序号	第一份	第二份	第三份
m(烧杯)/g			
m(平衡点,烧杯)/mg			
m(烧杯 + Na_2CO_3)/g			
m[平衡点,(烧杯 + Na_2CO_3)]/mg			
$m(Na_2CO_3)$/g			
称量后天平零点/mg			

五、思考题
1. 在什么情况下选用固定质量称量法称样？
2. 用固定质量称量法称取试样时应注意哪些问题？

技能训练 3-5　液体样品的称量练习

一、训练目标
1. 熟悉掌握分析天平的使用方法。
2. 掌握液体样品的称量方法。

二、实验用品
培养皿或表面皿（1个）、30mL滴瓶（1个）、磷酸、细纱手套（1付）、250mL锥形瓶（6个）、半自动电光天平（1台）、电子天平（1台）。

三、操作步骤
1. 称量前的准备

(1) 按要求洗涤、干燥表面皿或培养皿、滴瓶、锥形瓶，将锥形瓶编号为1～6号。

(2) 将磷酸装入干燥洁净的小滴瓶中，放在表面皿或培养皿上，再放置电子天平左侧。

2. 电子天平的称量练习（去皮称量）

(1) 称量前电子天平的准备

(2) 称量 1.5(1±5％)g 磷酸

① 按"TAR"键，显示 0.0000g。

② 戴上细纱手套，将盛有磷酸的小滴瓶放在天平盘上，按"TAR"键，显示 0.0000g。

③ 取出小滴瓶放在培养皿上，用滴瓶的滴管取出10滴磷酸于1号锥形瓶中。

④ 将滴瓶放回天平盘上称其质量，显示器的读数即为10滴磷酸的质量，计算每滴磷酸的质量，并计算 1.5g 磷酸的滴数。

⑤ 取出小滴瓶放在培养皿上，继续滴加磷酸于1号锥形瓶中，直至1.5g磷酸所需的滴数。

⑥ 再将滴瓶放回天平盘上称量，显示器的读数即为滴入1号锥形瓶中磷酸的质量，看其是否在 [1.5(1±5％)]g 范围内；若不足 [1.5(1−5％)]g，可用同法继续滴加磷酸于1号锥形瓶中，再称量，如此反复，直至称得的磷酸在 [1.5(1±5％)]g 范围内，并记录；若所取的磷酸超过了 [1.5(1+5％)]g，必须重新称量。

⑦ 按"TAR"键，显示 0.0000g 后，用上述同样的方法，再称取两份磷酸分别放入2号和3号锥形瓶中。

(3) 称量结束工作

3. 电光天平的称量练习

(1) 称量前电光天平的准备

(2) 称量

① 调节天平零点。
② 将上述盛有磷酸的小滴瓶放在半自动电光天平左盘（或全自动电光天平的右盘）上称取质量，并记录。
③ 从半自动电光天平右盘（或全自动电光天平的左盘）减去 $[1.5(1-5％)]$ g 砝码。
④ 取出小滴瓶放在培养皿上，滴加磷酸于4号锥形瓶中，直至1.5g 磷酸所需的滴数。
⑤ 将滴瓶放回天平盘上称取质量，看其是否在 $[1.5(1±5％)]$ g 范围内；若不足 $[1.5(1-5％)]$ g，可用同法继续滴加磷酸于4号锥形瓶中，再称量，如此反复，直至称得的磷酸在 $[1.5×(1±5％)]$ g 范围内，并记录；若所取的磷酸超过了 $[1.5(1+5％)]$ g，必须重新称量。
⑥ 用上述同样的方法，再称取两份磷酸分别放入5号和6号锥形瓶中。
(3) 称量结束工作

四、数据记录及处理

1. 电子天平的称量（去皮法）

称量日期：　　　　　　　　　　天平号码：

样品序号	第一份	第二份	第三份
m（磷酸）/g	m_1	m_2	m_3

2. 电光天平的称量

称量日期：　　　　　　　　　　天平号码：

样品序号	第四份	第五份	第六份
m（取样前，滴瓶＋磷酸）/g	m_4	m_5	m_6
m（取样后，滴瓶＋磷酸）/g	m_5	m_6	m_7
m（磷酸）/g	m_4-m_5	m_5-m_6	m_6-m_7
称量后天平零点/mg			

五、思考题

1. 哪些性质的液体试样可用小滴瓶称量？试举三例说明。
2. 用小滴瓶差减法称取液体试样时应注意哪些问题？
3. 电光天平称量前一般可调至"0"，若在"0"附近能否进行称量？

第二节　体积的测量技术

学习目标

1. 了解量筒、量杯的规格及其适用范围。
2. 了解滴定管的类型、规格及用途。
3. 了解固体和气体体积的测量方法。
4. 熟练掌握滴定管、容量瓶及吸管的校准和使用方法。

一、液体体积的测量

实验室量取液体体积常用的玻璃量器（简称量器）有滴定管、移液管、容量瓶、量筒和量杯、微量进样器等。

量器按准确度分成 A、B 两种等级。A 级的准确度比 B 级一般高一倍。量器的级别标志，可用"一等"、"二等"，"Ⅰ"、"Ⅱ"或"〈1〉"、"〈2〉"等表示，无上述字样符号的量器，则表示无级别，如量筒、量杯等。应根据实验要求合理选用。

1. 量筒、量杯

量筒、量杯属于精确度较差的量器，常用于量取体积不要求很精确的试剂。其规格有 5mL，10mL，25mL，50mL，100mL，500mL，1000mL，2000mL 等，可根据不同的需要选用不同容量的量筒。应使所量取溶液的体积与量筒的容量相接近。如量取 8.0mL 的液体时，应使用 10mL 的量筒，产生的测量误差为±0.1mL。如使用 100mL 的量筒，则会产生±1mL 测量误差。

2. 滴定管及其使用

（1）滴定管的分类　滴定管是滴定时用来准确测量流出操作溶液体积的量器（量出式仪器）。常量分析最常用的是容积为 50mL 的滴定管，其最小刻度是 0.1mL，因此读数可以估计到 0.01mL。另外，还有容积为 10mL、5mL、2mL 和 1mL 的半微量滴定管或微量滴定管，最小刻度分别是 0.05mL 和 0.02mL，特别适用于电位滴定。

根据盛放溶液性质的不同，滴定管可分为两种：一种是具塞酸式滴定管，见图 3-27(a)；第二种是无塞碱式滴定管，见图 3-27(b)。另一种是聚四氟乙烯旋塞滴定管，见图 3-27 (d)。碱式滴定管的一端连接乳胶管或橡胶管，管内装有玻璃珠，乳胶管下面接一尖嘴玻璃管，用手指捏玻璃珠周围的乳胶管时，便会形成一条狭缝，溶液即可流出，并可控制流速，见图 3-27(c)。

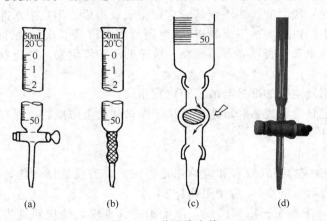

图 3-27　普通滴定管

酸式滴定管用于盛放酸性和氧化性溶液，但不能盛放碱性溶液，因其磨口玻璃塞会被碱性溶液腐蚀，放置久了，活塞将打不开。碱式滴定管用于盛放碱性溶液，但不能盛放能与乳胶管起反应的氧化性溶液，如高锰酸钾、碘和硝酸银等。

聚四氟乙烯旋塞滴定管，下端是聚四氟乙烯旋塞，其结构见图 3-27 (d)，可用于盛放酸性、碱性及氧化性溶液，即无酸碱式之分。

滴定管除无色的外，还有棕色的，用以盛放见光易分解或有色的溶液，如 $AgNO_3$、$Na_2S_2O_3$、$KMnO_4$ 等溶液。

（2）酸式滴定管使用前的准备

① 检查。酸式滴定管使用前应检查其旋塞旋转是否灵活，管尖、管口有无破损，若有破损应予以更换。

② 试漏。即检查旋塞处是否漏水。其方法是将旋塞关闭，用自来水充满至一定刻度，

擦干滴定管外壁，将其直立夹在滴定管架上静置约 2min，观察液面是否下降，滴定管下管口是否有液珠，旋塞两端缝隙间是否渗水（用干的滤纸在旋塞套两端贴紧旋塞擦拭，若滤纸潮湿，说明渗水）。若不漏水，将旋塞旋转 180°，静置 2min，按前述方法察看是否漏水。若不漏水且旋塞旋转灵活，则涂凡士林成功，否则应重新涂油、试漏。若出口管尖端被凡士林堵塞，可将它插入热水中温热片刻，然后打开旋塞，使管内的水突然流下（最好借助洗耳球挤压），将软化的凡士林冲出，并重新涂油、试漏。

③ 涂油。一支新的或较长时间不使用的和使用了较长时间的酸式滴定管，会因玻璃旋塞闭合不好或转动不灵活，而导致漏液和操作困难，需将旋塞涂油（如凡士林油等）。其方法是将滴定管放在平台上，取下旋塞，用滤纸擦干旋塞和旋塞套。用手指均匀地涂一薄层凡士林于旋塞两头。注意不要将油涂在旋塞孔上、下两侧，以免旋转时堵塞旋塞孔。将旋塞径直插入旋塞套中，向同一方向转动旋塞，直至旋塞和旋塞套内的凡士林全部透明为止。用一小橡皮圈套在旋塞尾部的凹槽内，以防旋塞从旋塞套掉落损坏。

④ 洗涤。滴定管的外侧可用洗洁精或肥皂水刷洗，管内无明显油污的滴定管可直接用自来水冲洗，或用洗涤剂泡洗，但不可刷洗，以免划伤内壁，影响体积的准确测量。若有油污不易清洗，可根据玷污的程度，采用不同的洗液（如铬酸洗液、草酸加硫酸溶液等）洗涤。洗涤时，将酸式滴定管内的水尽量除去，关闭旋塞，倒入 10～15mL 洗液，两手横持滴定管，边转动边将管口倾斜，并将滴定管口对着洗液瓶口，以防洗液洒出，直至洗液布满全管内壁，立起后打开旋塞，将洗液放入洗液回收瓶中。若滴定管油污较多，必要时可用温热洗液加满滴定管浸泡一段时间。将洗液从滴定管彻底放净后，用自来水冲洗（注意最初的涮洗液应倒入废酸缸中，以免腐蚀下水管道），再用蒸馏水淋洗 3 次，洗净的滴定管其内壁应完全被水润湿而不挂水珠，否则需重新洗涤。洗净的滴定管倒夹（防止落入灰尘）在滴定管台上备用。

聚四氟乙烯旋塞滴定管的准备与酸式滴定管相同。

长期不用的滴定管应将旋塞和旋塞套擦拭干净，并夹上薄纸后再保存，以防旋塞和旋塞套之间粘住而打不开。

（3）碱式滴定管的准备

① 检查。使用前应检查乳胶管和玻璃珠是否完好。若胶管已老化，玻璃珠过大（不易操作）或过小和不圆滑（漏水），应予更换。

② 试漏。装入自来水至一定刻度线，擦干滴定管外壁，处理掉管尖处的水滴。将滴定管直立夹在滴定管架上静置 2min，观察液面是否下降，滴定管下管口是否有水珠。若漏水，则应调换胶管中的玻璃珠，选择一个大小合适且比较圆滑的配上再试。

③ 洗涤。碱式滴定管的洗涤方法与酸式滴定管相同。在需要用铬酸洗液洗涤时，需将玻璃珠往上捏，使其紧贴在碱式滴定管的下端，防止洗液腐蚀乳胶管。在用自来水或蒸馏水清洗碱式滴定管时，应特别注意玻璃珠下方死角处的清洗。为此，在捏乳胶管时应不断改变方位，使玻璃珠的四周都洗到。

（4）装溶液、赶气泡　装入操作溶液前，应将试剂瓶中的溶液摇匀，并将操作溶液直接倒入滴定管中，不得借助其他容器（如烧杯、漏斗等）转移。关闭滴定管旋塞，用左手前三指持滴定管上部无刻度处（不要整个手握住滴定管），并可稍微倾斜；右手拿住细口试剂瓶向滴定管中倒入溶液，让溶液慢慢沿滴定管内壁流下。先用摇匀的操作溶液（每次约 10mL）将滴定管涮洗三次。应注意，涮洗时，两手横持滴定管，边转动边将管口倾斜，一定要使操作溶液洗遍滴定管全部内壁，以便涮洗掉原来残留液，然后立即打开旋塞,将废液放入废液缸中。对于碱式滴定管,仍应注意玻璃珠下方的洗涤。最后,将操作溶液倒入滴定管,直至 0 刻度以上,打开旋塞(或用手指捏玻璃珠周围的乳胶管),使溶液充满滴定管的出口管,并检查出口管中是否有气泡。若有气泡,必须排除。酸式滴定管排除气泡的方法是,右手拿滴定管上部无刻度处,并使滴定管稍微倾斜,左手迅速打开旋塞使溶液冲出(放入烧杯)。若气泡未能排出,可用手握住滴定管,用力上下抖动滴定管。如仍不能排出气泡,可能是出口管未洗净,必须重洗。在使用碱式滴定管时,装满溶液后,用左手拇指和食指拿住玻璃珠所在部位并使乳胶管向上弯曲,出口管倾斜向上,然后轻轻捏玻璃珠部位的乳胶管,使溶液从管口喷出(下面用烧杯承接溶液),再一边捏乳胶管一边把乳胶管放直,注意应在乳胶管放直后,再松开拇指和食指,否则出口管仍会有气泡(见图 3-28)。

(5) 滴定管的读数

① 装入或放出溶液后,必须等 1～2min,使附着在内壁上的溶液流下来,再进行读数。如果放出溶液的速度较慢(例如,滴定到最后阶段,每次只加半滴溶液时),等 0.5～1min 方可读数。每次读数前要检查一下管内壁是否挂液珠,出口管内是否有气泡,管尖是否有液滴。

② 读数时用手拿住滴定管液面以上,使滴定管保持自由下垂。对于无色或浅色溶液,读数时,视线与弯月面下缘最低点相切,读取弯月面下缘的最低点读数(见图 3-29);溶液颜色太深时,视线与液面两侧的最高点相切,读取液面两侧的最高点读数(见图 3-30)。若为白底蓝线衬背滴定管,应当取蓝线上下两尖端相对点的位置读数(见图 3-31)。无论哪种读数方法,都应注意初读数与终读数采用同一标准。

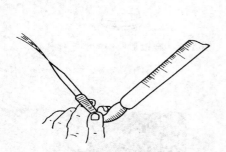

图 3-28 碱式滴定管排气泡的方法

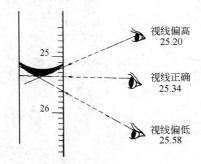

图 3-29 滴定管读数视线

初学者可借助于读数卡练习读数,即在一白纸板上贴上长方形(约 3cm×1.5cm)黑纸制成读数卡,将其放在滴定管背后,使黑色部分在弯月面下约 1mm 处,此时即可看到弯月面的反射层成为黑色,如图 3-32 所示,然后读此黑色弯月面最低点对应的刻度。

③ 读取初读数前,应将滴定管尖悬挂着的液滴除去。滴定至终点时应立即关闭旋塞,并注意不要使滴定管中溶液有稍微流出,否则终读数便包括流出的半滴溶液。因此,在读取终读数前,应注意检查出口管尖是否悬有溶液。

(6) 滴定操作 进行滴定时,应将滴定管垂直地夹在滴定管架上,用洁净的小烧杯的内壁靠去管尖残液,滴定姿势一般采取站姿滴定,要求操作者身体要站正。有时为操作方便也可坐着滴定。

滴定操作可在锥形瓶或烧杯内进行。使用酸式滴定管并在锥形瓶中进行滴定时,用右手拿住锥形瓶上部,使瓶底离滴定台约 2～3cm,滴定管下端伸入瓶口内约 1cm。用左手控制活塞，拇指在前、中指和食指在后，轻轻捏住旋塞柄，无名指和小指向手心弯曲，手心内凹，不要让手心顶着旋塞，以防旋塞被顶出，造成漏液。如图 3-33 所示。转动旋塞时应稍向手心用力，不要向外用力，以免造成漏液。但也不要往里用力太大，以免造成旋塞转动不灵活。边滴加溶液，边用右手摇动锥形瓶，使溶液沿一个方向旋转，要边摇边滴，使滴下去的溶液尽快混匀（见图 3-34）。

图 3-30　深色溶液的读数

图 3-31　白底蓝线衬背滴定管的读数

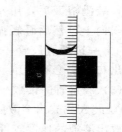
图 3-32　读数卡

图 3-33　酸式滴定管的操作

图 3-34　在锥形瓶中的滴定操作

图 3-35　在烧杯中的滴定操作

图 3-36　碱式滴定管的握持方法

在烧杯中进行滴定时，把烧杯放在滴定台上，滴定管的高度应以其下端伸入烧杯内约 1cm 为宜。滴定管的下端应在烧杯中心的左后方处，如放在中央，会影响搅拌；如离杯壁过近，滴下的溶液不宜搅拌均匀。左手控制滴定管滴加溶液，右手持玻璃棒搅拌溶液。如图 3-35 所示。玻璃棒应作圆周搅动，不要碰到烧杯壁和底部。使用碱式滴定管时，左手无名指及小手指夹住出口管，拇指与食指在玻璃珠所在部位往一旁（左右均可）捏乳胶管（见图 3-36），使溶液从玻璃珠旁空隙处流出。注意：不要用力捏玻璃珠，也不能使玻璃珠上下移动；不要捏到玻璃珠下部的乳胶管，以免在管口处带入空气。右手和用酸式滴定管滴定时的操作相同。

无论使用哪种滴定管,都不要用右手操作,右手用来摇动锥形瓶。

进行滴定操作时,应注意以下问题。

① 每次滴定前都应将液面调至零刻度处,这样可使每次滴定前后的读数基本上都在滴定管的同一部位,从而消除由于滴定管刻度不准确而引起的误差;还可以保证滴定过程中操作溶液足够量,避免由于操作溶液量不够,需重新装一次操作溶液再滴定而引起的读数误差。

② 滴定时,左手不能离开旋塞,任溶液自流。

③ 摇锥形瓶时,应微动腕关节,使锥形瓶做圆周运动,瓶中的溶液则向同一方向旋转,左、右旋转均可,但不可前后晃动,以免溶液溅出。

④ 滴定时,应认真观察锥形瓶中溶液颜色的变化。不要去看滴定管上的刻度变化,而不顾滴定反应的进行。

⑤ 要正确控制滴定速度。开始滴定时,速度可稍快些,但溶液不能成流水状地从滴定管放出。应呈"见滴成线"状,这时为3~4滴/s。接近终点时,应一滴一滴地加入。快到终点时,应半滴半滴地加入,直到溶液出现颜色变化为止。

⑥ 半滴溶液的控制与加入。用酸式滴定管时,可慢慢转动旋塞,旋塞稍打开一点,让溶液慢慢流出悬挂在出口管尖上,形成半滴,立即关闭旋塞。用碱式滴定管时,拇指和食指捏住玻璃珠所在部位,稍用力向右挤压乳胶管,使溶液慢慢流出,形成半滴,立即松开拇指与食指,溶液即悬挂在出口管尖上。然后将滴定管尖嘴尽量伸入瓶中较低处,用瓶壁将半滴溶液靠下,再从洗瓶中吹出蒸馏水将瓶壁上的溶液冲下去。注意只能用很少量蒸馏水冲洗1~2次,否则使溶液过分稀释,导致终点颜色变化不敏锐。在烧杯中进行滴定时,可用玻璃棒下端轻轻沾下滴定管尖的半滴溶液,再浸入烧杯中搅匀。但应注意,玻璃棒只能接触溶液,不能接触管尖。用碱式滴定管滴定时,一定先松开拇指和食指,再将半滴溶液靠下,否则尖嘴玻璃管内会产生气泡。

(7) 滴定结束后滴定管的处理 滴定结束后,滴定管内剩余的溶液应弃去,不可倒回原瓶,以防玷污操作溶液。随即依次用自来水和蒸馏水将滴定管洗净,然后装满蒸馏水夹在滴定管架上,上口用一器皿罩上,下口套一段洁净的乳胶管或橡皮管,或倒夹在滴定管架上备用。长期不用,应倒尽水。酸式滴定管的旋塞和塞套之间应垫上一张小纸片。再套上橡皮圈,然后收在仪器柜中。

3. 吸管

(1) 吸管的分类　吸管也是量出式仪器,一般用于准确量取一定体积的液体。吸管的种类较多。无分度吸管通称移液管,见图3-37(a)。它的中腰膨大,上下两端细长,上端刻有环形标线,膨大部分标有它的容积和标定时的温度。将溶液吸入管内,使液面与标线相切,再放出,则放出的溶液体积就等于管上标示的容积。常用移液管的容积有1mL、2mL、5mL、10mL、25mL、50mL等多种。由于读数部分管径小,其准确性较高。

分度吸管又叫吸量管,见图3-37(b)。它可以准确量取所需要的刻度范围内某一体积的溶液,但其准确度差一些。将溶液吸入,读取与液面相切的刻度(一般在零),然后将溶液放出至适当刻度,两刻度之差即为放出溶液的体积。在同一实验中应使用同一支吸量管的同一部位量取,以减少吸量管带来的测量误差。

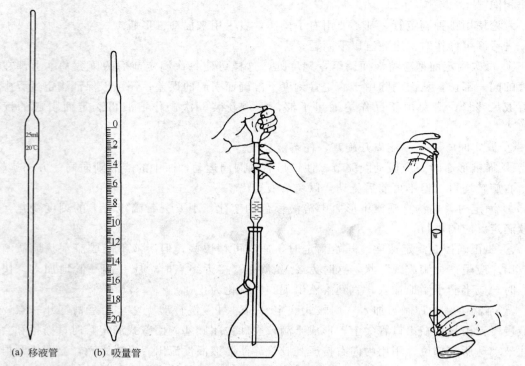

图 3-37　移液管和吸量管　　图 3-38　用吸管吸取溶液的操作　　图 3-39　从吸管放出溶液的操作

(2) 吸管的洗涤　吸管在使用前应洗至内、外壁均不挂水珠。管外壁可用毛刷蘸取洗洁精或肥皂水刷洗，管内壁无明显油污用自来水冲洗即可。管内壁如挂水珠，可用铬酸洗液洗涤。洗涤方法是，用滤纸尽量把吸管中残留的水吸干，将吸管插入洗液中，用洗耳球将洗液慢慢吸至管容积的 1/4～1/3 处，用食指按住管口，把管横过来，并转动吸管，使洗液布满全管内壁，稍浸泡一会儿后将洗液放入洗液回收瓶中。再吸取烧杯中自来水至管容积的 1/4～1/3 处，润洗管内壁一次，并将其废液放入废液缸中，然后用自来水冲洗干净，最后在烧杯中用蒸馏水润洗管内壁。润洗方法是，在一 50mL 或 100mL 洁净的小烧杯中加入蒸馏水，右手持吸管，左手取一张滤纸片把管尖内外的水尽量吸尽，用右手拿住管上部，将管尖插入水面下 2～3cm 处，左手拿洗耳球，排出空气，用其尖端紧按在管口上，慢慢松开捏紧的洗耳球，水借吸力缓慢上升（见图 3-38），待水吸至管容积的 1/4～1/3 处，立即用右手食指按住管口，提离蒸馏水，将吸管横握，用两手的拇指和食指分别拿住吸管两端，转动吸管并使蒸馏水布满全管内壁，当水流至距上口 1～2cm 时，将吸管直立，使水由管尖放出，弃去。用同样的方法，将吸管用蒸馏水润洗三次。注意每次将管插入蒸馏水前，都要用滤纸将管尖外壁的水吸干、管尖内的水尽量吸尽，以免污染烧杯中的蒸馏水。

(3) 移取溶液　移取溶液前，要用待移取溶液在烧杯中润洗三次，洗涤方法与蒸馏水的洗涤相同。再将吸管插入待移溶液液面下 1～2cm 深度吸取溶液。如插得太浅，液面下降后会造成吸空；如插得太深，吸管外壁沾带溶液过多。吸液过程中，应注意液面与管尖的位置，管尖应随液面下降而下降。当液面吸至标线以上 1～2cm 时，迅速移开洗耳球，同时立即用右手食指堵住管口。左手放下洗耳球，拿起滤纸擦干吸管下端沾附的少量溶液，并另取一干燥洁净的小烧杯，将吸管管尖紧靠小烧杯内壁，小烧杯保持倾斜，使吸管垂直，视线与刻度线保持水平，然后微微松动右手食指，使液面缓慢下降，直到溶液弯月面的最低点与标线相切，立即按紧食指。左手放下小烧杯，拿起接收溶液的容器，将其倾斜约45°，将吸管垂直，管尖紧贴接收容器的内壁，松开食指，使溶液自然顺壁流下（图3-39）。待溶液下降到管尖后，应等15s左右，然后移开吸管放在吸管架上。不可乱放，以免玷污。注意吸管放出溶液后，其管尖仍残留一滴溶液，对此，除特别注明"吹"字的吸管外，此残留

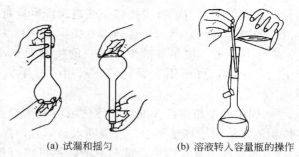

(a) 试漏和摇匀　　　(b) 溶液转入容量瓶的操作

图3-40　容量瓶的使用

液切不可吹入接收容器中，因为在工厂生产检定时，并未把这部分体积计算进去。

（4）实验结束工作　实验完毕后要清洗吸管，放置在吸管架上。

4. 容量瓶

容量瓶是细颈梨形平底玻璃瓶（见图3-40），由无色或棕色玻璃制成。带有磨口玻璃塞或塑料塞，颈上有一标线。容量瓶均为量入式。容量瓶的容量定义为：在20℃时，充满至刻度线所容纳水的体积，单位为mL。容量瓶有10mL，25mL，50mL，100mL，250mL，500mL和1000mL等规格。

容量瓶主要用于配制准确浓度的溶液或定量地稀释溶液。它常与移液管配套使用，可把配成溶液的某种物质分成若干等份。

容量瓶的使用方法及应注意的事项如下。

① 试漏。加自来水至标线附近，盖好瓶塞，用左手食指按住瓶塞，其余手指拿住瓶颈标线以上部分，用右手指尖托住瓶底边缘，见图3-40(a)。将瓶倒立2min，看其是否漏水，可用滤纸片检查。将瓶直立，瓶塞转动180°，再倒立2min检查，若不漏水，则可使用。容量瓶的瓶塞不应取下随意乱放，以免玷污、搞错或打碎。可用橡皮筋或细绳将瓶塞系在瓶颈上。如为平顶的塑料塞子，也可将塞子倒置在桌面上。

② 容量瓶的洗涤。容量瓶使用前应用铬酸洗液清洗内壁。先尽量倒去瓶内残留的水，再倒入适量洗液（250mL容量瓶倒入20～30mL洗液），倾斜转动容量瓶，使洗液布满内壁，浸泡10min左右，将洗液倒出，然后用自来水充分洗涤，最后用蒸馏水淋洗3次。水的用量根据容量瓶大小而定，如250mL容量瓶，第一次用30mL左右，第2和第3次用20mL左右。洗净后备用。

③ 用固体物质配制溶液。准确称取基准试剂或被测样品，置于小烧杯中，用少量蒸馏水（或其他溶剂）将固体溶解。如需加热溶解，则加热后应冷却至室温。然后将溶液定量转移到容量瓶中。定量转移溶液时，右手持玻璃棒，将玻璃棒伸入容量瓶口中，玻璃棒的下端应靠在瓶颈内壁上。左手拿烧杯，使烧杯嘴紧贴玻璃棒，让溶液沿玻璃棒和内壁流入容量瓶中，见图3-40(b)。烧杯中溶液倾完后，将烧杯慢慢扶正同时使杯嘴沿玻璃棒上提1～2cm，然后再离开玻璃棒，并把玻璃棒放回烧杯中，但不要靠杯嘴。烧杯嘴沿玻璃棒上提，可避免杯嘴与玻璃棒之间的一滴溶液流到烧杯外面。然后再用少量蒸馏水（或其他溶剂）淋洗烧杯3次，每次用洗瓶吹出的蒸馏水冲洗烧杯内壁和玻璃棒，再将溶液转移到容量瓶中。之后用洗瓶加蒸馏水，至容量2/3时，将容量瓶沿水平方向轻轻转动几周，使溶液初步混匀。再继续加水至标线以下约1cm处，等待1～2min，使附在瓶颈内壁的水流下后，再用小滴管滴加蒸馏水至弯月面的最低点与标线相切，视线应在同一水平线上。无论溶液有无颜色，加水位置都应使弯月面的最低点与标线相切。随即盖紧瓶塞，左手食指按住瓶塞，其余手指拿住瓶

颈标线以上部分，右手指尖托住瓶底边缘将容量瓶倒转，使气泡上升到顶部，水平振荡混匀溶液，如图 3-40(a) 所示。这样重复操作 15~20 次，使瓶内溶液充分混匀。

右手托瓶时，应尽量减少与瓶身的接触面积，以避免体温对溶液温度的影响。100mL 以下的容量瓶，可不用右手托瓶，只用一只手抓住瓶颈，同时用手心顶住瓶塞倒转摇动即可。

④ 如用容量瓶将已知准确浓度的浓溶液稀释成一定浓度的稀溶液，则用移液管移取一定体积的浓溶液于容量瓶中，加蒸馏水至标线，按前述方法混匀溶液。

⑤ 容量瓶不宜长期保存试剂溶液，不可将容量瓶当作试剂瓶使用。如配好的溶液需长期保存，应将其转移至磨口试剂瓶中。磨口瓶洗涤干净后还必须用容量瓶中的溶液淋洗 3 次。

⑥ 容量瓶用毕应立即用自来水冲洗干净。如长期不用，磨口处应洗净擦干，垫上小纸片，放入仪器柜中保存。

⑦ 容量瓶不能在烘箱中烘烤，也不能用明火直接加热。如需使用干燥的容量瓶时。可将容量瓶洗净后，用乙醇等有机溶剂荡洗后晾干或用电吹风的冷风吹干。

5. 微量进样器

微量进样器（微量注射器），一般有 1μL、5μL、10μL、25μL、50μL、100μL 等规格，是进行微量分析，特别是色谱分析实验中必不可少的取样、进样工具。

微量进样器是精密量器，使用时应特别小心，否则会损坏其准确度。使用前要用丙酮等溶剂洗净，以免干扰样品分析。使用后应立即清洗，以免样品中的高沸点组分玷污进样器。一般常用下述溶液依次清洗：5%的 NaOH 水溶液、蒸馏水、丙酮、氯仿，最后用真空泵抽干，保存于盒内。

使用微量进样器时应注意以下几点。

① 进样器极易被损坏，应轻拿轻放。要随时保持清洁，不用时应放入盒内，不要随便来回空抽进样器，以免损坏其与器壁的气密性而影响取样。

② 每次取样前先抽取少许样再排出，如此重复几次，以润洗进样器。

③ 取样时应多抽些试样于进样器内，并将针头朝上排除空气气泡，再将过量样品排出，保留需要的样品量。进样器内的空气泡对体积定量影响很大，必须设法排除，将针头插入样品中，反复抽排几次即可，抽时慢些，排时快些。

④ 取好样后，用擦镜纸将针头外所沾附的样品小心擦掉，注意切勿使针头内的样品流失。

⑤ 色谱分析进样时，应以稳当的动作将进样器针头插入进样口，迅速进样后立即拔出（注意用力不可过大，以免折弯进样器）。

6. 量器的校准

目前我国生产的量器，其准确度可以满足一般实验室工作的要求，无需校准，但在要求较高的分析工作中则必须对所用量器进行校准。

量器校准的方法有两种。一种是称量被校准的量器中"容纳"或"放出"纯水的质量，再根据当时水温下水的密度由下列公式计算出该量器在 20℃ 时的实际容量，称为称量法，也称绝对校准法。滴定管常用这种方法校准。

$$V_{20} = \frac{m_w}{\rho_w}$$

式中 V_{20}——容器在 20℃ 时的容积；

m_w——容器中"容纳"或"放出"的纯水在 t℃时于大气中以黄铜砝码称得的质量;

ρ_w——t℃时纯水的密度即表观密度（见表3-3），是指在 t℃下用纯水充满20℃时容积为1L的玻璃容器于空气中以黄铜砝码称取的纯水的质量。

表 3-3 20℃ 时体积为 1L 的水在 t℃ 时的质量

温度/℃	质量/g	温度/℃	质量/g	温度/℃	质量/g
5	998.52	17	997.65	29	995.18
6	998.51	18	997.51	30	994.91
7	998.50	19	997.35	31	994.68
8	998.48	20	997.18	32	994.34
9	998.44	21	997.00	33	994.05
10	998.39	22	996.80	34	993.75
11	998.32	23	996.60	35	993.45
12	998.23	24	996.38	36	993.12
13	998.14	25	996.17	37	992.80
14	998.04	26	995.93	38	992.46
15	997.97	27	995.69	39	992.12
16	997.80	28	995.44	40	991.77

另一种校准方法是用一已校准过的容器间接校准另一容器，是相对比较两容器所盛液体容积的比例关系，所以又称为相对校准法。容量瓶和移液管的相对校准常用这种方法。

容量瓶和移液管均可用称量法校准，但在实际工作中，由于移液管和容量瓶经常配合使用，有时并不一定要确知它的准确容量，而是要确知移液管与容量瓶之间的相对关系是否正确。因此，常用校准过的移液管来校准容量瓶，确定其比例关系。此法简单，但必须在这两件仪器配套使用时才有意义。

* 二、固体体积的测量

1. 规则外形物体体积的测量

若物体外形是规则的几何体，测量体积就变成测量几何体的某些线度。例如，物体是大立方体，用米尺很容易测量其边长 L，再用体积公式 $V=L^3$ 即可计算其体积。

2. 不规则外形物体体积的测量

不规则外形物体的体积，可以用液体置换法（或称排出液体量法）测量。其方法是将固体物质浸没于已知体积的液体中，根据液面上升的程度直接测量固体所占据的体积。但用此法的前提是所测固体物质在液体中不溶解且不发生反应。

例如，在量筒中加入水，读取体积（准确至 0.1mL）。将欲测固体物质放入水中，完全被水浸没。轻敲或轻摇量筒以赶走可能附着在固体表面的气泡。水增加的体积可从量筒刻度上读取，即为固体物质的体积。

三、气体体积的测量

气体的特点是密度小，流动性大，不易称取质量。所以在气体分析中常用测量体积的方法来代替称取质量。气体体积的测量一般采用量气管和气量表。

1. 量气管

(1) 单臂量气管　单臂量气管是最简单的带有刻度的玻璃量气管，如图 3-41(a) 所示。其末端用橡皮管与水准瓶相连，顶端与取样管或大气相通。当提高水准瓶时，量气管中液面上升，将管中气体赶出（此时顶端与大气相通）。当降低水准瓶时，量气管中液面下降，将样气吸入管中（此时顶端与样气相通）。注意取样气前，必须用样气置换量气管 2～3 次，然后吸取所需样气。读数时必须将量气管的液面与水准瓶的液面处于同一水平面上。

(2) 双臂量气管　图 3-41(b) 是右臂具有分度值为 0.05mL 体积的带有均匀刻度的细

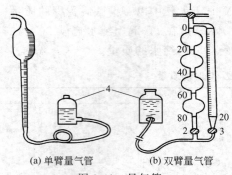

(a) 单臂量气管　　(b) 双臂量气管

图 3-41　量气管

1～3—旋塞；4—水准瓶

管，左臂由 4 个等体积的玻璃球组成的双臂量气管，总体积为 100mL。使用时，先将旋塞 1 与大气相通，打开旋塞 2、3，升高水准瓶 4，量气管中液面上升，将量气管中的气体赶出；将旋塞 1 与样气相通，再关闭旋塞 3，降低水准瓶 4，样气即进入左臂中，读取样气体积；然后关闭旋塞 2，打开旋塞 3，样气进入右臂中，关闭旋塞 1，读取右臂中样气体积，两臂中气体体积之和即为所取样气体积。如取 46.85mL 气体时，用左臂量取 40mL，右臂量取 6.85mL，总体积即为 46.85mL。

（3）量气管的校正　若要精确测量气体的体积，必须对量气管进行校正。其校正方法与滴定管的校正相似。

2. 气量表

在动态情况下测量大体积的气体，实际测量的是在某一定时间内（例如 1h）以一定的流速通过的气体体积，必须使用流量计或流速计。本节主要介绍湿式气体流量计和转子流量计。

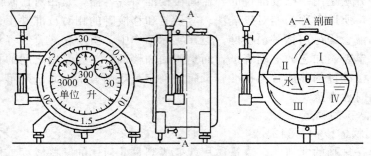

图 3-42　湿式气体流量计

（1）湿式气体流量计　湿式气体流量计如图 3-42 所示，由金属筒构成，内盛半筒水，绕轴转动的金属鼓轮将筒分成四个小室。气体通过轴从仪表背面的中心进气口进入，进入的气体推动金属鼓轮转动，并不断将气体排出。鼓轮的旋转轴与筒外刻度盘上的指针相连，指针所指示的读数，即为试样的体积，刻度盘上的指针每转一圈一般为 5L，也有 10L 的。

湿式气体流量计，在测量气体体积总量时，其准确度较高，特别是小流量时，误差较小。但不易携带。

（2）转子流量计　转子流量计是由上粗下细但相差不大的锥形玻璃管和一个上下浮动且比被测流体重的转子组成，如图 3-43 所示。转子一般用铜、铝、有机玻璃、塑料等材料制成。其上部平面略大并刻有斜槽，操作时可发生旋转，故称转子。流体从玻璃管底部进入，从顶部流出，当上升力大于转子在流体中的净重力（转子重力减去流体对转子的浮力）时，转子上升，当上升力等于转子的净重力时，转子处于平衡状态，即停留在管内一定位置上。转子在玻璃管内位置的高低表示了流量的大小，位置越高，流量越大，反之，流量越小。在玻璃管的外表面上刻有流量的读数，根据转子的停留位置，即可读出被测流体的流量。在生产现场使用转子流量计比较方便。但用吸收管进行采样时，在吸收管与转

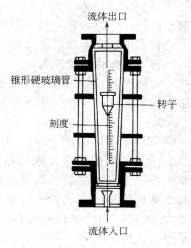

图 3-43　转子流量计

子流量计之间须接一个干燥管,否则湿气凝结在转子上,将改变转子的质量而产生误差。转子流量计的准确性比流量计差,使用时也要进行校正。

思 考 题

1. 滴定管有哪些类型?有何用途?应如何选择及使用?
2. 吸管有哪些类型?有何用途?应如何选择及使用?
3. 容量瓶有何用途?应如何使用?
4. 滴定管、吸管、容量瓶在使用前为什么要校准?校准的方法有哪些?如何校准?
5. 微量进样器有何用途?使用时应注意什么?
6. 测量气体的方法有哪些?

技能训练 3-6 滴定管、容量瓶、吸管的使用和校准

一、训练目标
1. 掌握滴定管、容量瓶、吸管的使用方法。
2. 掌握量器的校正方法。
3. 巩固分析天平的称量操作。

二、实验用品

分析天平、托盘天平、温度计、洗耳球、酸式滴定管、碱式滴定管、移液管、吸量管、容量瓶、烧杯、锥形瓶、具塞锥形瓶、滴管、玻璃棒、量筒等。

重铬酸钾、浓硫酸。

三、操作步骤

1. 配制铬酸洗液。称取研细的工业用重铬酸钾 5.0g,置于 250mL 烧杯中,加入 10mL 纯水,加热使其溶解。冷却后,慢慢加入 82mL 浓硫酸,边加边搅拌,并注意观察铬酸洗液的颜色,配好并冷却后转移到 250mL 试剂瓶中,盖好瓶盖,贴上标签,备用。
2. 洗涤烧杯、锥形瓶、具塞锥形瓶、玻璃棒、滴管、量筒。
3. 滴定管的准备及使用。

① 酸式滴定管。涂油 → 试漏 → 洗涤 → 装溶液 → 赶气泡 → 调零 → 滴定(在锥形瓶中进行)→ 读数 → 结束。

② 碱式滴定管。检查 → 试漏 → 洗涤 → 装溶液 → 赶气泡 → 调零 → 滴定(在烧杯中进行)→ 读数 → 结束。

4. 容量瓶的准备及使用。试漏 → 洗涤 → 转移溶液(以水代替)→ 稀释 → 平摇 → 稀释 → 调液面 → 摇匀。

5. 移液管、吸量管的准备及使用。

① 25mL 移液管。洗涤 → 吸液 → 调液面 → 放溶液(放至锥形瓶中)。

② 10mL 吸量管。洗涤 → 吸液 → 调液面 → 放溶液(按不同刻度把溶液放入锥形瓶中)。

6. 滴定管的校准(绝对校准法)。

① 将已洗净的 50mL 酸式滴定管或碱式滴定管装入纯水至标线以上 5mm 左右,垂直夹在滴定台上。

② 将已洗净、干燥、冷却至室温的 50mL 具塞锥形瓶,在分析天平上准确称其质量(称准至 0.001g)并作记录。

③ 调节滴定管液面至"0.00"mL。从滴定管向具塞锥形瓶中放水（依次放出 10mL、20mL、30mL、40mL、50mL），当液面降至被校准分度线以上约 0.5mL 时等待 15s，然后在 10s 内将液面调节至 10mL 分度线（不一定恰好等于 10.00mL，但相差也不应大于 0.1mL），随即用锥形瓶内壁靠下挂在滴定管尖嘴下的液滴，记录读数。立即盖上瓶塞进行准确称量。并依次记录在表格中。每支滴定管重复校准一次。

室温：_____ ℃；水温：_____ ℃；ρ_w = _____ g/L；空锥形瓶质量：_____ g

滴定管读数/mL	标称容量/mL	瓶加水的质量/g	水的质量/g	实际容量/mL	校正值/mL	总校正值/mL

④ 将温度计插入水中 5~10min 后测量水的温度（测量水温读数时不可将温度计的下端提出水面）。从表 3-3 中查出该温度下纯水的表观密度 ρ_w，并利用公式 $V_{20} = \dfrac{m_w}{\rho_w}$ 计算所测滴定管的标称容量在 20℃ 的实际容量，并求出校准值。

⑤ 以滴定管被校分度线的标称容量为横坐标，相应的校正值（两次测定的平均值）为纵坐标，绘出校正曲线。

7. 移液管与容量瓶的相对校准。

① 将 250mL 容量瓶洗净、晾干（可用几毫升乙醇荡洗内壁后倒挂在漏斗架上数小时）。

② 用洁净的 25mL 移液管准确吸取纯水 10 次至容量瓶中，仔细观察溶液弯月面最低点是否与标线上缘相切。

③ 若溶液弯月面最低点不与标线的上边缘相切，则应在瓶颈上重新作一标记（可使用透明胶带），此容量瓶与移液管配套使用时，应以新的标记为准。

四、思考题

1. 酸式滴定管与碱式滴定管赶气泡的操作方法有什么不同？读数时应注意些什么？
2. 向滴定管中装入操作溶液时，为什么必须从试剂瓶中直接加入到滴定管中？
3. 从移液管中放出溶液时，为什么当管内液面下降到管尖后要再等待 15s 才能取出移液管？
4. 校准滴定管进行称量时，为什么要用具塞锥形瓶？
5. 从滴定管中放纯水于具塞锥形瓶中时应注意哪些问题？
6. 在校准滴定管时，为什么具塞锥形瓶的外壁必须干燥？锥形瓶的内壁是否一定要干燥？
7. 为什么移液管与容量瓶之间可用相对校准法校准？

技能训练 3-7　滴定分析基本操作

一、训练目标

1. 掌握盐酸和氢氧化钠溶液的配制方法。
2. 学会用甲基橙和酚酞指示剂判断滴定终点。
3. 进一步掌握滴定管的滴定操作技术和读数方法。

二、实验原理

将一种物质的溶液,从滴定管滴加到锥形瓶或烧杯的另一种物质溶液中的过程称为滴定。滴定到两物质按照化学计量关系恰好定量反应完全时称为化学计量点。为了正确确定化学计量点,常在被测溶液中加入一种指示剂,它在化学计量点附近发生颜色变化,其颜色变化的转折点称为"滴定终点",简称"终点"。

一定浓度的氢氧化钠和盐酸溶液相互滴定到达终点时所消耗的体积比应是一定的,可用此来检验滴定操作技术及判断终点的能力。

甲基橙指示剂,它的pH变色范围是3.1(红色)~4.4(黄色),pH在4.0附近为橙色。用盐酸溶液滴定氢氧化钠溶液时,终点颜色由黄到橙,而用氢氧化钠溶液滴定盐酸溶液,则由橙变黄。判断橙色,对于初学者有一定的难度,所以在做滴定终点练习之前应先练习判断终点。练习方法是:在锥形瓶中加入约25mL水及1滴甲基橙指示剂,从碱式滴定管中放出1~2滴氢氧化钠溶液,观察其黄色,再从酸式滴定管中滴加盐酸溶液,观察其橙色,如此反复滴加氢氧化钠和盐酸溶液,直至能做到加半滴氢氧化钠溶液由橙色变黄色,而加半滴盐酸溶液由黄色变橙色,即能控制加入半滴溶液为止。

三、实验用品

托盘天平、酸式滴定管、碱式滴定管、移液管、烧杯、量筒、试剂瓶、锥形瓶、玻璃棒、洗耳球等。

浓盐酸、固体氢氧化钠、0.1%的甲基橙指示剂、1%的酚酞指示剂。

四、操作步骤

1. 酸碱溶液的配制。

① 0.1mol/L HCl溶液的配制。用量筒量取浓盐酸约4.5mL,倒入加有约500mL纯水的烧杯中,用玻璃棒搅拌均匀,再转移到试剂瓶中,摇匀,贴上标签。在标签上写明:试剂名称、配制浓度、配制日期、配制者班级及姓名。

② 0.1 mol/L NaOH溶液的配制。用表面皿在托盘天平上迅速称取固体氢氧化钠2.5~3g,置于250mL烧杯中,用煮沸并冷却后的蒸馏水迅速洗涤2~3次,弃去洗涤液,以除去固体NaOH表面少量的Na_2CO_3。将洗涤后的固体NaOH用适量水溶解后,转入试剂瓶中,加水稀释至500mL,盖紧橡胶塞,充分摇匀,贴好标签。

2. 酸碱溶液的相互滴定。

① 酸碱溶液的装入。将洗净的碱式滴定管用0.1mol/L NaOH溶液润洗3次,每次用5~10mL溶液,然后将0.1mol/L NaOH溶液直接倒入碱式滴定管中,排除气泡,将液面调至零刻度处。

将洗净的酸式滴定管用0.1mol/L HCl溶液润洗3次,每次用5~10mL溶液,然后将0.1mol/L HCl溶液直接倒入酸式滴定管中,排除气泡,将液面调至零刻度处。

② 以甲基橙为指示剂,用酸滴定碱。以每秒3~4滴的速度,从碱式滴定管中放出20~25mL 0.1mol/L NaOH溶液于250mL锥形瓶中,加入1滴0.1%的甲基橙指示剂,用0.1mol/L HCl溶液滴定。开始滴定时,滴落点周围无明显的颜色变化,滴定速度可快些(3~4滴/s)。当滴落点出现暂时性的颜色变化(淡橙色)时,应一滴一滴地加入盐酸溶液,随着颜色消失渐慢,应更加缓慢地滴入溶液,接近终点时,颜色扩散到整个溶液,摇动1~2次才消失,此时应加入一滴,摇几下,最后加入半滴溶液,并用纯水冲洗锥形瓶内壁。至溶液由黄色突然变为橙色,记录HCl溶液的用量。然后由碱式滴定管滴入

0.1mol/L NaOH 溶液 1~2mL，溶液由橙色又变为黄色。再用 0.1mol/L HCl 溶液滴定至溶液由黄色恰好变为橙色，即为滴定终点，记录 HCl 溶液的用量。如此反复练习滴定操作和观察滴定终点，直至得出数据中 HCl 溶液的用量相差不超过 0.02mL，而且能准确判断滴定终点为止。

③ 以酚酞为指示剂用碱滴定酸。用洗净的移液管（先用待吸溶液润洗 3 次）吸取 25mL 0.1mol/L HCl 溶液于 250mL 锥形瓶中，加入 1~2 滴 1% 的酚酞指示剂，用 0.1mol/L NaOH 溶液滴定至溶液由无色变为浅粉红色半分钟不褪即为滴定终点。读取所用 NaOH 溶液的体积，准确至 0.01mL。如此平行滴定四份，要求所用 NaOH 溶液的体积相差不超过 0.02mL，而且能准确判断滴定终点。

五、实验记录与计算

1. 用盐酸溶液滴定氢氧化钠溶液。

测定次数		1	2	3	4	5
氢氧化钠溶液的体积	终读数/mL					
	初读数/mL					
	滴定管校准值/mL					
	实际 V(NaOH)/mL					
盐酸溶液的体积	终读数/mL					
	初读数/mL					
	滴定管校准值/mL					
	实际 V(HCl)/mL					
V(HCl)/V(NaOH)						
V(HCl)/V(NaOH) 平均值						

2. 用氢氧化钠溶液滴定盐酸溶液。

测定次数		1	2	3	4	5
盐酸溶液的体积	盐酸溶液体积/mL					
	实际 V(HCl)/mL					
氢氧化钠溶液的体积	终读数/mL					
	初读数/mL					
	滴定管校准值/mL					
	实际 V(NaOH)/mL					
V(NaOH) 平均值						

六、思考题

1. 在滴定中，滴定管和移液管为什么必须用操作溶液润洗几次？滴定中使用的锥形瓶或烧杯是否需要干燥？要不要用操作溶液润洗？

2. 以酚酞为指示剂，用碱滴定酸至溶液由无色变为浅粉红色时，若放置一会，颜色为什么会褪去？

3. 滴定时为什么每次必须从刻度零开始？从滴定管中流出半滴溶液的操作要领是什么？

第三节 温度的测量及控制技术

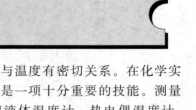

1. 了解温度计的种类、用途及校正方法。
2. 掌握温度计的使用方法。
3. 掌握恒温槽的安装及调节方法。

温度是表征物体冷热程度的物理量,物质的许多特征参数与温度有密切关系。在化学实验中,常常需要测量液体的温度。因此,准确测量和控制温度是一项十分重要的技能。测量温度的设备是温度计,温度计的种类型号很多,常用的有玻璃液体温度计、热电偶温度计、电阻温度计、饱和蒸气温度计等,实验时可根据不同的需要选择使用。

一、温度计及其使用

1. 玻璃液体温度计

(1) 玻璃液体温度计的构造及测温原理　玻璃液体温度计的结构如图 3-44 所示。感温液装在一根下端带有感温泡的均匀毛细管中,感温液上方抽成真空或充以某种气体。其感温泡用于贮存感温液与感受温度。感温液一般有汞和液态有机物两大类。感温液不同测温范围也不同(如感温液为水银的称为水银温度计,测温范围 $-30 \sim 750℃$;感温液为酒精的称酒精温度计,测温范围 $-65 \sim 165℃$;感温液为甲苯的称甲苯温度计,测温范围 $0 \sim 90℃$)。为了防止温度过高时液体胀裂玻璃管,在毛细管顶部留有一膨胀室。由于液体的膨胀系数远大于玻璃的膨胀系数,毛细管又是均匀的,故温度的变化可反映在液柱长度的变化上。根据玻璃管外部的分度标尺,可直接读出被测液体的温度。

(2) 水银玻璃温度计的校正　玻璃水银温度计是最常用的一种玻璃液体温度计。尽管水银膨胀系数小于其他感温液体,但它有许多优点,如易提纯、热导率大、膨胀均匀、不易氧化、不沾玻璃、不透明、便于读数等。普通水银温度计的测温范围为 $-30 \sim 300℃$,如果在水银柱上的空间充以一定的保护气体(常用氮、氩气、氢气,防止水银氧化和蒸发),并采用石英玻璃管,可使测量上限达 750℃。若在水银中加入 8.5% 的铊,可测到 $-60℃$ 的低温。

水银温度计分全浸式和局浸式两种。前者是将温度计全部浸入恒定温度的介质中与标准温度计比较来进行分度的,后者在分度时只浸到水银球上某一位置,其余部分暴露在规定温度的环境之中进行分度。如果全浸式做局浸式温度计使用,或局浸式温度计使用时与制作时的露茎不同,温度计毛细管内径不均匀,感温泡受热后体积发生变化等都会使温度示值产生误差。因此,测温时对温度计的读数要作校正。

① 零点校正(冰点校正)。玻璃是一种过冷液体,当温度计在高温使用时,体积膨胀,但冷却后玻璃结构仍冻结在高温状态,感温泡体积不能立即复原,因而导致零点的改变。检定零点的恒温槽称为冰点器,如图 3-45 所示。容器为真空杜瓦瓶,起绝热保温作用,在容器中盛以冰(纯净的冰)水(纯水)混合物。最简单的冰点仪是颈部接一橡皮管的漏斗,如图 3-46 所示。漏斗内盛有纯水制成的冰与少量纯水,冰要经粉碎、压紧,被纯水淹没,并从

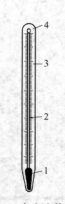 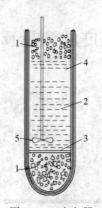 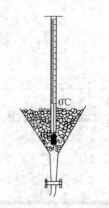

图 3-44　玻璃液体温度计　　　　图 3-45　冰点器　　　　　图 3-46　简便冰点仪
1—感温泡；2—毛细管；　　　1—冰与水；2—水；3—带孔金属片；
3—刻度标尺；4—膨胀室　　　4—玻璃杜瓦瓶；5—搅拌器

橡皮管放出多余的水。检定时，将事先预冷到 $-2\sim-3℃$ 的待测温度计，垂直插入冰中，使零线高出冰表面 5mm，10min 后开始读数，每隔 $1\sim2$min 读一次，直到温度计水银柱的可见移动停止为止。由三次顺序读数的相同数据得出零点校正值 $\pm\Delta t$。

② 示值校正。水银温度计的刻度是按定点（水的冰点及正常沸点）将毛细管等分刻度的。由于毛细管内径、截面不可能绝对均匀及水银和玻璃膨胀系数的非线性关系，可能造成水银温度计的刻度与国际实用温标存在差异。所以必须进行示值校正。校正的方法是用一支同样量程的标准温度计与待校正温度计置于同一恒温槽中且在同一水平面上，槽温控制在被校温度上下不超过 0.1℃。待温度稳定 10min 后，记录两温度计的读数，得出相应的校正值（Δt_1）。调节恒温槽使处于一系列恒定温度（$5\sim6$ 个），得出一系列相应的校正值，作出校正曲线，如图 3-47 所示。其余没有检定到的温度示值可由相邻两个检定点的校正值线性内插而得。也可以纯物质的熔点或沸点作为标准。

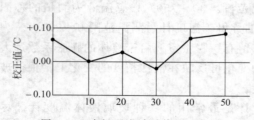

图 3-47　水银温度计示值校正曲线

③ 露茎校正。利用全浸式水银温度计测定温度时，如其不能全部浸没在被测体系（介质）中，则因露出部分与被测体系温度不同，导致了水银和玻璃膨胀情况的不同，必然存在读数误差。测定温度在 100℃ 以下时误差不大，但在 200℃ 以上可达 $2\sim5$℃，在 250℃ 以上高达 $3\sim10$℃。因此，必须对露出部分引起的误差进行校正，即露茎校正。其校正方法如图 3-48 所示。校正值可按下式计算。

$$\Delta t_2 = kl(t_{观} - t_{环})$$

式中　Δt_2——温度校正值；
　　　k——水银对玻璃的相对膨胀系数，0.000157；
　　　l——测量温度计水银柱露在空气中的长度（以刻度数表示）；
　　　$t_{观}$——测量温度计上的读数（指示被测介质的温度）；
　　　$t_{环}$——附在测量温度计上辅助温度计的读数。

露茎校正后的温度为

$$t_{校} = t_{观} + \Delta t_2$$

(3) 水银玻璃温度计的使用

① 根据实验需要对温度计进行零点校正、示值校正及露茎校正。

② 先将温度计冲洗干净，将温度计尽可能垂直浸在被测体系内（感温泡全部浸没），禁止倒装或倾斜安装。

③ 水银温度计应安装在振动不大，不易碰到的地方，注意感温泡应离开容器壁一定距离。

④ 为防止水银在毛细管上附着，读数前应用手指轻轻弹动温度计。

⑤ 读数时视线应与水银柱凸面位于同一水平面上。

⑥ 防止骤冷骤热，以免引起温度计破裂和变形。防止强光、辐射和直接照射水银球。

⑦ 水银温度计是易碎玻璃仪器，且毛细管中的水银有毒，所以绝不允许充作搅拌、支柱等它用，要避免与硬物相碰。如温度计需插在塞孔中，孔的大小要合适，以防脱落或折断。

⑧ 温度计用完后，要冲洗干净，保存好。

2. 接点温度计

（1）接点温度计的结构 接点温度计也是一种玻璃水银温度计，其构造与普通水银温度计不同，如图 3-49 所示。在毛细管水银上面悬有一根可上下移动的铂丝（触针），并利用磁铁的旋转来调节触针的位置。另外，接点温度计上下两段均有刻度，上段由标铁（指示铁）指示温度，它焊接上一根铂丝，铂丝下段所指的位置与上段标铁所指的温度相同。它依靠顶端上部的一块磁铁来调节铂丝的上下位置。当旋转磁铁时，就带动内部螺旋杆转动，使标铁上下移动，下面水银槽和上面螺旋杆引出两根线作为导电与断电用。当恒温槽温度未达到上端标铁所指示的温度时，水银柱与触针不接触；当温度上升达到标铁所指示的温度时，铂丝与水银柱接触，并使两根导线导通。

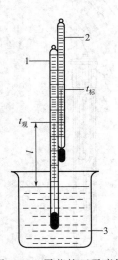

图 3-48 露茎校正示意图
1—测量温度计（主温度计）；2—辅助温度计；
3—测量介质

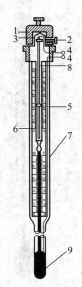

图 3-49 接点温度计
1—调节帽；2—调节帽固定螺丝；3—磁铁；4—螺丝杆引出线；
5—指示铁；6—触针；7—刻度板；8—调节螺丝杆；9—水银槽

（2）接点温度计使用方法 接点温度计是实验中使用最广泛的一种感温元件。它常和继电器、加热器组成一个完整的控温恒温系统。在这个系统中接点温度计的主要作用是探测恒温介质的温度,并能随时把温度信息送给继电器,从而控制加热开关的通断。它是恒温槽的感觉中枢,是提高恒温槽精度的关键所在。接点温度计的使用方法如下。

① 将接点温度计垂直插入恒温槽中,并将两根导线接在继电器接线柱上。

② 旋松接点温度计调节帽上的固定螺丝,旋转调节帽,将标铁调到稍低于欲恒定的温度。

③ 接通电源,恒温槽指示灯亮(表示开始加热),打开搅拌器中速搅拌。当加热到水银与铂丝接触时,指示灯灭(表示停止加热),此时读取(1/10)℃温度计上的读数。如低于欲恒定温度,则缓慢调节使标铁上升,直至达到欲定温度为止。然后固定调节螺帽。

使用注意事项:

① 接点温度计只能作为温度的触感器,不能作为温度的指示器(因接点温度计的温度刻度很粗糙),恒温槽的温度必须由(1/10)℃温度计指示。

② 接点温度计不用时应将温度调至常温以上保管。

③ 避免骤冷骤热,以防破裂。

3. 贝克曼温度计

(1) 结构及特点 贝克曼温度计是水银温度计的一种。它的特点是:测温精度高;只能测量温度的变化,不能测定温度的真值;测温范围可以调节。这些特点是由其特殊结构所决定的。见图3-50。

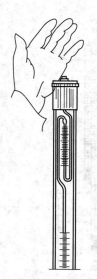

图 3-50 贝克曼温度计 图 3-51 拍击金属帽操作
1—水银柱;2—刻度板;3—毛细管接口;
4—汞储器;5—小刻度板;6—金属帽

温度计上的标度通常只有5℃,每1℃长5cm,中间分成100等分,故可直接读出0.01℃,借助于放大镜,可估计到±0.002℃。在温度计上端有一U形汞储器,通过毛细管与底部感温泡相连，借此可调节感温泡中的汞量。在汞储器背后的温度标度表示了该温度计使用的温度范围（如 $-20\sim 120℃$）。虽然贝克曼温度计刻度范围只有 $5℃$，但是通过调节感温泡中的汞量，却可以在使用的温度范围内精密地测出不超过 $5℃$ 的温度变化值。因此，这种温度计广泛地应用于量热实验以及需要测量微小温差的场合（如溶液凝固点下降、沸点上升等）。

（2）感温泡中汞量的调节方法　首先将温度计倒持，使感温泡中的汞和汞储器中的汞在毛细管接口处相接，然后利用汞的重力或热胀冷缩原理使汞从感温泡转移到汞储器，或者从汞储器转移到感温泡。汞储器背后的小刻度板就是为了指示在不同温度下调节汞量而设置的。

例如，需要在 $200℃$ 的介质中调节贝克曼温度计，使其汞柱处于主刻度板 $2\sim4$ 之间。那么，只要先将温度计倒持，使感温泡中的汞与汞储器中的汞相接，然后看汞储器中的汞弯月面处于小刻度板何处，此时有两种情况。

第一种情况：汞的弯月面处于小刻度板上大于 $20℃$ 处，即表示汞储器中汞太多。这时可将温度计正立于冷水中，汞即从汞储器缩回感温泡，待汞储器中汞弯月面到小刻度板 $20℃$ 处时，迅速将温度计取出，用手轻轻拍击金属帽（在标尺的侧面拍），见图 3-51，汞柱即在毛细管接口处断开。随后将温度计插入 $20℃$ 的介质中，汞柱就可处在主刻度板 $2\sim4$ 之间。

第二种情况：汞的弯月面处于小刻度板上小于 $20℃$ 处，则需设法使汞从感温泡转移一部分到汞储器中。为此可用手微温倒持的温度计感温泡，使汞转移向汞储器，当到达小刻度板上 $20℃$ 处，迅速将温度计正立，如图 3-51 所示，拍击金属帽使汞柱于毛细管接口处断开。

注意，以上两步操作，可能需进行多次，方能达到目的。此外，上下两刻度板虽然大小不同，但是每 $1℃$ 所含的汞量是相同的。对测温的准确度要求较高时，应将贝克曼温度计的测量值进行平均分度值与毛细管直径的校正。

4．热电偶温度计

（1）热电偶温度计的测温原理　由 A、B 两种不同材料的金属导体组成的闭合回路中，如果使两个接点 I 和 II 处在不同温度（见图 3-52），回路里就产生接触电动势，即热电势，这一现象称为热电现象。热电现象是热电偶测温的基础。接点 I 是焊接的，放置在被测温度为 t 的介质中，称为工作端（或热端）；另一接点 II 称为参比端，在使用时这端不焊接，而是接入测量仪表（直流毫伏计或高温计）。参比端的温度为 t_0，通常就是室温或某个恒定温度（如 $0℃$），故参比端又常称为冷端。

接连测量仪表处，有第三种金属导线 C 的引入（如图 3-53 所示），但这对整个线路的热电势没有影响。

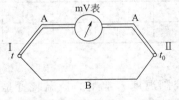

图 3-52　热电现象示意图

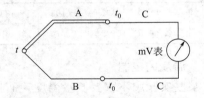

图 3-53　热电偶回路

实验证明,在一定温度范围内,热电势的大小只与两端的温差($t-t_0$)成正比,而与导线的长短、粗细、导线本身的温度分布无关。由于冷端温度是恒定的,因此只要知道热端温度与热电势的依赖关系,便可由测得的热电势推算出热端温度。利用这种原理设计而成的温度计称为热电偶。

(2) 热电偶的使用方法及注意事项

① 正确选择热电偶。根据体系的具体情况来选择热电偶。例如,易被还原的铂-铂铑热电偶,不应在还原气氛中使用;在测量温度高的体系时,不能使用低量程的热电偶。

② 使用热电偶保护管。为了避免热电偶遭受被测介质的侵蚀和便于安装,使用保护管是必要的。根据温度要求,可选用石英、刚玉、耐火陶瓷作保护管。低于 600℃ 可用硬质玻璃管。

③ 冷端要进行补偿。表明热电偶的热电势与温度的关系的分度表,是在冷端温度保持 0℃ 时得到的,因此在使用时最好能保持这种条件,即直接把热电偶冷端,或用补偿导线把冷端延引出来,放在冰水浴中。

④ 温度的测量。要使热端温度与被测介质完全一致,首先要求有良好的热接触,使二者很快建立热平衡;其次要求热端不向介质以外传递热量,以免热端与介质永远达不到平衡而存在一定误差。

⑤ 热电偶经过一段时间使用后可能有变质现象,故每一副热电偶在实际使用前,都要进行校正,可用比较检定法,也可用已知熔点的物质进行校正,作出工作曲线。

5. 饱和蒸气温度计

饱和蒸气温度计的测温参数是液体的饱和蒸气压,按饱和蒸气压与温度的单值函数关系即可确定温度值。它常用于测量低温系统的温度,其结构如图 3-54 所示。它由三部分组成:储气小球,U 形汞压力计,汞封 U 形管。当小球浸入被测低温系统时,小球内气体部分冷凝为液体,待达到气液两相平衡时,从汞压力计上读得的压力即为该温度下的饱和蒸气压。

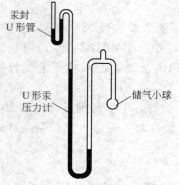

图 3-54 饱和蒸气温度计

由于汞柱高度总有一定限制,故测温范围也受到限制。当汞压计高为 1m 时,若储气小球中充以氪气,则测温范围为 $-30 \sim -80℃$;若充以氧气,则测温范围为 $-180 \sim 210℃$ 等。

制作此类温度计,除了要求所用气体与汞压计中的汞必须非常纯净外,汞压计左管上方还必须处于真空状态。为此,可在抽真空的条件下将汞压计向左倾斜,使部分汞移入上方小的 U 形管内形成汞封,随即再将 U 形管出口烧结。

实验室中常见的氧饱和蒸气温度计多用于测定液氮的温度。不同温度下氧饱和蒸气压见表 3-4。

表 3-4 不同温度下氧饱和蒸气压

$t/℃$	-199	-197	-195	-193	-191	-189	-187	-185	-183	-182.82
p/kPa	12.36	16.92	22.70	30.09	39.21	50.36	63.94	80.15	99.40	101.325

二、温度的控制

在某些实验中不仅要测量温度,而且需要精确地控制温度。常用的控温装置是恒温槽,而在无控温装置的情况下,可以用相变点恒温介质浴来获得恒温条件。

1. 相变点恒温介质浴

恒温介质浴是利用物质在相变时温度恒定这一原理来达到恒温目的。常用的恒温介质有：液氮（-196℃）、干冰-丙酮（-78.5℃）、冰-水（0℃）、沸点丙酮（56.5℃）、沸点水（100℃）、沸点萘（218.0℃）、熔融态铅（327.5℃）等。

相变点介质浴是一种最简单的恒温器。它的优点是控温稳定，操作方便。缺点是恒温温度不能随意调节，从而限制了使用范围。使用时必须始终保持相平衡状态，若其中一项消失，介质浴温度会发生变化，因此介质浴不能保持长时间温度恒定。

2. 恒温槽及其使用

（1）恒温槽的组成　恒温槽由浴槽、加热器、搅拌器、接点温度计、继电器和温度计等部件组成。如图 3-55 所示。

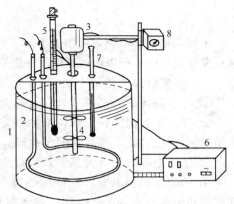

图 3-55　恒温槽构件组成
1—浴槽；2—加热器；3—电动机；4—搅拌器；
5—电接点水银温度计；6—晶体管或电子管继电器；
7—(1/10)℃水银定温计；8—调速变压器

① 浴槽和恒温介质。通常选用 10～20L 的玻璃槽（市售超级恒温槽浴槽为金属筒，并用玻璃纤维保温）。恒温温度在 100℃ 以下大多采用水浴。恒温在 50℃ 以上的水浴面上可加一层石蜡油，超过 100℃ 的恒温用甘油、液体石蜡等作恒温介质。

② 温度计。通常用 (1/10)℃ 的温度计测量恒温槽内的实际温度。

③ 加热器。常用的是电阻丝加热圈。其功率一般在 1W 左右。为改善控温、恒温的灵敏度，组装的恒温槽可用调压变压器改变炉丝的加热功率（501 型超级恒温槽有两组不同功率的加热炉丝）。

④ 搅拌器。搅拌器的作用是强制介质内部上下左右及时充分热交换，即使介质各处温度均匀。

⑤ 接点温度计。又称水银定温计，它是恒温槽的感温元件，用于控制恒温槽所要求的温度。

⑥ 继电器。继电器与接点温度计、加热器配合作用，才能使恒温槽的温度得到控制，当恒温槽中的介质未达到所需要控制的温度时，插在恒温槽中的接点温度计水银柱与上铂丝是断离的，这一信息送给继电器，继电器打开加热器开关，此时继电器红灯亮，表示加热器正在加热，恒温槽中介质温度上升，当水温升到所需控制温度时，水银柱与上铂丝接触，这一信号送给继电器，它将加热器开关关掉，此时继电器绿灯亮，表示停止加热。水温由于向周围散热而下降，从而接点温度计水银柱又与上铂丝断离，继电器又重复前一动作，使加热器继续加热。如此反复进行，使恒温槽内水温自动控制在所需要温度范围内。

⑦ 恒温槽的灵敏度。恒温槽的控温有一个波动范围反映恒温槽的灵敏程度。而且搅拌效果的优劣也会影响到槽内各处温度的均匀性。所以灵敏度就是衡量恒温槽好坏的主要标志。控制温度的波动范围越小，槽内各处温度越均匀，恒温槽的灵敏度就越高。它除了与感温元件、电子继电器有关外，还与搅拌器的效率、加热器的功率和各部件的布局情况有关。

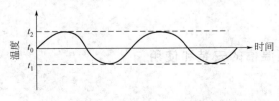

图 3-56　恒温槽的温度-时间曲线

确定恒温槽灵敏度，需先在指定温度下，用较灵敏的温度计测量温度随时间的变化，作出温度-时间曲线即灵敏度曲线（如图 3-56 所示），然后根据温度波动范围求出。若温度波动范围的最高温度为 t_1，最低温度为 t_2，则恒温槽的灵敏度 t_0 为

$$t_0 = \pm \frac{t_1 - t_2}{2}$$

不同类型的恒温槽，灵敏度不同。恒温槽中恒温介质的温度不是一个恒定值，只能恒定在某一温度范围内，所以恒温槽温度的正确表示应是一个恒定的温度范围，如（50±0.1）℃。

（2）玻璃恒温槽使用方法

① 将恒温槽的各部件安装好，连接好线路，加入纯水至离槽口5cm处。

② 旋松接点温度计上部调节帽固定螺丝，旋转调节帽，使指示标铁上端调到低于所需恒温温度1~2℃处，再旋紧固定螺丝。

③ 接通电源，打开搅拌器，调好适当的速度。

④ 接通加热器电源。先将加热电压调至220V，待接近所需温度时（相差0.5~1℃），降低加热电压（在80~120V）。注意观察恒温槽的水温和继电器上红绿灯的变化情况，再仔细调节接点温度计（一般调节帽转一圈温度变化0.2℃左右）使槽温逐渐升至所需温度。

⑤ 在恒温槽水温正好处于所需恒温温度时，若左右旋转接点温度计的调节帽，继电器上红绿灯就交替闪亮，在此位置上旋紧固定螺丝，实验结束之前不可再动。

（3）501型超级恒温槽

① 501型超级恒温槽附有电动循环泵。可外接使用，将恒温水压到待测体系的水浴槽中。还有一对冷凝水管，控制冷水的流量可以起到辅助恒温作用。

② 使用时首先连好线路，用橡胶管将水泵进出口与待测体系水浴相连，若不需要将恒温水外接，可将泵的进出水口用短橡胶管连接起来。注入纯水至离盖板3cm处。

③ 旋松接点温度计调节帽上的固定螺丝，旋转调节帽，使指示标线上端调到低于所需温度1~2℃左右，再旋紧固定螺丝。

④ 接通总电源，打开"加热"和"搅拌"开关。此时加热器、搅拌器及循环泵开始工作，水温逐渐上升。待加热指示灯红灯熄绿灯亮时，断开"加热"开关（加热开关控制1000W电热丝专供加热用，总电源开关控制500W电热丝供加热、恒温两用）。

⑤ 再仔细调节接点温度计，使槽温逐渐升至所需温度。在此温度下，左右旋转接点温度计的调节帽至继电器上红绿灯交替闪亮，旋紧固定螺丝后不再动。

使用注意事项：

① 接点温度计只能作为定温器，不能作温度的指示器。恒温槽的温度必须用专用测温的水银温度计。

② 一般用纯水做恒温介质。若无纯水而只能用自来水做恒温介质时，则每次使用后应将恒温槽清洗一次，防止水垢积聚。

③ 注意被恒温的溶液不要撒入槽内。若玷污，则要停用、换水。

④ 用毕应将槽内的水倒出、吸尽，并用干净布擦干，盖好槽盖，套上塑料罩。

思 考 题

1. 常用的温度计有哪些？如何选择和使用？
2. 恒温槽的作用是什么？如何使用？

技能训练 3-8　恒温槽的安装和使用

一、训练目标

1. 了解恒温槽的构造和恒温原理，初步掌握恒温槽的安装和调试技术。

2. 掌握温度调节器和温度控制器的使用方法。
3. 测定恒温槽纵向和径向温度分布。

二、实验用品

玻璃缸（容量 10L、1 个）、搅拌器（功率 40W、1 台）、接点温度计（1 支）、电子继电器（1 台）、加热器（1 只）、调压变压器（1 台）、(1/10)℃温度计（1 支）、秒表（1 块）。

三、操作步骤

1. 恒温槽的安装。

① 按图 3-39 安装好仪器。

② 在玻璃缸中加入纯水（或自来水）至离槽缸口 5cm 处。

③ 根据电子继电器背面接头位置，连接好所有线路，调压变压器串联接在电子继电器和加热器之间。

④ 仔细检查各线路接头是否按规定连接，经老师检查无误后，方可接通电源。

2. 调节恒温槽温度到指定温度（25℃）。

① 轻轻旋转接点温度计上的调节帽，将标铁调到比指定温度低 1~2℃。

② 打开电动搅拌器，调好适当的搅拌速度。

③ 将调压变压器调到 220V，打开加热器电源，此时电子继电器的红灯亮，表示正在加热。当电子继电器绿灯亮，表示停止加热。

④ 在加热过程中应仔细观察恒温槽中指示温度计的温度，当继电器上绿灯亮，而恒温槽水温尚未到指定温度时，则顺时针旋转接点温度计调节帽（一般转一周，温度变化 0.2℃），使加热器重新加热。直至继电器绿灯亮（红灯刚刚熄灭）时，指示温度计上的读数恰好是指定温度；反之，若继电器红灯亮，而恒温槽水温已到指定温度时，则逆时针旋转接点温度计调节帽，使之停在继电器绿灯刚亮的位置上。

⑤ 当恒温槽温度达到指定值后，应认真观察加热器通与断的时间（借助继电器上的指示灯）是否大致相等，以及通与断的周期是否较短。否则应通过调整调压器的加热电压，以及调节接点温度计的位置或适当加快搅拌速度来达到上述要求。

⑥ 待恒温槽调节到 25℃恒温后，观察指示温度计读数，利用停表，每隔 30s 记录温度一次，测定时间约 60min。

3. 测定恒温槽纵向和径向温度分布。

选择恒温槽 3 个纵向部位 3 个径向部位（由实验者自己选择）测定各部位的温度。

四、实验记录和数据处理

1. 用表格列出时间和温度值。

2. 以时间为横坐标，温度为纵坐标，绘制温度-时间曲线。计算 25℃时恒温槽的灵敏度。

3. 表示恒温槽纵向和径向温度分布情况。

五、注意事项

1. 连接好恒温槽线路后，经老师检查无误后再插电源插头。

2. 恒温槽内介质温度以专用指示温度计上的读数为准。

3. 恒温槽在加热过程中温度接近指定温度时（约相差 0.5℃），应适当降低加热电压，减小加热功率。

4. 在调节接点温度计时，每次调节后要及时旋紧调节帽上的固定螺丝。

5. 搅拌器和接点温度计应放在加热器的附近，以减小滞后现象。

6. 测定灵敏度曲线时，恒温槽的温度最好高于室温10℃左右。

第四节　压力的测量与控制技术

学习目标

1. 了解压力的不同表示法，掌握压力的单位。
2. 能正确选择和使用压力计准确测量压力。
3. 能正确选择和使用恒压装置。
4. 能正确选择和使用真空泵。
5. 掌握真空的检漏和测量技术。

压力是用来描述体系状态的一个重要参数，物质的许多物理性质，例如熔点、沸点、蒸汽压几乎都与压力有关。在物质的相变和气相化学反应中压力有很大的影响。化学实验室中压力的应用范围高至气体钢瓶压力，低至真空系统的真空度。所以，压力的测量具有非常重要的意义。

一、压力

压力是指均匀垂直作用于单位面积上的力，又称压力强度，或简称压强。

根据国际单位制规定，压力的单位为帕斯卡，简称帕（Pa）。

压力在表示气体压力时，视不同情况有大气压力、绝对压力、表压（力）、真空度（负压）之分，它们之间的关系可用图 3-57 表示。

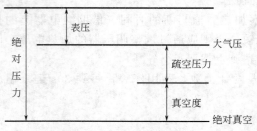

图 3-57　压力不同表示法之间的关系

(1) 大气压力　大气压力是指地球表面的空气柱重量所产生的平均压力。它随地理纬度、海拔高度和气象情况而变，也随时间而变化。

(2) 绝对压力　以绝对真空作零基准表示的压力，即被测流体作用在容器单位面积上的全部压力，它表明了测定点的真正压力。

(3) 表压（力）　以大气压力为零基准且超过大气压力的压力数值，亦即是一般压力表所指示的压力，它等于高于大气压力的绝对压力与大气压之差。

(4) 真空度（也称负压）　又称真空表压力，是以大气压力为基准且低于大气压力的压力数值，即大气压力与绝对压力之差。

二、测压计

1. 气压计

(1) 气压计的结构　在实验室中常用来测量大气压强的仪器是福廷式气压计。如图 3-58 所示。

(2) 使用方法和步骤

① 检查气压计是否垂直放置。气压计应在垂直下读数。若不垂直可旋松气压计底部圆环上的三个螺旋，令气压计铅直悬挂，再拧紧这三个螺旋，使其固定即可。

② 调节汞槽中汞的基准面。慢慢旋转底部螺旋，升高汞槽中的汞面，利用槽后面白瓷板的反光，注视汞面与象牙针间的空隙，直到汞面与象牙针相接触，然后轻弹一下铜管上部，使铜管上部汞的弯曲面正常，这时象牙针与汞面的接触应没有什么变动。

③ 调节游标尺。转动控制游标螺旋，使游标的下沿高于水银柱面。然后慢慢下降，直到游标尺的下沿及后窗活盖的下沿与管中汞柱的凸面相切，这时，观察者的眼睛和游标尺前后的两个下沿应在同一水平面。

④ 读数方法（以 kPa 作刻度单位的大气压计为例）。

读整数部分时，先看游标的零线在刻度标尺的位置，如恰与标尺上某一刻度相吻合，则该刻度为气压计读数。如果游标零线在两刻度之间，如 101 与 102 之间，则气压计读数的整数部分即为 101，再由游标上的刻度确定其小数部分的读法。

读小数部分时，在游标与标尺的刻度中，找出游标上某一刻度恰与标尺上某一刻度相吻合，此游标读数即为小数部分。

⑤ 读数后转动气压计底部的调节螺旋，使汞面下降到与象牙针完全脱离，避免象牙针尖磨秃。

(3) 使用注意事项

① 气压计必须垂直安装。

② 用完后象牙针要与汞面隔开。

2. U 形压力计的使用和校正

U 形压力计的结构简单，制作容易，使用方便，能测量微小的压差，且准确度也较高。实验室中广泛用于测量压差或真空度。其缺点是示值与工作液体有关，读数不方便。

U 形压力计的结构如图 3-59 所示，用一两端开口的垂直 U 形玻璃管，管中盛以适量的工作液体，并在玻璃管后垂直放置一读数刻度标尺即可构成一 U 形压力计。读数的零点刻在标尺中央，管内指示液充到刻度尺的零点处。指示液须与被测流体不互溶，不反应，而且密度比被测液体的大，实验室中 U 形压力计的工作液体通常选择水和水银。因水银与水对玻璃的润湿情况不同，所以液面的情况也不同，读数时，视线应与弯液面的最高点或最低点相切。

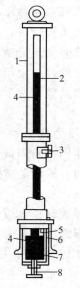
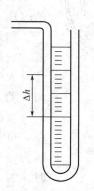

图 3-58 福廷式气压计　　　图 3-59 U 形管水银压力计

1—游标；2—刻度标尺；3—游标调整螺丝；4—汞；
5—象牙针；6—玻璃筒；7—皮袋；8—液面调整螺丝

测量时将U形管的一端连至待测压力系统,另一端连至已知压力的基准系统如图3-59所示,管内充以水银,所测得的两水银柱高度差是待测压力系统与基准系统间的压差。计算待测压力的关系式为:

$$p_{系统} = p_{基准} + \Delta h \rho g$$

式中　Δh——样品与基准水银柱高度差;
　　　ρ——水银的密度;
　　　g——重力加速度。

U形管水银压力计可用来测量两气体压力差、气体绝对压力(基准系统为很接近于零的压力)和系统的真空度(基准系统为大气压)。

U形管水银压力计的读数也需作温度校正(因水银的密度随温度不同而有变化,刻度尺的长度也有变化),即对水银的体膨胀系数和标尺的线膨胀系数加以校正。校正公式为:

$$\Delta h_0 = \frac{1+\beta t}{1+\alpha t}\Delta h = \Delta h - \Delta h\frac{\alpha t - \beta t}{1+\alpha t}$$

式中　Δh_0——将读数校正到0℃时的读数;
　　　Δh——压力计读数;
　　　t——测量计的温度;
　　　α——水银在0~35℃间的平均体膨胀系数,取值为0.0001819;
　　　β——刻度标尺的线膨胀系数(木质标尺线膨胀系数数量值为10^{-6},可以忽略不计)。

若不考虑木材刻度标尺的线膨胀系数,则校正公式简化为:

$$\Delta h_0 = \Delta h(1-0.00018t)$$

对精密的测量还要作纬度和海拔高度的校正。

3. 弹簧管压力计及真空表

弹簧压力计是利用各种金属弹性元件受压后产生弹性变形的原理而制成的测压仪表。图3-60为弹簧管压力表示意图。

当弹簧管内的压力等于管外的大气压时,表上指针指在零位读数上;当弹簧管内的液体压力大于管外的大气压时,则弹簧管受压,使管内椭圆形截面扩张而趋向于圆形,从而使弧形管伸张而带动连杆,由于这一变形很小,所以用扇形齿轮和小齿轮加以放大,以便使指针在表面上有足够的幅度,指出相应的压力读数,这个读数就是被测量流体的表压。

如果被测量气体或液体的压力低于大气压,可用弹簧真空表,它的构造与弹簧管压力表相同,当弹簧管内的流体压力低于管外大气压时,弹簧管向内弯曲,表面上指针从零位数向相反方向转动,所指出的读数为真空度。

有的弹簧管压力表将零位读数刻在表面中间,可用来测量表压,也可以测量真空度,称为弹簧压力真空表。但若测量体系内压力在133.3Pa以下,则需要用真空规。在选用弹簧管压强表时,为了保证指示的正确可靠,正常操作压力值应介于压强表测量上限(表面最大读数)的1/3~2/3之间。另外,还要考虑被测介质的性质(如温度高低,黏度大小,腐蚀性强弱,脏污程

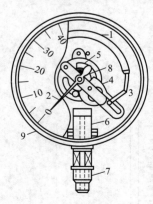

图3-60　弹簧管压力表
1—金属弹簧管;2—指针;
3—连杆;4—扇形齿轮;
5—弹簧;6—底座;
7—测压接头;8—小齿轮;
9—外壳

度、易燃易爆)、现场的环境条件，以此来确定压强表的种类、材料及型号等。

弹簧管压力计和真空表的特点是：结构简单牢固，读数方便迅速，测压范围很广，价格较便宜，但准确度较差。在工业生产和实验室中应用十分广泛。

4. 电测压力计的原理

电测压力计是由压力传感器、测量电路和电性指示器三部分组成。压力传感器的作用是感受压力并把压力参数变换为电阻（或电容）信号，输到测量电路，测量值由指示仪表显示或记录。电测压力计有便于自动记录、远距离测量等优点，应用日益广泛。用于测量负压的电阻式 BFP-1 型负压传感器即为一例。

BFP-1 型负压传感器外形及结构见图 3-61。其工作原理是：有弹性的应变梁 2，一端固定，另一端和连接系统的波纹管 1 相连，称为自由端。当系统压力通过波纹管底部作用在自由端时，应变梁便发生挠曲，使其两侧的上下四块 BY-P 半导体应变片因机械变形而引起了电阻值的变化。测量时，利用这四块应变片组成的不平衡电桥（在应变梁同侧的两块分别置于电桥的对臂位置），见图 3-62 所示。在一定的工作电压 U_{AB} 下，首先调节电位器 R_x 使桥路平衡，即输出端的电位差 U_{CD} 为零。这表示传感器内部压力恰与大气压相等。随后将传感器接入负压系统，因压力变化导致应变片变形，电桥失去平衡，输出端得到一个与压差成正比的电位差 U_{CD}，通过电位差计（或数字电压表）即测出该电位差值。利用在同样条件下得到的电位差-压力的工作曲线，即可得到相应的压力值。

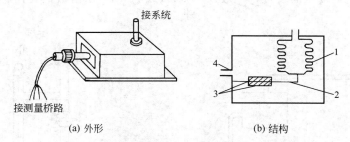

(a) 外形　　　　　　(b) 结构

图 3-61　BFP-1 型负压传感器外形与内部结构

1—波纹管；2—应变梁；3—应变片（两侧前后共四块）；4—导线引出孔

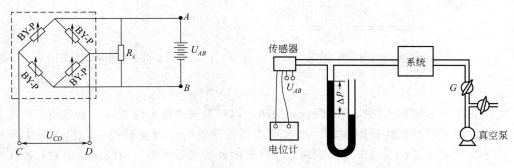

图 3-62　负压传感器测压原理　　　　图 3-63　负压传感器标定装置

在使用传感器之前，要先作测量条件下的标定工作，即求得输出电位差 U_{CD} 与压差 Δp 之间的比例系数 k，$k = \dfrac{\Delta p}{U_{CD}}$，以便确定不同 U_{CD} 下对应的 Δp 值。在对于精度要求不十分高的情况下，可按图 3-63 装置进行标定。在一定的 U_{AB} 下，通过真空泵对系统造成不同的负压，从 U 形汞压力计和电位差计可测得相应的 Δp 和 U_{CD} 值。按下式：

$$\Delta p \approx \Delta p_t (1-0.00018t)$$

经温度校正后的 Δp 值对 U_{CD} 作图，直线的斜率即为此传感器的 k 值。

三、恒压控制

实验中常要求系统保持恒定的压力（如 101325Pa 或某一负压），这就需要一套恒压装置。其基本原理如图 3-64 所示。在 U 形的控压计中充以汞（或电解质溶液），其中设有 a、b、c 三个电接点。当待控制的系统压力升高到规定的上限时，b、c 两接点通过汞（或电解质溶液）接通，随之电控系统工作使泵停止对系统加压；当压力降到规定的下限时，a、b 接点接通（b、c 断路），泵向系统加压，如此反复操作以达到控压目的。

1. 控压计

常用的是如图 3-65 所示的 U 形硫酸控压计。在右支管中插一铂丝，在 U 形管下部接入另一铂丝，灌入浓硫酸，使液面与上铂丝下端刚好接触。这样，通过硫酸在两铂丝间形成通路。使用时，先开启左边活塞，使两支管内均处于要求的压力下，然后关闭活塞。若系统压力发生变化，则右支管液面波动，两铂丝之间的电信号时通时断地传给继电器，以此控制泵或电磁阀工作，从而达到控压目的（这与电接点温度计控温原理相同）。控压计左支管中间的扩大球的作用是只要系统中压力有微小的变化都会导致右支管液面较大的波动，从而提高了控压的灵敏度。由于浓硫酸黏度较大，控压计的管径应取一般 U 形汞压力计管径的 3～4 倍为宜。对于控制恒常压的装置，一般采用 KI（或 NaCl）水溶液的控压计，就可取得很好的灵敏度。

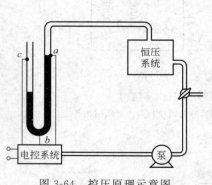

图 3-64 控压原理示意图

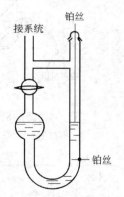

图 3-65 U 形硫酸控压计

2. 电磁阀

它是靠电磁力控制气路阀门的开启或关闭，以切换气体流出的方向，从而使系统增压或减压。常用的电磁阀结构见图 3-66。在装置中电磁阀工作受继电器控制，当线圈中未通电时，铁芯受弹簧压迫，盖住出气口通路，气体只能从排气口流出。当线圈通电时，磁化了的铁箍吸引铁芯 4 往上移动，盖住了排气口通路，同时把出气口通路开启，气体从出气口排出。这种电磁阀称为二位三通电磁阀。

图 3-67 为另一种利用稳压管控制流动系统压力的装置。从钢瓶输出的气体，经针形阀与毛细管缓冲后，再经过水柱稳压管流入系统。通过调节水平瓶的高度，给定了流动气体的压力上限，若流动气体的表压大于稳压管中水柱的静压差 h，气体便从水柱稳压管的出气口逸出而达到控压目的。

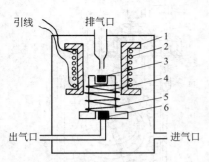
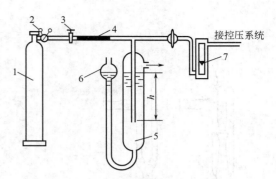

图 3-66　Q23XD 型电磁阀结构
1—铁箍；2—螺管线圈；3,6—压紧橡皮；
4—铁芯；5—弹簧

图 3-67　流动系统控压流程
1—钢瓶；2—减压阀；3—针形阀；
4—毛细管；5—水柱稳压管；6—水平瓶；7—流量计

四、真空的获得与测量

1. 真空的获得

压力低于 101325Pa 的气态空间统称为真空。按气体的稀薄程度，真空可分为几个范围：

粗真空　$1.01325 \times 10^5 \sim 1.33 \times 10^3$ Pa；

低真空　$1.33 \times 10^3 \sim 1.33 \times 10^{-1}$ Pa；

高真空　$1.33 \times 10^{-1} \sim 1.33 \times 10^{-6}$ Pa。

在实验室中，欲获得粗真空常用水抽气泵；欲获得低真空用机械真空泵；欲获得高真空则需要机械真空泵与油扩散泵并用。

(1) 水抽气泵　水抽气泵结构见图 3-68。它可用玻璃或金属制成。其工作原理是当水从泵内的收缩口高速喷出时，静压降低，水流周围的气体便被喷出的水流带走。使用时，只要将进水口接到水源上，调节水的流速就可改变泵的抽气速率。显然，它的极限真空度受水的饱和蒸气压限制，如 15℃时为 1.70kPa，25℃时为 3.17kPa 等。

实验室中水抽气泵还广泛地用于抽滤沉淀物以及捡拾散落在地的水银微粒。

(2) 旋片式机械真空泵　图 3-69 为单级旋片式机械真空泵的结构。它的内部有一圆筒形定子与一精密加工的实心圆柱转子，转子偏心地装置在定子腔壁上方，分隔进气管和排气管，并起气密作用。两个翼片 S 及 S′横嵌在转子圆柱体的直径上，被夹在它们中间的一根弹簧压紧，见图 3-70。S 及 S′将转子和定子之间的空间分隔成三部分。当旋片在图 3-70(a) 所示位置时，气体由待抽空的容器经过进气管 C 进入空间 A；当 S 随转子转动而处于图 3-70(b) 所示位置时，空间 A 增大，气体经 C 管吸入；当继续转到图 3-70(c) 所示位置，S′将空间 A 与进气管 C 隔断；待转到图 3-70(d) 所示位置，A 空间气体从排气管 D 排出。转子如此周而复始地转动，两个翼片所分隔的空间不断地吸气和排气，使容器抽空达到一定的真空度。

旋片式机械真空泵的压缩比可达 700∶1，若待抽气体中有水蒸气或其他可凝性气体存在，当气体受压缩时，蒸气就可能凝结成小液滴混入泵内的机油中。这样，一方面破坏了机油的密封与润滑作用，另一方面蒸气的存在也降低了系统的真空度。为解决此问题，在泵内排气阀附近设一个气镇空气进入的小口。当旋片转到一定位置时气镇阀门会自动打开，在被压缩的气体中掺入一定量的空气，使之在较低的气体压缩比时，即可凝性气体尚未冷凝为液体之际，便可顶开排气阀而把含有可凝性蒸气的气体抽走。

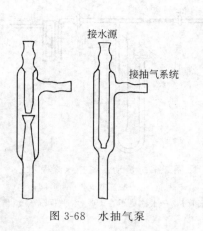

图 3-68　水抽气泵

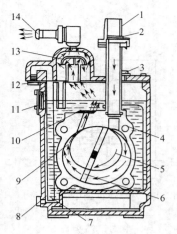

图 3-69　旋片式机械真空泵

1—接系统口；2—滤气网；3—加油口；4—定子；
5—转子；6—翼片；7—吸油管；8—重力吸油口；
9—气镇空气进口；10—出气阀门；11—观察口；
12—压力吸油口；13—油阱；14—出气口

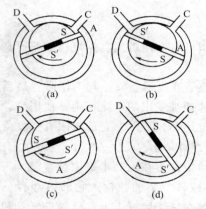

图 3-70　旋片式机械真空泵抽气过程

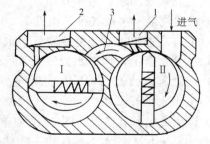

图 3-71　双级旋片机械泵工作原理示意图
1,2—排气阀；3—内通道

单级旋片机械泵能达到的极限压强一般为 0.133～1.33Pa。欲达到更高的真空度，可采用双级泵结构，如图 3-71 所示。当进气口压力较高时，后级泵体Ⅱ所排出的气体可顶开排气阀，也可进入内通道。当进气口压力较低时，泵体Ⅱ所压缩的气体全部经内通道被泵体Ⅰ抽走，再由排气阀排出。这样便降低了单级泵前后的压差，避免了转子与定子间的漏气现象，从而使双级机械泵极限真空可抽达 0.0133Pa 左右。

使用机械泵时，因被抽气体中多少都含有可凝性气体，所以在进气口前应接一冷阱或吸收塔（如用氯化钙或分子筛吸收水蒸气，用活性炭吸附有机蒸气等）。停泵前，应先使泵与大气相通，避免停泵后因存在压差而把泵内的机油倒吸到系统中去。

(3) 扩散泵　扩散泵的类型很多，构成泵体的材料有金属和玻璃两种。按喷嘴个数有"级"之分，如三级泵、四级泵等。泵中工作介质常用硅油。扩散泵总是作为后级泵与上述的机械泵作为前级泵联合使用。

图 3-72 表示三级玻璃油扩散泵。它的结构和工作原理简述如下。泵的底部为蒸发器，内盛一定量的低蒸气压扩散泵油。待系统被前级机械泵减压到 1.33Pa 后，由电炉 8 加热至油沸腾，油蒸气沿中央导管上升，从加工成一定角度的伞形喷嘴 3、4、5 射出，形成高速的射流，油蒸气射到泵壁上冷凝为液体，又流回到泵底部的蒸发器中，循环使用。与此同时，周围系统中的气体分子被油蒸气分子夹带进入射流，从上到下逐级富集于泵体的下部，而被前级泵抽走。

由于硅油（聚甲基硅氧烷或聚苯基硅氧烷）摩尔质量大，其蒸气动能大，能有效地富集低压下的气体分子，且其蒸气压低（室温下小于 1.33×10^{-5} Pa），所以是油扩散泵中理想的工作介质。为避免硅油氧化裂解，要待前级泵将系统压力抽到小于 1.33Pa 后才可启动扩散泵。停泵时，应先将扩散泵前后的旋塞关闭（使泵内处于高真空状态），再停止加热，待泵体冷却到 50℃ 以下再关泵体冷却水。

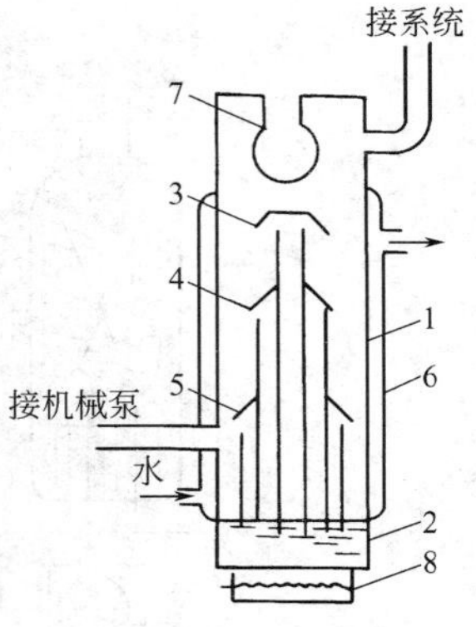

图 3-72 三级玻璃油扩散泵
1—玻璃泵体；2—蒸发器与扩散泵油；3～5——一，二，三级伞形喷嘴；6—冷却水夹套；7—冷阱；8—加热电炉

2. 真空的测量

测量真空系统压力的量具称为真空规。真空规可分两类：一类是能直接测出系统压力的绝对真空规，如麦克劳（Mcleod）真空规；另一类是经绝对真空规标定后使用的相对真空规，热偶真空规与电离真空规是最常用的相对真空规。

(1) 热偶真空规 热偶真空规（又称热偶规），由加热丝和热电偶组成，如图 3-73 所示，其顶部与真空系统相连。当给加热丝以某一恒定的电流时（如 120mA），则加热丝的温度与热电偶的热电势大小将由周围气体的热导率 λ 决定。在一定压力范围内，当系统压力 p 降低，气体的热导率减小，则加热丝温度升高，热电偶热电势随之增加；反之，热电势降低。其间 p 与 λ 的关系可表示为：

$$p = c\lambda$$

式中，c 称为热偶规管常数。这种函数关系经绝对真空规标定后，以压力数值标在与热偶规匹配的指示仪表上。所以，用热偶规测量时从指示仪表上可直接读得系统压力值。

热偶规测量的范围为 133.3～0.133Pa。这是因为若压力大于 133.3Pa，则热电势随压力变化不明显；若压力小于 0.133Pa，则加热丝温度过高，导致热辐射和引线传热增加，由此而引起的加热丝温度变化不决定于气体压力，即热电势变化与气体压力无关。

(2) 电离真空规 又称电离规，其结构和原理如图 3-74 所示。实际上它相当于一个三极管，具有阴极（即灯丝）、栅极（又称加速极）和收集极，见图 3-74(a)。使用时将其上部与真空系统相连，通电加热阴极至高温，使之发射热电子。由于栅极电位（如 200V）比阴极高，故吸引电子向栅极加速。加速运动中的电子碰撞管内低压气体分子并使之电离为正离子和电子。由于收集极的电位更低，所以电离后的离子被吸引到收集极形成了可测量的离子流。发射电流 I_e，气体的压力 p 与离子流强度 I_i 之间的关系为：

$$I_i = kpI_e$$

式中，k 为电离规管常数。可见，当 I_e 恒定时，I_i 与 p 成正比。这种关系经标定后，在与电离规匹配的指示仪表上即可直接读出系统的压力值，见图 3-74(b)。

为防止电离规阴极氧化烧坏，应先用热偶规测量系统压力，待小于 0.133Pa 后方可使用电离规。此外，阴极也易被各种蒸气（如真空泵油蒸气）玷污，以致改变了电离规管常数 k 的数值，所以在其附近设置冷阱是必要的。电离规的测量范围在 $0.133 \sim 0.133 \times 10^{-5}$ Pa。

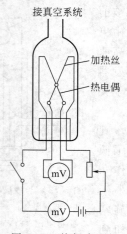

图 3-73　热偶真空规

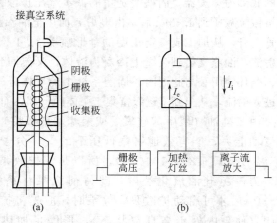

图 3-74　电离真空规及其测量原理

3. 真空系统的组装与检漏

任一真空系统,不论管路如何复杂,总可分解为三个部分:由机械泵和扩散泵组成的真空获得部分,由热偶规、电离规及其指示仪表组成的真空测量部分,以及待抽真空的研究系统。为减少气体流动的阻力,在较短时间内达到要求的真空度,管路设计时应少弯曲,少用旋塞,而且管路要短,管径要足够大。

新组装的真空系统难免在管路接口处有微裂缝形成小漏孔,使系统达不到要求的真空度。如何找到存在的小漏孔,即检漏,在真空技术中是一项重要的环节。

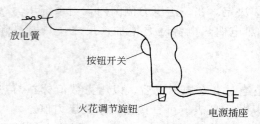

图 3-75　高频火花检漏仪

对玻璃的真空系统,检漏常用高频火花检漏仪。它的外形如图 3-75 所示。按下开关接通电源后,通过内部塔形线圈便在放电簧端形成高频高压电场,在大气中产生高频火花。当放电簧在玻璃管道表面移动时,若没有漏孔,则在玻璃管道表面形成散开的杂乱的火花;若移动到漏孔处,由于气体电导率比玻璃大,将出现细长而又明亮的火花束。束的末端指向玻璃表面上一个亮点,此亮点即为漏孔所在。根据火花束在管内引起的不同的辉光颜色,还可估计系统在低真空下的压力。见表 3-5。

表 3-5　不同压力下辉光颜色

p/Pa	10^5	10	1	0.1	0.01	<0.01
颜色	无色	红紫色	淡红色	灰白色	玻璃荧光色	无色

此外,也可利用热偶(或电离)真空规的示值变化检漏:将丙酮、乙醚等易挥发的有机物涂于有漏孔的可疑之处后,如果真空规示值突然变化随后又复原,即表明该处确有漏孔。

思 考 题

1. 简述气压计、U 形压力计、弹簧管压强计、电测压计的测压原理。

2. 气压计、U形压力计、弹簧管压强计、电测压计各有何用途？
3. 如何使系统保持恒定的压力？
4. 怎样才能获得粗真空、低真空及高真空？
5. 怎样测量真空系统的压力？
6. 怎样对真空系统进行检漏？

第四章 化学实验基本分离技术

在实际中，通过制备或从天然产品提取等方法所得到的物质往往是混合物，需要用分离、提纯的方法来获得纯净物。常用的分离、提纯技术有固液分离、结晶和重结晶、蒸馏和分馏、萃取、离子交换、色谱分离、膜分离及生化分离等。根据分离、提纯的对象，选择合适的分离、提纯的方法，可达到较好的分离、提纯的效果。

第一节 固液分离技术

1. 掌握倾析法、离心分离法和过滤法的操作原理及操作过程。
2. 掌握常压过滤、减压过滤、热过滤的操作方法。
3. 了解微型过滤装置及微量组分沉淀的方法。

固液分离技术可用于分离溶液和结晶（沉淀）。常用的固液分离方法有倾析法、离心分离法和过滤法。

一、倾析法

1. 倾析法装置

倾析法适用于相对密度较大或晶体颗粒较大，静置后能较快沉降的沉淀的分离和洗涤。倾析法装置如图 4-1 所示。

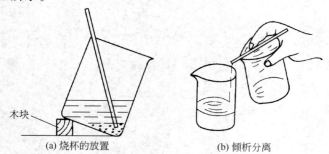

(a) 烧杯的放置　　(b) 倾析分离

图 4-1　倾析法装置

2. 倾析法操作

在烧杯底下放一木块，将带有沉淀和溶液的烧杯倾斜静置，待沉淀沉降后，将玻璃棒横放在烧杯嘴上，玻璃棒伸出烧杯嘴 2～3cm，将上层清液沿玻璃棒缓慢倾入另一容器，使沉淀留在烧杯中。如沉淀需要洗涤，则向沉淀中加入少量蒸馏水（或其他洗涤液），用玻璃棒充分搅拌、静置、沉降，倾去上层清液，用同样方法重复洗涤沉淀三次即可。

二、离心分离法

1. 离心分离法

离心分离法是利用离心力使溶液中的悬浮微粒快速沉淀而分离的方法,适用于溶液和沉淀的量很少的沉淀的分离。

2. 离心分离仪器

离心分离法中使用的离心机和离心管如图 4-2 和图 4-3 所示,按其转速的不同分为低速离心机、高速离心机和超速离心机,代号分别为 D、G、C。低速离心机的转速≤10000r/min,高速离心机转速为 10000~30000r/min,超高速离心机转速可达 80000r/min,化学实验室常用低速离心机。按结构的不同可分为台式离心机(代号 T)和落地式离心机。按调速方式又可分为逐挡调速离心机和无级调速离心机。

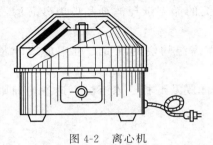

图 4-2 离心机　　　　　图 4-3 离心管及吸液方法

3. 离心分离操作方法

将盛有待分离的沉淀和溶液的离心管或小试管放入离心机的试管套内,并在其对面的试管套内放一盛有相等体积蒸馏水的离心管,以保持平衡。缓慢启动离心机,逐渐加速,1~2min 后旋转按钮至停止位置,使离心机自然停止转动。在离心作用下,沉淀移向离心管底部,上层为清液。注意:在任何情况下,都不能猛力启动离心机,或用手按住离心机的轴,强制其停止转动,以免损坏离心机或发生危险。沉淀离心沉降后,用小滴管尖端插入离心管的液面下,小心吸出上层清液。随着清液量的减少,将滴管尖端下移,尽量使清液吸尽,但管尖不得接触沉淀。若沉淀需要洗涤,可加入数滴洗涤液,用玻璃棒搅拌后,离心沉降,再用滴管吸出上层清液,如此反复 2~3 次操作即可。

三、过滤法

过滤法是最常用的分离沉淀和溶液的方法。过滤时,沉淀留在过滤器的滤纸或滤板上,溶液则通过滤纸或滤板流入接收容器内,所得溶液称为滤液。溶液的温度、黏度、过滤时的压力、滤器孔隙的大小和沉淀的性质等,都会影响过滤的速度。因此,应选择合适的滤器、滤纸或滤板及过滤方法。

实验室常用的过滤器有漏斗(要配有滤纸或滤膜)、玻璃砂芯滤器等。过滤装置的性能取决于滤纸或玻璃砂芯(即滤板)孔径的大小、所含杂质的多少以及耐受强度等。常见滤纸和玻璃砂芯滤器的主要性能见表 4-1。

表 4-1　常见滤纸和玻璃砂芯滤器的主要性能

种类	规格	孔径/μm	可溶性杂质/%	主要用途
定性滤纸	快速(P_{100})	>80	<0.1	
	中速(P_{40})	>50	<0.1	用于分离颗粒较大的沉淀,不能用作定量分析
	慢速(P_{16})	>3	<0.1	用于分离颗粒细小的沉淀,不能用作定量分析
定量滤纸	快速(P_{100}),白带	80~120	<0.01	分离大颗粒沉淀
	中速(P_{40}),蓝带	30~50	<0.01	分离较大颗粒沉淀
	慢速(P_{16},P_4),红带	1~3	<0.01	分离极细颗粒沉淀

续表

种 类	规 格	孔径/μm	可溶性杂质/%	主要用途
砂芯滤器	P_{100}	80~120	未检出	分离大颗粒沉淀
	P_{40},P_{100}	40~80	未检出	分离大颗粒沉淀
	P_{40}	15~40	未检出	分离一般颗粒沉淀
	P_{10}	5~15	未检出	分离细小颗粒沉淀
	P_4	2~15	未检出	分离极细颗粒沉淀
	$P_{1.6}$	<2	未检出	滤除细菌

可根据过滤的目的要求选择滤器的种类，视沉淀的晶型选择滤纸和玻璃砂芯滤器的规格，其选择方法如下。

① 需高温灼烧的沉淀，必须用滤纸过滤。不需高温灼烧的沉淀，可用玻璃砂芯滤器过滤。

② 根据沉淀颗粒的大小选择适当规格的滤纸、滤膜及滤板。以沉淀不透滤为原则，尽可能选择滤速较快的滤纸、滤膜和玻璃砂芯滤器。

③ 中性、弱酸性、弱碱性沉淀，可用滤纸过滤。

④ 强酸（除氢氟酸外）、强氧化性沉淀，可用玻璃砂芯滤器过滤，但强碱性溶液不能用玻璃砂芯滤器过滤。

⑤ 沉淀颗粒极细甚至是胶状物，可用离心分离法分离。

常用的过滤方法有常压过滤、减压过滤和热过滤等。

1. 常压过滤

（1）常压过滤器具　常压过滤是最简单的过滤方法，使用的器具是滤纸和玻璃漏斗。

① 滤纸。称量分析中需用定量滤纸（无灰滤纸）过滤分离沉淀。定量滤纸是用盐酸和氢氟酸处理过，大部分杂质已被除去，每张滤纸灼烧后的灰分不超过0.1mg，其质量可忽略不计。

定量滤纸常制成圆形，直径有7cm、9cm、11cm等，应根据沉淀量的多少合理选用。一般要求沉淀的量不超过滤纸圆锥体高度的一半，否则不易洗涤。

应根据沉淀的性质选择滤纸孔径的大小，沉淀越细，所用滤纸应越致密。过滤无定形沉淀，如$Fe(OH)_3$等，应选用质松孔大的快速滤纸；过滤粗晶沉淀，如$MgNH_4PO_4$等，应用较致密的中速滤纸；过滤细晶沉淀，如$BaSO_4$等，应选用紧密的慢速滤纸。

② 漏斗。定量分析使用的是长颈漏斗，其锥体角度为60°，颈的直径通常为3~5mm（若太粗则不易留住水柱），颈长为15~20cm，出口处磨成45°，其结构如图4-4所示。

③ 滤纸的折叠。一般用四折法折叠滤纸，如图4-5所示，一半边是三层，另一半边是一层，在三层的一边撕去一个小角，使其与漏斗更好地贴合，然后把圆锥形滤纸放入干漏斗中，三层的一面应放在漏斗颈末端短的一边，使滤纸与漏斗壁靠紧。

④ 水柱的形成。将叠好的滤纸放入漏斗中，滤纸的大小应与漏斗的大小相适合，一般滤纸边缘应低于漏斗边缘0.5~1.0cm，如图4-5(e)所示。先用左手食指将滤纸三层的一边按紧，右手持洗瓶用少量蒸馏水将滤纸润湿，然后用手指或玻璃棒轻轻地按压滤纸边缘，使滤纸锥体上部与漏斗之间没有空隙（注意：三层与一层接界处要与漏斗密合），而滤纸锥体下端与漏斗之间应留有缝隙。安放好后，再加水至滤纸上边缘，

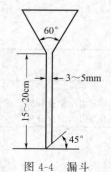

图4-4　漏斗

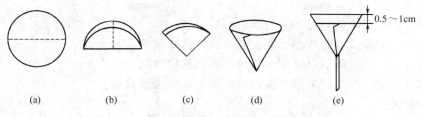

图 4-5 滤纸的折叠与装入漏斗

此时滤纸锥形下部与漏斗颈内部之间的空隙和漏斗颈内应全部被水充满，当漏斗中水流尽后，漏斗颈内仍能保留水柱而无气泡。

(2) 常压过滤操作

① 仪器的安装。将准备好的漏斗放在漏斗架上，漏斗下面放一接受滤液的干净烧杯，并使漏斗末端长的一边紧靠烧杯内壁，使过滤时滤液沿烧杯壁留下，而不溅出。

② 倾泻过滤。过滤时为避免沉淀堵塞滤纸空隙而影响过滤速度，采用倾泻法过滤。沉淀静置下沉后，先将沉淀上层清液沿玻璃棒倾入漏斗中，其操作方法见图 4-6，玻璃棒下端应对着三层滤纸的一边，倾入漏斗中的溶液应低于滤纸 0.5～1cm，切勿超过滤纸边缘。

③ 沉淀的洗涤及转移。留在烧杯中的沉淀应先在烧杯中洗涤，即在盛有沉淀的烧杯中，用洗瓶沿内壁加入少量蒸馏水，用玻璃棒充分搅拌，待沉淀沉降后，用倾泻法过滤。一般在烧杯中洗涤 4～5 次，每次要尽可能把清液倾尽。在烧杯中作最后一次洗涤时，用蒸馏水将沉淀搅混，把沉淀连同溶液一起倾入漏斗中。再用蒸馏水洗涤烧杯及玻璃棒 2～3 次，并将洗涤液倾入漏斗中。然后用涤帚（玻璃棒下端套一扁平的橡皮头）擦拭烧杯内壁，再用蒸馏水淋洗烧杯内壁和涤帚 2～3 次，每次的洗涤液都要倾入漏斗中。最后用蒸馏水沿滤纸上边缘稍下一点呈螺旋形向下移动淋洗滤纸和沉淀 2～3 次，其操作如图 4-7 所示。

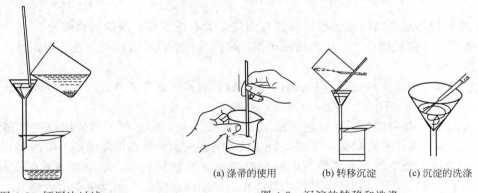

图 4-6 倾泻法过滤

(a) 涤帚的使用　(b) 转移沉淀　(c) 沉淀的洗涤

图 4-7 沉淀的转移和洗涤

倾泻法易洗净沉淀且省时，但洗涤时要遵循"少量多次"的原则，这样可取得良好的洗涤效果。溶解度很小的沉淀一般用蒸馏水作洗涤液；若沉淀的溶解度较大，用沉淀剂的稀溶液洗涤，但沉淀剂必须是在烘干或灼烧时易挥发或易分解除去的物质；若沉淀的溶解度较小而又可分散成胶体，应用易挥发的电解质溶液作洗涤液；对于某些易水解的沉淀，可用有机溶剂作为洗涤液。

④ 检验。洗涤完毕后要用灵敏反应检验洗涤效果。例如洗涤液 Cl^- 的检验，常用 $AgNO_3$ 和 HNO_3 溶液检查，若无白色的 $AgCl$ 沉淀生成，说明沉淀已被洗净。

⑤ 注意事项。

a. 形成水柱时，滤纸与漏斗之间不能有气泡。

b. 沉淀的过滤和洗涤过程中，要细心认真，防止溶液的溅失等。

c. 过滤过程中，液面不应过高，否则沉淀会越过滤纸，造成损失。

d. 过滤过程中，漏斗颈末端不能与收集的滤液的液面接触。

2. 减压过滤

（1）减压过滤装置　减压过滤又称吸滤或抽滤。为使结晶和母液迅速有效地分离，常用抽气方法减压过滤。优点是过滤和洗涤的速度快，母液与沉淀分离较完全，沉淀易于干燥，适用于大量溶液与沉淀的分离，但不宜过滤颗粒太小的沉淀和胶体沉淀。因颗粒太小的沉淀易堵塞滤纸或滤板孔，而胶体沉淀易透滤。减压过滤装置如图 4-8（a）所示，主要由抽滤瓶、布氏漏斗（配有滤纸）或玻璃砂芯滤器、安全瓶、真空抽气泵组成。

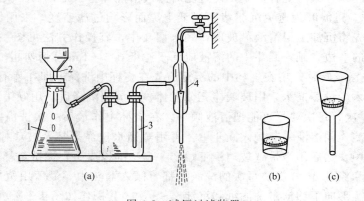

图 4-8　减压过滤装置

1—抽滤瓶；2—布氏漏斗或玻璃砂芯滤器；3—安全瓶；4—水压真空抽气泵

① 布氏漏斗或玻璃砂芯滤器。抽滤常用瓷质的布氏漏斗，底部有许多小孔，上面铺一直径略小于漏斗内径的滤纸，以能紧贴于漏斗底部恰好盖住所有滤孔为宜，否则易造成缝隙使结晶漏入滤液。

定量分析中抽滤常用玻璃砂芯滤器。玻璃砂芯滤器通常有两种：微孔玻璃坩埚又称砂芯坩埚，如图 4-8(b) 所示；微孔玻璃漏斗，如图 4-8(c) 所示。

② 抽滤瓶。具有侧管的厚壁锥形瓶，用于接受滤液。抽滤瓶的侧管用橡皮管和安全瓶相连，布氏漏斗或微孔玻璃漏斗下端斜口应正对抽滤瓶的侧管，以免滤液被吸进侧管。

③ 安全瓶。安全瓶是上端带有两磨口的玻璃瓶或塑料瓶。一端与抽滤瓶的支管相连，另一端与水压真空抽气泵相连。其作用是防止水泵中的水倒流入抽滤瓶而玷污滤液。

④ 水压真空抽气泵或油泵。其支管与安全瓶相连，上端与阀门相连。它的作用是带出空气，使抽滤瓶内的压力降低，产生负压，加快过滤和洗涤的速度。

（2）减压过滤操作

① 安装减压过滤装置。按图 4-8(a) 安装减压过滤装置，检查其气密性。

② 贴好滤纸。采用布氏漏斗过滤时，取一大小合适的滤纸放入漏斗中，用少量蒸馏水润湿滤纸，微开阀门，使滤纸紧贴漏斗的瓷板上，玻璃砂芯滤器可直接使用，然后开始过滤。

③ 沉淀的过滤。过滤时应采用倾泻法，先将上层清液沿玻璃棒倒入漏斗中，注意倾入

漏斗中的溶液不应超过漏斗容量的 2/3，待溶液过滤完后，再将沉淀移入滤纸或滤板的中间部分，并铺平。

④ 沉淀的洗涤。在布氏漏斗或玻璃砂芯滤器上，用少量洗涤液洗涤沉淀，以除去附着于结晶表面的母液。洗涤时，先拔去抽滤瓶上橡皮管，再关闭阀门暂停抽气。然后加入少量洗涤液，使沉淀均匀浸透，再抽滤至比较干燥。如此重复洗涤 2～3 次即可。

⑤ 取下沉淀。过滤完毕，先取下抽滤瓶支管上的橡皮管，再关闭水泵，取下布氏漏斗或玻璃砂芯滤器。将布氏漏斗的颈口向上，轻轻敲打漏斗边缘，使沉淀脱离漏斗，倒入预先准备好的滤纸或容器中。

⑥ 注意事项。

a. 过滤时，抽滤瓶内的滤液面不能达到支管的水平位置，否则，滤液将被水泵抽出。因此，当滤液快上升到抽滤瓶的支管处时，应拔去抽滤瓶支管上的橡皮管，取下过滤器。从抽滤瓶口倒出滤液后，再继续抽滤。必须注意，从抽滤瓶的上口倒出滤液时，抽滤瓶的支管必须向上，不要从侧面的支管倒出，以免带进杂质。

b. 在抽滤过程中，不能突然关闭水泵。如欲取出滤液或需停止抽滤，应先将抽滤瓶支管上的橡皮管取下，再关闭水泵，以防倒吸。

c. 为了尽快抽干布氏漏斗上的沉淀，最后可用一个干净平顶试剂瓶盖挤压沉淀。应选择管壁较厚的橡皮管连接抽滤瓶、安全瓶和水泵，以防连接管被大气压扁而影响抽气。

d. 若滤液具有强酸性或强氧化性，为避免溶液与滤纸作用，应采用玻璃砂芯滤器；但砂芯漏斗不能用于强碱性溶液的过滤。

3. 热过滤

（1）热过滤装置　为除去热溶液中的不溶性杂质，而又避免溶解物质在过滤过程中因冷却而结晶，必须采用热过滤。热过滤一般在热水漏斗中进行，其装置如图 4-9 所示。

① 热水漏斗。把玻璃漏斗装入一个特制的金属套中，套内约盛放 2/3 的水，然后在侧管处加热至所需温度。

② 滤纸。为尽量利用滤纸的有效面积以加快过滤速度，过滤热饱和溶液时常用菊花形折叠滤纸，其折叠方法见图 4-10。

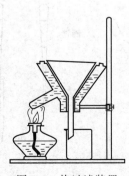

图 4-9　热过滤装置

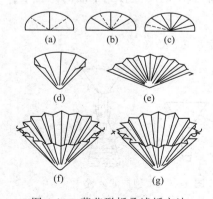

图 4-10　菊花形折叠滤纸方法

菊花形滤纸的折叠方法是，将圆形滤纸对折成半圆形，将对折后的双层半圆形滤纸，向同一方向等分成 8 份。再将所分 8 等份按与上述折痕相反的方向对折成 16 等份，即得一扇形。注意折线集中的圆心外折时，切勿手压，以免磨损。展开后，在原扇形两端各有一个折面，将此两折面向内方向对折，即得菊花形折叠滤纸。

(2) 热过滤操作

① 安装仪器。把热水漏斗固定在铁架台上，放入一短颈漏斗。为避免过滤操作中晶体在漏斗颈部析出而造成阻塞，过滤前将短颈漏斗在烘箱内预热。

② 漏斗的准备。在热水漏斗中加入热水，加热，放入预先叠好的滤纸，滤纸向外突出的棱边紧贴漏斗的内壁。用少量的热水润湿滤纸，以免干滤纸吸收溶液的溶剂，使结晶析出，堵塞滤纸孔。

③ 过滤。把热溶液加入热水漏斗中进行过滤，过滤过程中，热水漏斗和尚未过滤的溶液应分别保持小火加热，以防冷却析出结晶妨碍过滤。滤毕，用少量（1~2mL）热蒸馏水洗涤沉淀一次。

④ 注意事项。

a. 承接滤液的烧杯或锥形瓶的内壁紧贴漏斗颈末端处，过滤过程中漏斗的颈末不应与液面接触。

b. 过滤时，滤纸上若有少量的结晶析出，若结晶在热溶剂中的溶解度很大，可用热溶剂冲洗下去。若结晶较多，则必须用刮刀刮回原来的瓶中，再加适量溶剂溶解并过滤。

c. 热过滤中若遇到易燃的溶剂，一定要熄灭火焰后再过滤。

* 4. 微型过滤

微量样品的过滤，使用带玻璃钉的漏斗配以10mL吸滤瓶、真空泵抽滤。抽滤前，需在玻璃钉上放置一直径略大于玻璃钉尾部平面的滤纸，用溶剂湿润，并抽气使滤纸紧贴漏斗，如果真空度要求不高，可用洗耳球或针筒来减压，装置如图4-11所示。

离心分离的方法，也可用于微量液体的固液分离。将离心试管放入离心机中，固体离心沉降后，用滴管吸去上层清液，如图4-12(a)所示。

对于少于2mL的悬浊液的过滤，可采用两支毛细管进行过滤。方法是：用一细铁丝将一小团棉花紧密填入一支毛细滴管中，以此作为过滤滴管，用另一支毛细管将悬浊液移到过滤管中，在过滤滴管上装上橡胶帽，将滤液慢慢挤出，如图4-12(b)所示。这种方法也可用于热过滤，即用细端填有棉花的过滤滴管吸取热的过滤液，再将带有棉花的细管截去一部分，把滴管中的滤液移到干净的试管中。

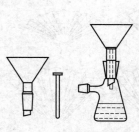

图 4-11　微型抽滤装置

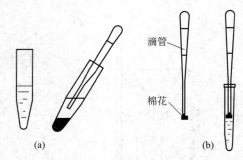

图 4-12　微量组分的分离

思 考 题

1. 什么是倾析法过滤？
2. 减压过滤应注意什么？
3. 热过滤操作怎样进行？

技能训练 4-1　柠檬酸的提纯

一、训练目标

1. 了解柠檬酸的提纯方法。
2. 巩固沉淀、过滤、蒸发、结晶等操作方法。
3. 了解活性炭、沸石的用途。

二、实验用品

托盘天平、烧杯、漏斗、漏斗架、布氏漏斗、磁力搅拌器、滤纸、玻璃漏斗、蒸发皿、石棉网、玻璃棒、量筒（杯）、酒精灯（或电炉）。

粗柠檬酸、活性炭、沸石。

三、操作步骤

1. 称取 25.0g 粗柠檬酸于 100mL 烧杯中，加入 30mL 去离子水。
2. 将烧杯放在磁力搅拌器的磁盘上，放入搅拌磁子，开启磁力搅拌器电源，开启磁搅拌器调至适当转速，搅拌至柠檬酸全部溶解。
3. 取出搅拌磁子，称取约 1.5g 活性炭，放入烧杯中，加热至微沸并保持 5min，冷却后用玻璃漏斗、滤纸、漏斗架组成的常压过滤装置，以倾注法进行过滤。

注意：活性炭不可在溶液沸腾时加入，否则会引起暴沸。

4. 将滤液转入蒸发皿中，加几粒沸石（防止溶液喷溅），把蒸发皿放在石棉网上用小火蒸发浓缩，待浓缩液的体积为 10mL 左右时，停止加热，让其自然冷却结晶。
5. 待结晶完全析出后，可将晶体转入准备好的布氏漏斗中进行抽滤，抽滤后结晶转入已知重量的表面皿上。
6. 将装有柠檬酸的表面皿放入真空干燥箱于 40℃ 以下干燥 20min。解除真空，取出放入干燥器中冷至室温，然后称重计算产率。

四、思考题

1. 在蒸发浓缩时，是否可将食盐水直接蒸干？
2. 提纯食盐时，为什么不制成饱和溶液？
3. 活性炭应在何时加入？
4. 沸石的作用是什么？

第二节　结晶和重结晶技术

1. 了解蒸发、结晶的原理和重结晶提纯、升华提纯的原理。
2. 掌握蒸发、结晶、重结晶、升华的操作方法。
3. 了解微型实验仪器的特点。

一、溶液的蒸发

溶液的蒸发是溶剂在溶液表面发生汽化的现象。通过加热使溶液中一部分溶剂汽化，可以提高溶液中非挥发性组分的浓度或使其从溶液中析出。实验中应根据溶质的热稳定性和溶剂的性质来选择不同的蒸发方式。蒸发可在常压或减压下进行。

1. 常压蒸发

常压蒸发装置简单，操作容易。一般是在蒸发皿中进行，表面积大，蒸发快。但溶液量不能多于蒸发皿高度的 2/3，以防溅出。然后放在水浴上进行蒸发。对很稀的热稳定性较好的溶质的溶液，可先在石棉网或泥三角上用电炉以明火加热蒸发（有机溶剂的蒸发不能使用明火），待浓缩到一定程度后，再放在水浴上加热蒸发。

2. 减压蒸发（真空蒸发）

若被浓缩溶液的溶质在 100℃ 左右不稳定或被蒸发的溶剂为有机试剂，量大且有毒时，可采用减压蒸馏方式进行浓缩。用水泵或油泵抽出溶液表面的蒸气，如图 4-13 所示。

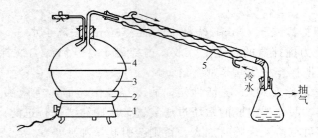

图 4-13 减压蒸发装置

1—电炉；2—水浴锅；3—蒸发皿；4—玻璃罩；5—冷凝器

用旋转蒸发器（薄膜蒸发器）进行蒸发浓缩，快速而方便，液体受热均匀，常用于浓缩、干燥及回收溶剂。其装置如图 4-14 所示。烧瓶在减压下一边旋转，一边受热。溶液在烧瓶内壁呈液膜状态，因而具有蒸发面积大、蒸发效率高及不会产生暴沸的特点。

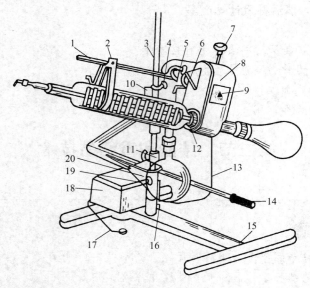

图 4-14 旋转蒸发器装置

1—夹子杆；2—夹子；3—座杆；4—转动部分固定旋钮；5—连接支架；6—夹子杆调整旋钮；
7—转动部分角度调节旋钮；8—转动部分；9—调速旋钮；10—水平旋钮；11—升降固定套；
12—联轴节螺母；13—转动部分电源线；14—升降调节手柄；15—底座；16—座杆固定旋钮；
17—电源线；18—变压器罩壳；19—手柄水平旋转旋钮；20—升降杠杆座

二、结晶

1. 结晶概念

当溶液蒸发到一定程度冷却后有晶体析出，物质从溶液中以晶体形式析出的过程称为结晶。结晶是提纯固态物质的一种重要方法。通常晶体也被称为结晶。

析出晶体颗粒的大小与外界环境条件有关，若溶液浓度较高，溶质的溶解度较小，快速冷却并加以搅拌（或用玻棒摩擦容器器壁），都有利于析出细小晶体；若让溶液慢慢冷却或静置有利于生成大晶体，特别是加入小颗粒晶体（晶种）时更是如此。从纯度看，快速生成小晶体时由于不易裹入母液及别的杂质而纯度较高，缓慢生长的大晶体纯度较低，但晶体太小且大小不均匀时，会形成稠厚的糊状物携带过多的母液，导致难以洗涤，反而影响纯度。因此，晶体颗粒的大小要适中、均匀，才有利于得到高纯度的晶体。

2. 结晶方法

一种方法是通过蒸发，减少溶剂，使溶液达到过饱和而析出结晶，这种方法适用于溶解度随温度变化不大，即溶解度曲线比较平坦的物质，如 NaCl、KCl 等。通常需要在晶体析出后继续蒸发至母液呈稀粥状后再冷却，才能获得较多的晶体。

另一种方法是通过冷却降温，使溶液达到过饱和而析出结晶，这种方法主要用于溶解度随温度降低而显著减小，即溶解度曲线很陡的物质，如 KNO_3、$NaNO_3$、NH_4NO_3 等多数无机物属于此类。实验中，常将这类物质的溶液加热至饱和后再冷却。如果溶液中同时含有几种物质，则可以利用同一温度下，不同物质溶解度的明显差异，通过分步结晶将其分离，NaCl 和 KNO_3 的分离就是一例。

三、重结晶

为了得到纯度较高的晶体，可采用重结晶操作。

1. 重结晶概念

结晶后得到的晶体纯度达不到要求时，加入少量的溶剂溶解晶体，然后再蒸发、结晶、分离的操作过程称为重结晶。根据需要有时需要多次结晶，重结晶是结晶提纯的重要方法。

由于产品和杂质在溶剂中的溶解度不同，所以可选择合适的温度，通过溶解、过滤将杂质除去，从而达到分离提纯的目的。原料中的杂质含量过高时，可采用萃取、蒸馏等手段初步纯化后，再进行重结晶提纯。

2. 溶剂的选择

重结晶操作中溶剂的选择非常重要，只有被提纯的物质在所选的溶剂中具有高的溶解度和温度系数，才能使损失减少到最低。同时所选用的溶剂对于杂质而言，或者是不溶解的，可通过热过滤而除去，或者是很易溶解的，溶液冷却时，杂质保留在母液中。可用单一溶剂，也可以用混合溶剂。

（1）单一溶剂的选择　单一溶剂的选择应遵循相似相溶原理。单一溶剂必须具备的条件是不与被提纯的物质发生化学反应；使待提纯化合物的溶解度在温度变化时有明显的差异，杂质的溶解度非常大或非常小，可使杂质留在母液中或沉降下来，不随被提纯物析出；溶剂应易挥发，但其沸点不宜过低或过高。溶剂沸点过低，使溶解度改变不大，不易操作；沸点过高则晶体表面的溶剂不易除去。尽量选择价格低、毒性小、易回收、操作安全的溶剂。

选择方法是，取约 0.1g 待重结晶的样品于试管中，逐滴加入约 1mL 的待定溶剂，边滴加边振荡，注意观察是否溶解。若完全溶解或加热至沸完全溶解，冷却后析出大量结晶，说明这种溶剂可作为该样品的重结晶溶剂。若冷却后无结晶析出，说明该溶剂不能作重结晶的溶剂。若加热至沸，样品不能完全溶解于 1mL 溶剂中，可逐滴补加一些溶剂，每次约加

0.5mL，添加总量不得超过4mL，并加热至沸，如样品能够在1～4mL溶剂中溶解，冷至室温后能析出大量结晶，说明此溶剂可作为该样品的重结晶溶剂。若物质能溶于4mL以内热溶液中，但冷却后仍无结晶析出，可用玻璃棒摩擦试管内壁或用冷水冷却，以促使结晶析出，若结晶仍不能析出，则说明此溶剂不能用于该样品的重结晶。

在实际操作中，需要对数种溶剂进行逐一实验，选出较为理想的重结晶溶剂。在较为理想的几种溶剂中，还应考虑回收率的高低来确定最好的溶剂。常用的重结晶溶剂见表4-2。

表4-2 常用重结晶溶剂

溶 剂	沸点/℃	凝固点/℃	密度/(g/cm³)	水溶性	易燃性
水	100	0	1.0	＋	0
甲醇	64.7	＜0	0.79	＋	＋
95%乙醇	78.1	＜0	0.81	＋	＋＋
丙酮	56.1	＜0	0.79	＋	＋＋＋
乙醚	34.6	＜0	0.71	－	＋＋＋
石油醚	30～60 60～90	＜0	0.68～0.72	－	＋＋＋
苯	80.1	5	0.88	－	＋＋＋＋
二氯甲烷	40.8	＜0	1.34	－	0
三氯甲烷	61.2	＜0	1.49	－	0
四氯化碳	76.8	＜0	1.59	－	0

注："＋"表示混溶；"－"表示不混溶；"0"表示不燃；"＋"表示易燃；"＋"号越多，表示易燃程度越大。

(2) 混合溶剂的选择 混合溶剂是由两种能互溶的溶剂（如水-乙醇、乙醇-乙醚等）按一定比例配制而成的。重结晶组分易溶于其中一种溶剂（良溶剂）而难溶于另一种溶剂（不良溶剂）。

选择方法是将待纯化的产物溶于接近沸点的良溶剂中，滤去不溶物并用活性炭对有色溶液进行脱色，然后趁热滴加不良溶剂，直至溶液出现浑浊时，再滴加良溶剂或稍加热，使沉淀恰好溶解，放置冷却，使结晶从溶液中全部析出。若析出油状物，往往是由于溶剂选择不当或溶剂的配比不合适而引起的。应通过实验，找出最佳的溶剂配比。也可预先按一定配比，将两种溶剂混合后进行重结晶。表4-3为重结晶常用混合溶剂。

表4-3 重结晶常用混合溶剂

水-乙醇	甲醇-水	石油醚-苯	氯仿-醇	乙醚-丙酮	吡啶-水
水-丙醇	甲醇-乙醚	石油醚-丙酮	氯仿-醚	乙醚-石油醚	醋酸-水

3. 重结晶操作

(1) 溶液的制备 将选定好的稍少于理论计算量的溶剂放入烧杯或锥形瓶中（易挥发、毒性大的溶剂可使用圆底烧瓶，采用回馏方式，避免溶剂的挥发），加入称量好的样品，加热煮沸（根据溶剂的沸点和易燃性，选择合适的热浴），继续滴加溶剂，观察样品的溶解情况，溶剂的加入量应刚好使样品全部溶解，记录溶剂用量，再过量15%～20%。溶剂过量太多，会造成溶液中溶质的损失；溶剂过量太少，由于热过滤时溶剂的挥发、温度的下降，易形成过饱和溶液，使晶体在滤纸上析出而影响产品收率。

(2) 脱色 如样品溶解后的溶液带色，可在溶液稍冷后，加入约为粗产品量的1%～5%的活性炭（不可在沸腾时加入，以免暴沸）。活性炭加入量不可太多，以免产品被活性炭吸附而影响收率。搅拌，使活性炭均匀地分布在溶液中。加热至微沸，并保持5～10min即可。趁热过滤除去活性炭。活性炭在水溶液和极性有机溶剂中脱色效果较好，但在非极性溶剂中脱色效果较差。

(3) 热过滤 若样品澄清、透明，则不需热过滤。样品溶解后，若仍有少量的固体杂质，需用热过滤除去。热过滤的操作要快，以免液体或过滤仪器冷却，使晶体过早地析出。若在滤器上出现晶体，可用少量热溶液洗涤或重新加热溶解后，再进行热过滤。重结晶时可用常压热过滤或减压热过滤。常压热过滤简便，靠重力过滤，因而速度较慢，最好使用保温漏斗，并采用折叠滤纸。减压过滤速度快，缺点是会使低沸点溶剂蒸发，导致溶液浓度变大，晶体析出早。不论使用那种热过滤方式，都要将滤器在烘箱中烘热，并注意在过滤过程中保温。

(4) 冷却 为得到较好的结晶，过滤后的溶液应静置，自然冷却，使晶体析出。注意冷却过程中不要振摇滤液，不能快速冷却，否则得到的结晶颗粒很细，晶体表面容易吸附更多的杂质，难以洗涤。滤液冷却后，晶体仍未析出时，用玻璃棒摩擦器壁，诱发结晶。也可加入该化合物的结晶作为晶种以促使晶体的析出。结晶过程中有油状物析出的结晶出现时，因其含杂质较多，可补加少量溶剂并加热，使其全部溶解后再缓慢冷却。或在发现油状物出现的迹象时，剧烈搅拌，使油状物在均匀分散的条件下固化。当然，最好是最初就选对合适的溶剂并掌握好溶剂用量，避免出现油状物，以便得到纯净的结晶。

(5) 抽滤 通过减压过滤，将固体和液体分离，选择合适的洗涤剂洗去杂质和溶剂，再经干燥，即得重结晶晶体。

将容器中的母液和晶体转移到布氏漏斗中，残留在容器中的晶体应使用母液淋洗到漏斗内，不应使用溶剂清洗，以免导致晶体溶解而损失。用洁净的玻璃塞将晶体压实，尽量抽干母液。为了除掉结晶表面的母液，还可用玻璃棒松动晶体，用冷的溶剂润湿结晶，再将溶剂抽干，反复2~3次，然后将晶体转移到表面皿上。为了将溶剂去除干净，保证产品的纯度，需要将晶体进行干燥。根据晶体的性质，采用不同的干燥方法。溶剂沸点较低时，可在室温下自然晾干；若溶剂的沸点较高，可用红外线快速干燥；对于易吸水的产品应采用真空恒温干燥。

* 4. 微型重结晶

物质的质量为10~100mg时，可用微型重结晶管进行重结晶。其方法是：将粗产品热溶解、脱色、热过滤后，滤液用重结晶管收集，冷却或蒸发溶剂后，使结晶析出，然后插上重结晶管的上管，将其放入到离心管中，离心后，滤液流入到离心管中，而结晶留在重结晶的砂芯玻璃上，用重结晶管上的金属丝将重结晶管从离心管中取出，如图4-15所示。

四、升华

1. 升华概念

某些物质在固态时具有相当高的蒸气压，当加热时，不经过液态而直接气化，称为升华；蒸气遇冷后又直接冷凝成固体，称为凝华。这一原理，可应用于物质的提纯，叫做升华提纯法，也简称升华。将不纯的易升华的固体物质，在熔点以下加热，可以利用产物蒸气压高、杂质蒸气压低的特点，使产物遇热升华，杂质不发生升华而被去除。凝华后得到的产物具有较高的纯度。此法特别适用于提纯易潮解及与溶剂起离解作用的物质。升华法只能用于在不太高的温度下有足够大的蒸气压（在熔点前高于266.6Pa）的固态物质，因此有一定的局限性。

升华是提纯固体有机化合物的方法之一。但升华

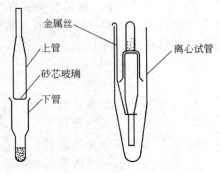

图4-15 微型重结晶管

操作时间较长,产品损失也较大,一般只适用于少量物质(1~2g)的提纯。

2. 升华操作

(1) 常压升华　常压升华装置如图 4-16 所示。

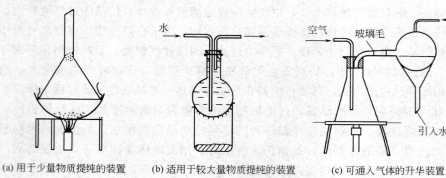

(a) 用于少量物质提纯的装置　　(b) 适用于较大量物质提纯的装置　　(c) 可通入气体的升华装置

图 4-16　常压升华装置

图 4-16(a) 是常用的常压升华装置,将研细的待升华干燥物质均匀地铺放于瓷蒸发皿中,上面用一个直径小于蒸发皿的漏斗覆盖,漏斗颈用棉花塞住,防止蒸气逸出,两者用一张穿有许多小孔(孔刺向上)的滤纸隔开,以避免升华上来的物质再落到蒸发皿内。操作时,加热应控制温度(低于被升华物质的熔点),而让其慢慢升华。蒸气通过滤纸小孔,冷却后凝结在滤纸上和漏斗壁上。

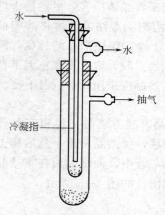

图 4-17　减压升华装置

用电炉或煤气灯控温加热蒸发皿,温度控制在升华物质的熔点以下,缓慢升华。蒸气通过滤纸上升,冷却后凝结在滤纸上和漏斗壁上。在漏斗外面敷上一块湿布,可促使升华气体冷凝。当升华量较大时,可用图 4-16(b) 的装置分批升华。图 4-16(c) 是适用于通入空气或惰性气体进行升华的装置。

(2) 减压升华　减压升华装置如图 4-17 所示。

将样品放入吸滤管(或吸滤瓶)中,装上指形冷凝器,通入冷凝水,用水泵或油泵进行减压。将待升华物质放入加热装置中进行加热,使管内物质升华,其蒸气升到冷凝指管底部时遇冷而凝固,黏附在管壁上。升华结束后,应缓慢开启安全瓶的放空阀,防止空气或水冲入,将冷凝指上的晶体冲落。小心将冷凝指取出,收集冷凝指吸附的产品。通过测定产品的熔点即可知其纯度。

*(3) 微量升华　微量升华装置一般用一真空冷指,既可用于冷凝,又可用于抽真空。将真空冷指与一带磨口的锥形瓶或蒸馏瓶连接。这种装置可用于常压升华或减压升华,物质受热后凝结在冷凝指上。

思 考 题

1. 简述结晶、重结晶的目的。
2. 如何加速结晶的形成?
3. 怎样选择重结晶的溶剂?
4. 使用有毒或易燃的溶剂时,应注意什么?
5. 如何证实重结晶后的晶体是纯净的?

6. 如何控制重结晶溶剂的用量？为什么？
7. 活性炭加入量过大有什么影响？
8. 如何控制升华温度？
9. 被升华的固体含水对升华有何影响？
10. 减压升华结束后的操作应注意什么？

技能训练 4-2　粗硫酸铜的制备与提纯

一、训练目标

1. 掌握水浴加热、蒸发、结晶等基本操作。
2. 了解金属与酸作用制备盐的方法。
3. 学会重结晶的基本操作。

二、实验原理

$CuSO_4 \cdot 5H_2O$ 是蓝色三斜晶体，俗称胆矾，在干燥的空气中缓慢风化，150℃以上失去 5 个结晶水，成为白色无水硫酸铜，无水硫酸铜有极强的吸水性，吸水后变为蓝色。

本实验采用铜与硫酸、硝酸铵、硝酸反应制备 $CuSO_4 \cdot 5H_2O$，主要反应如下。

$$Cu + 2NO_3^- + 4H^+ \longrightarrow Cu^{2+} + 2NO_2 \uparrow + 2H_2O$$
$$3Cu + 2NO_3^- + 8H^+ \longrightarrow 3Cu^{2+} + 2NO \uparrow + 4H_2O$$
$$NO_2 + NO + 2NH_4^+ \longrightarrow 2N_2 + 2H^+ + 3H_2O$$
$$Cu^{2+} + SO_4^{2-} \longrightarrow CuSO_4$$

在反应中温度升高可加速反应，但温度过高，反应中生成的 NO_2、NO 就来不及与 NH_4^+ 作用导致大量放出而污染环境，为此应尽量避免高温。另外硫酸应稍过量些，有利于硫酸铜结晶析出。硫酸铜的结晶可分为自然结晶和强化结晶。自然结晶是让浓缩后的硫酸铜溶液自然冷却析出结晶，此结晶颗粒较大。强化结晶是使浓缩后的硫酸铜溶液在不断搅拌下冷却结晶，此结晶细小均匀。

溶液中除生成 $CuSO_4$ 外，还含有一定量的 $Cu(NO_3)_2$ 及其他一些可溶性或不溶性杂质。不溶性杂质可过滤除去。利用 $CuSO_4$ 和 $Cu(NO_3)_2$ 在水中溶解度的不同可将 $CuSO_4$ 分离提纯。

由表 4-4 中数据可知，$Cu(NO_3)_2$ 在水中的溶解度不论在高温或低温都比 $CuSO_4$ 大得多。因此，当热溶液冷却到一定温度时，首先达到过饱和而开始从溶液中结晶析出，随着温度继续下降，$CuSO_4$ 不断从溶液中析出，$Cu(NO_3)_2$ 则大部分仍留在溶液中，只有小部分随 $CuSO_4$ 析出。这一小部分 $Cu(NO_3)_2$ 和其他一些可溶性杂质，可再经重结晶的方法除去，最后达到制得纯 $CuSO_4 \cdot 5H_2O$ 的目的。

表 4-4　$CuSO_4$ 和 $Cu(NO_3)_2$ 在 H_2O 中的溶解度　　单位:g/100gH_2O

温度/℃	0	20	40	60	80
$CuSO_4 \cdot 5H_2O$	23.3	32.3	46.2	61.1	83.8
$Cu(NO_3)_2 \cdot 6H_2O$	81.8	125.1	约160	约178.5	约208

三、实验用品

托盘天平、烧杯、量筒（50mL）、表面皿、水浴、漏斗架。

H_2SO_4（1mol/L、3.0mol/L）、(1+1)HNO_3、Na_2CO_3（1%）、废铜丝（屑）、滤纸、NH_4NO_3 晶体、KSCN（1mol/L）、HCl（2mol/L）、$NH_3 \cdot H_2O$（2mol/L、6mol/L）。

四、操作步骤

1. 废铜丝（屑）的处理。取适量的废铜丝（屑）放入100mL烧杯中。加入适量的稀碳酸钠溶液或合成洗涤剂溶液，使废铜丝（屑）浸没后，加热煮沸5min，使其油污完全除去，然后倾出废液，用水将铜丝（屑）冲洗干净再用滤纸吸干水分，备用。

2. 硫酸铜的制备。用托盘天平称取处理后的废铜丝（屑）9g，置于200mL烧杯中，加H_2SO_4（3.0mol/L）溶液60mL，蒸馏水20mL，称取NH_4NO_3晶体1g，取其1/3加入溶液中，盖好表面皿放在水浴上，在通风橱内加热至60℃左右，当溶液中出现大量气泡后可停止加热，否则就会有大量NO_2、NO放出。待反应速率较慢溶液中气泡减少时，再分两次把剩余的硝酸铵加入。

取（1+1）的硝酸溶液20mL，在上述反应较慢时分十几次滴入溶液中，滴加速度可根据反应剧烈程度而定（以没有大量NO_2、NO放出为宜），随着反应的进行溶液的酸度逐渐降低，到后期可加热升温至90℃左右，以加速反应和硝酸分解，当溶液中气泡较少后，停止加热，用玻璃棒夹出残余的铜或将硫酸铜溶液倾入另一个烧杯中，用水洗净铜表面的残留液烘干，称其质量。溶液在水浴上加热浓缩至表面出现少量晶体或用玻璃棒蘸取其溶液冷却后出现晶体为止。停止加热，使溶液自然冷却至室温析出结晶（冷却温度应在15℃以上，否则其他盐就会析出），也可将浓缩后的溶液放在冷水中，在不断搅拌下强化结晶。然后用倾析法把上层清液倒出（母液可循环使用），结晶用滤纸吸干后称量，计算收率。

3. 重结晶法提纯硫酸铜。在托盘天平上称取制得的粗$CuSO_4 \cdot 5H_2O$晶体1g留作试样，其余放入小烧杯中，按$CuSO_4 \cdot 5H_2O : H_2O = 1:3$（质量比）的比例加入纯水，加热溶解。滴加2mL 3% H_2O_2，将溶液加热，同时滴加2mol/L $NH_3 \cdot H_2O$（或0.5mol/L NaOH）至溶液pH=4，再多加1~2滴，加热片刻，静置，使生成的$Fe(OH)_3$及不溶物沉降。过滤，滤液流入洁净的蒸发皿中，滴加1mol/L H_2SO_4溶液，调节pH至1~2，然后在石棉网上加热、蒸发、浓缩至液面出现晶膜时，停止加热。以冷水冷却，抽滤（尽量抽干），取出结晶，放在两层滤纸中间挤压，以吸干水分，称其质量，计算产率。

4. 硫酸铜纯度检验（如无Fe^{3+}，此过程可省略）。

① 取1g粗$CuSO_4 \cdot 5H_2O$晶体于小烧杯中，用10mL蒸馏水溶解，加入1mL 1 mol/L H_2SO_4酸化，加2mL 3% H_2O_2，煮沸片刻，使Fe^{2+}被氧化成Fe^{3+}，待溶液冷却后，在搅拌下滴加6mol/L $NH_3 \cdot H_2O$直至生成沉淀完全溶解，使溶液呈深蓝色为止。此时Fe^{3+}成为$Fe(OH)_3$沉淀，而Cu^{2+}则成为$[Cu(NH_3)_4]^{2+}$离子。将此溶液分4~5次加入漏斗内过滤，用滴管吸取2mol/L $NH_3 \cdot H_2O$洗涤沉淀，直至洗去蓝色为止。此时$Fe(OH)_3$为黄色沉淀留在滤纸上，用少量蒸馏水冲洗，再用滴管将3mL热的2mol/L HCl溶液滴在滤纸上溶解$Fe(OH)_3$沉淀，以洁净的试管接收滤液。然后在滤液中加入2滴1mol/L KSCN溶液，观察血红色配合物的产生。保留此液供后面比较用。

② 称取1g提纯过的$CuSO_4 \cdot 5H_2O$晶体，重复上述操作，比较两种溶液血红色的深度，确定产品的纯度。

五、思考题

1. 在硫酸铜的制备过程中，为什么注意控制反应速率？如何控制反应速率？
2. 加入硝酸铵的作用是什么？
3. 硫酸铜的结晶温度为什么不能低于15℃，温度过低会出现什么问题？
4. 什么叫重结晶？NaCl可以用重结晶法进行提纯吗？

技能训练 4-3　苯甲酸的重结晶

一、训练目标

1. 熟悉结晶、重结晶的基本原理。
2. 掌握结晶、重结晶的操作方法，能正确安装、使用加热装置、减压抽滤装置。

二、实验用品

玻璃漏斗（或热水漏斗）、抽滤装置、烧杯、锥形瓶、表面皿、玻璃棒、量筒、滤纸。
苯甲酸（粗品）、活性炭。

三、操作步骤

1. 准备工作。

① 将三脚架放在实验台上，上面放一石棉网，石棉网下放一酒精灯。

② 按图 4-8 安装好抽滤装置（也可用热过滤装置），叠好滤纸，将短颈漏斗放入烘箱内（80℃）预热。

2. 制备热溶液。称取 3g 粗苯甲酸，放入 150mL 烧杯中，加入 80mL 蒸馏水和 2 粒沸石，盖上表面皿，在石棉网上加热至沸，并用玻璃棒不断搅拌，使固体溶解。若尚有未溶解的固体，可补加少量水（但应注意分辨未溶物是否是不溶的固体或杂质），溶剂过量 2%～5%，记录所用溶剂的体积。

3. 脱色。待溶液稍冷，加入预先计算并称量好的活性炭，搅拌均匀，盖上表面皿，继续加热微沸 5～10min。

4. 热过滤。把折叠好的滤纸放入预热过的漏斗中，将热溶液分几次倾入漏斗过滤。在过滤过程中，未倒入漏斗的溶液可用小火加热，以免溶液冷却。溶液过滤结束后，用少量的水洗涤漏斗和烧杯。

5. 结晶的析出、抽滤、干燥。

① 将滤液在室温下放置，自然冷却。

② 结晶完全析出后，减压抽滤，使结晶与母液分离。用玻璃瓶塞将晶体压实，尽量抽干母液。然后拔掉吸滤瓶支管上的橡胶管，关闭水泵。用小铲或玻璃棒将晶体松动（注意不要将滤纸捅破），然后用少量水湿润布氏漏斗中的结晶，再压紧抽干。将结晶转移到表面皿上晾干或烘干。

6. 称量质量，计算回收率。

四、思考题

1. 重结晶操作的主要步骤有哪些？
2. 进行重结晶操作时应注意哪些问题？

技能训练 4-4　乙酰苯胺的重结晶

一、训练目标

进一步巩固重结晶的操作方法。

二、实验用品

玻璃漏斗（或热水漏斗）、抽滤装置、烧杯、锥形瓶、表面皿、玻璃棒、量筒、滤纸。
粗乙酰苯胺、活性炭。

三、操作步骤

纯净的乙酰苯胺是无色晶体，熔点为 114.3℃，溶于热水、乙醇、氯仿等溶剂，粗产品可用活性炭脱色，用重结晶的方法纯化。其操作步骤如下。

1. 准备工作（同技能训练 4-3）。

2. 热溶液的制备。称取 2.2g 粗乙酰苯胺于烧杯（或锥形瓶）中，加入 50mL 水，用酒精灯加热，用玻璃棒不断搅动，使其溶解。若没有完全溶解，可补加少量水，直至完全溶解（注意分辨未溶物是否是不溶性杂质）。然后再多加 3mL 水（溶剂过量 2%～5%），停止加热，记录所用溶剂的体积。

3. 脱色。待溶液稍冷，将预先计算、称量好的活性炭加入烧杯中，搅拌均匀，加热保持微沸状态 5～10min。

4. 热过滤。将折叠滤纸放入预热好的漏斗中，用蒸馏水湿润滤纸，将上述沸腾的热溶液分几次迅速进行热过滤，未倒入漏斗的溶液可用小火加热，以免溶液冷却。过滤完毕后，用少量水洗涤漏斗和烧杯。

5. 结晶的析出、抽滤、干燥。将滤液在室温下放置，自然冷却。结晶析出完全后，减压抽滤，使结晶与母液分离。在抽滤中，用玻璃瓶塞将晶体压实，尽量抽干母液。拔掉吸滤瓶支管上的橡皮管，关闭水泵。用小铲或玻璃棒将晶体松动，用少量水湿润布氏漏斗中的乙酰苯胺结晶，再压紧抽干。将结晶和滤纸转移到表面皿上，自然晾干或 105℃下烘干 1h。

6. 称量乙酰苯胺的质量，计算回收率。待测定提纯后乙酰苯胺晶体的熔点，以确证其纯度。

四、思考题

1. 重结晶提纯产品过程中，要注意哪些问题？
2. 固体未完全溶解时加入活性炭，会有什么影响？

第三节　蒸馏和分馏技术

1. 熟悉常压蒸馏、减压蒸馏、水蒸气蒸馏、分馏的原理。
2. 掌握蒸馏分离、提纯有机物的操作技术。
3. 了解微型有机蒸馏、减压蒸馏、水蒸气蒸馏、分馏的装置。

蒸馏是将液态物质加热到沸腾变为蒸气，又将蒸气冷凝为液体这两个过程的联合操作，是根据液体混合物中各组分沸点不同而进行分离提纯的方法。蒸馏可分为普通蒸馏、水蒸气蒸馏和减压蒸馏。

一、常压蒸馏

1. 常压蒸馏原理

常压蒸馏，也称普通蒸馏简称蒸馏，是在常压下加热液体至沸腾使之汽化，再经蒸气冷凝成液体，将冷凝液收集下来的操作过程。由于很多有机物在 150℃以上已显著分解，而沸点低于 40℃的液体用常压蒸馏操作又难免造成损失，故常压蒸馏主要用于沸点为 40～150℃之间的液体的分离。蒸馏只是进行一次蒸发和冷凝的操作，被分离的混合物中各组分的沸点通常相差 30℃以上时才能达到有效的分离。因此，可用于测定液体化合物的沸点，提纯或除去非挥发性物质，回收溶剂或蒸出部分溶剂以浓缩溶液，主要是用于分离液体混合物。

当液体混合物受热时，蒸馏瓶内的混合液不断汽化，当液体的饱和蒸气压与施加给液体表面的外压相等时，液体沸腾，此时的温度称为该液体的沸点。液体混合物之所以能用蒸馏的方法加以分离，是因为组成混合液的各组分具有不同的挥发度。当被蒸馏的液体混合物的沸点差别较大时，在溶液上方，蒸气的组成与液相的组成不同。蒸气中低沸点组分的相对含量较大，而其在液相中的含量则较小，当蒸气冷凝时，就可得到低沸点组分含量高的馏出液。沸点较高者要在随后蒸出，不挥发的物质留在蒸馏器中。

一种纯净的液态化合物在一定大气压下具有固定的沸点，沸程一般在 0.5～1℃，不纯的物质的沸程较长，因此蒸馏也可以判断有机化合物的纯度。但是，有些有机物常常和其他组分形成二元或三元共沸混合物，这种混合物有固定的沸点，其沸点低于或高于混合物中任何一个组分的沸点。共沸混合物所形成的气相与液相有相同的组成，因而不能用蒸馏的方法进行分离。

2. 常压蒸馏装置

常压蒸馏装置主要由温度计、蒸馏烧瓶、冷凝管、接收器四部分组成，如图 4-18 所示。各种常压蒸馏装置见图 4-19～图 4-23。

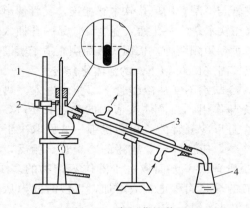

图 4-18　常压蒸馏装置
1—温度计；2—蒸馏烧瓶；3—冷凝管；4—接收器

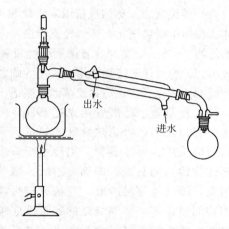

图 4-19　标准磨口玻璃仪器蒸馏装置

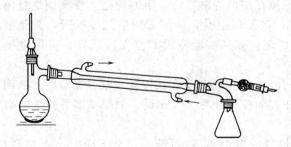

图 4-20　加干燥管的蒸馏装置

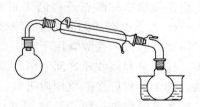

图 4-21　易燃、有毒物质的蒸馏装置

（1）温度计　温度计用于测量蒸馏烧瓶内蒸气的温度，一般选择量程要比被蒸馏液体的沸点高 10～20℃ 的温度计（当蒸馏混合液体时，温度计应以沸点高的组分为准）；不宜高出过多，因为温度计的测量范围越大，准确度越差。在安装蒸馏装置时，温度计水银球与毛细管的结合点恰好在蒸馏烧瓶支管的中心轴线上。

可增加一辅助温度计校正温度计的误差，辅助

图 4-22　连续蒸馏装置

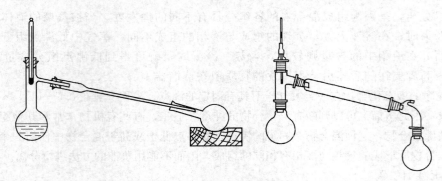

图 4-23　高沸点蒸馏装置

温度计的水银球要在温度计水银柱可能外露段的中部。

（2）蒸馏烧瓶　蒸馏烧瓶用来盛放和加热被蒸馏的液体，一般应选用具有支管的圆底烧瓶。液体在烧瓶中受热汽化，蒸气经支管进入冷凝管，支管与冷凝管用单孔软木塞相连，支管伸出软木塞外约 2~3mm。如果在普通圆底烧瓶瓶口配一双孔软木塞，一孔插入温度计，另一孔插入蒸气导出管，也可作蒸馏烧瓶用。常用的圆底烧瓶有长颈和短颈两种，长颈式蒸馏烧瓶适于蒸馏沸点较低的液体化合物；短颈式蒸馏烧瓶适于蒸馏沸点较高（120℃以上）的液体化合物。

（3）冷凝管　冷凝管用来把蒸气冷凝成液体，冷却水不断从冷凝管下部管口进入，热水从上部管口流出，带走热蒸气的热量，从而起到冷却作用。当液体蒸馏物的沸点在 150℃ 以下时，应选用直形冷凝管，用冷水冷却最为适宜。直形冷凝管的长短和粗细一方面取决于液态蒸馏物沸点的高低，即沸点越低，蒸气越不易冷凝，应选择较长较粗的冷凝管；相反，沸点越高，蒸气越容易冷凝，应选择较短较细的冷凝管。另一方面取决于液体蒸馏物的多少，蒸馏物的量越多，蒸馏烧瓶的容量就应越大，烧瓶的受热面积也相应增加，单位时间内从蒸馏烧瓶中排出的蒸气量也就越多，选择的冷凝管也应长一些、粗一些。

在蒸馏大量的低沸点液体时，为加快蒸馏速度，可选用蛇形冷凝管进行冷却。使用时，需垂直装置，切不可斜装，以防止冷凝液停留在蛇形冷凝管内，阻塞通路，使蒸馏烧瓶内压力增大而发生事故。当液体蒸馏物的沸点在 150℃ 以上时，必须采用空气冷凝管，其粗细和大小也由蒸馏物的沸点及蒸馏烧瓶的容积而定。如果实验室没有空气冷凝管，可用直径为 0.7~1cm、长度在 40cm 以上的玻璃管代替。

（4）接收器　接收器用于收集冷凝后的液体，一般由接液管和接收瓶（锥形瓶）两部分组成。接液管和接收瓶之间不可用塞子塞住，而应与外界大气相通。如果蒸馏易挥发的有毒物质，则全过程应在通风橱内进行。

安装蒸馏装置一般先从热源开始（酒精灯或电炉），然后遵循"自下而上，由左到右"的顺序，依次在铁架台上安好铁圈，放好石棉网和水浴，再把装有温度计的蒸馏烧瓶用铁夹垂直夹好。把冷凝管固定在铁架台上时，应先调整好它的位置和倾斜角度，使之与蒸馏烧瓶支管同轴，然后使冷凝管沿此轴和蒸馏烧瓶支管相接，最后安装接收器。

安装过程中应注意整个蒸馏装置中的各部分（除接液管与接收器之间外）都应装配严密，即气密性好，防止有蒸气漏出而造成产品损失或其他危险；固定玻璃仪器的铁夹不应夹得太紧或太松，以夹住后稍用力尚能转动为宜。且铁夹内一定要垫以橡胶等软性物质，绝不允许铁器与玻璃仪器直接接触，以防夹坏仪器；接液管与接收器之间不能密封；整个装置安装后要求准确端正，全套仪器各部分的轴线都要在同一平面内；避免接收器与火源靠得太近，以防着火等危险。

3. 常压蒸馏操作

(1) 加料　将蒸馏液通过玻璃漏斗或直接沿着正对支管的瓶颈壁小心地倒入蒸馏烧瓶中。要注意不能使液体从支管流出，液体加入量应为烧瓶容量的 1/2～2/3，超过此量，沸腾时溶液雾有被蒸气带至接受系统的可能，沸腾剧烈时，液体容易冲出。蒸馏低沸点液体时，往往发生暴沸现象，使蒸馏烧瓶内压力突然增大，轻则使液体涌出容器，重则使烧瓶炸裂，故加热前应加入沸石，以防止暴沸。若加热前忘记加沸石，在接近沸腾温度时不能补加，必须使液体稍冷后补加沸石再重新加热。

将配有温度计的塞子塞入蒸馏烧瓶瓶口后，再一次仔细检查装置是否稳妥正确，各仪器连接是否紧密，有无漏气现象。

(2) 加热　加热蒸馏前，应先接通冷却水，从冷凝管的下口进水，上口出水，不要接反。然后开始加热，最初用小火，以免蒸馏烧瓶因局部过热而破裂，慢慢增大火力使烧瓶内的液体逐渐沸腾。记录第一滴馏出液滴入接收器时的温度。此时应控制加热，使蒸馏速度不应太快或太慢。使馏出液滴出的速度为 1～2 滴/s 为宜。在蒸馏过程中，应始终保持温度计水银球上有一稳定的液滴，这是气液两相平衡的象征。此时温度计的读数就是液体的沸点。

(3) 观察沸点和收集馏出液　蒸馏前，至少准备两个接收器，因为在达到需要物质的沸点之前，常有沸点较低的液体先蒸出，这部分馏出液称"前馏分"，前馏分蒸完，温度趋于稳定后蒸出的就是较纯的物质，此时应更换一个洁净而干燥的接收器接收馏出液。记下这部分液体开始馏出时和最后一滴馏出时的温度，即为该馏分的沸程。

在所需要的馏分蒸出后，若维持原来的加热温度，就不会再有馏出液蒸出，温度计读数会急剧下降，这时应停止蒸馏。即使杂质含量较少，也不要蒸干，以免蒸馏烧瓶破裂而发生意外事故。

(4) 停止加热、拆卸仪器　蒸馏完毕，停止加热，待温度下降至 40℃ 左右时，关闭冷却水，拆卸仪器，其顺序与装配时相反，即依次取下接收器、接液管、冷凝管和蒸馏烧瓶等。将馏出液倒入指定容器中，以备测定。将圆底烧瓶中的残液倒入回收瓶内，将卸下的仪器洗净、干燥以备下次使用。

(5) 常压蒸馏的注意事项

① 切勿忘记加沸石。每次重新蒸馏时都要再添加沸石，若忘记加沸石，必须在液体温度低于其沸腾温度时方可补加，切忌在液体沸腾或接近沸腾时加入沸石。

② 整个蒸馏体系不能密封，尤其在装配干燥管及气体吸收装置时更应注意。

③ 若用油浴加热，切不可将水弄进油中，为避免水掉进油浴中出现危险，在许多场合，运用甘醇浴（一缩二乙二醇或二缩三乙二醇）是很合适的。

④ 蒸馏过程中欲向烧瓶中加液体，必须停火后进行，但不得中断冷凝水。

⑤ 对于乙醚等易生成过氧化物的化合物，蒸馏前必须经过检验。若含过氧化物务必除去后方可蒸馏且不得蒸干，以防爆炸。

⑥ 当蒸馏易挥发和易燃的物质（如乙醚），不能用明火加热，否则容易引起火灾事故，故应采用热水浴。

⑦ 停止蒸馏时应先停止加热，稍冷后再关冷凝水。

⑧ 若同一实验台上有两组以上同学同时进行此项操作且相互距离较近时，每两套装置间必须是蒸馏部分靠近蒸馏部分或接收器靠近接收器，避免着火的危险。

4. 微型蒸馏

对于 4mL 以下液体进行常压蒸馏时，可用微型蒸馏头，如图 4-24 所示。

微型蒸馏装置是由 5mL 或 10mL 圆底烧瓶、微型蒸馏头、冷凝管和微型温度计组成，如图 4-25(b) 所示。液体在圆底烧瓶中受热汽化，在蒸馏头和冷凝管中被冷却，冷凝下来的液体沿其壁流下，聚集在蒸馏头的承接阱中。温度计的水银液面与承接阱口平齐，可读出馏出液的沸程。蒸馏结束后，取下冷凝管，用毛细滴管从侧口吸出馏出液。对于多组分的蒸馏，可在第一组分蒸完之后，温度下降时，停止加热，冷却，快速更换一个蒸馏头重新加热蒸馏出高沸点的馏分。另一种装置如图 4-25(a) 所示，对于馏分温度高于 140℃ 时，要采用空气冷凝管如图 4-25(c) 所示。

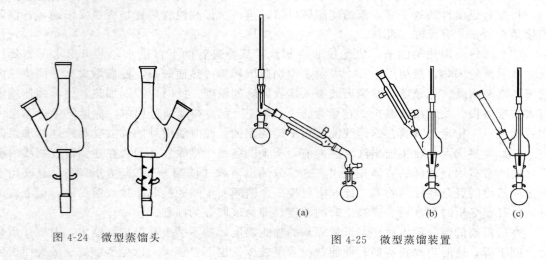

图 4-24 微型蒸馏头　　　　　图 4-25 微型蒸馏装置

二、减压蒸馏

1. 减压蒸馏的原理

在较低的压力（低于大气压）下进行蒸馏的操作称为减压蒸馏，也称为真空蒸馏，适用于分离提纯高沸点（>150℃）有机化合物或在常压下蒸馏易发生分解、氧化或聚合等反应的有机化合物。当蒸馏系统内的压力降低后，其沸点便降低，使得液体在较低的温度下汽化而逸出，继而冷凝成液体，然后收集在一容器中。减压蒸馏对于分离或提纯沸点较高或性质比较不稳定的液态有机化合物具有特别重要的意义。

通常把低于 1×10^{-5}Pa 的气态空间称为真空，欲使液体沸点下降得多就必须提高系统内的真空程度。实验室常用水喷射泵（水泵）或真空泵（油泵）来提高系统真空度。

化合物的沸点与压力之间的关系，可根据图 4-26 所示的沸点-压力近似的关系图推算得到。例如，已知水在常压（101325Pa 或 760mmHg）沸点为 100℃。当系统减压至 20mmHg 时，在 20mmHg 时的沸点，可通过连接 B 线 100℃ 与 C 线 20mmHg 两点，将连线延伸至 A 线，与 A 线的交点即为水在减压至 20mmHg 时的沸点（22℃）。

进行减压蒸馏前，应先从文献中查阅欲

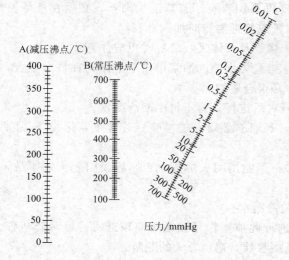

图 4-26 液体在常压、减压下的沸点近似图
（1mmHg=133.322Pa）

蒸馏物质在选择压力下相应的沸点,选择合适的热浴及温度计。一般,当系统内压力降低到 15×133.3 Pa 左右时,大多数高沸点有机物沸点随之下降 $100\sim125$℃;当系统内压力在 $10\times133.3\sim15\times133.3$ Pa 之间进行减压蒸馏时,压力每相差 133.3 Pa,沸点相差约 1℃。

2. 减压蒸馏装置

减压蒸馏装置是由蒸馏部分、减压部分、系统保护部分和测压装置四个部分组成。如图 4-27、图 4-28 所示。

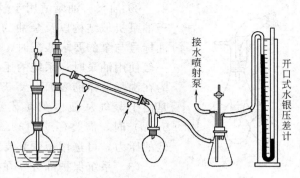

图 4-27 水泵减压蒸馏装置

(1) 蒸馏部分 由蒸馏烧瓶、冷凝管、接收器三部分构成。蒸馏烧瓶采用配有克氏蒸馏头的圆底烧瓶(不可用平底烧瓶或薄壁玻璃仪器)。冷凝管一般选用直形冷凝管,如果蒸馏液体较少且沸点高或为低熔点固体可不用冷凝管。克氏蒸馏头上带有支管的一侧上口插温度计,另一口插一根厚壁玻璃管,其末端拉成毛细管,毛细管的下端插入到离瓶底 $1\sim2$mm 处,距离底部越近越好,其作用是在减压蒸馏时使液体平稳蒸馏,避免因过热造成暴沸溅跳现象。若被蒸馏的液体易发生氧化时,通入毛细管中的气体应为氮气。

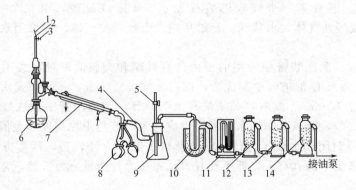

图 4-28 油泵减压蒸馏装置
1—细铜丝;2—乳胶管;3—螺旋夹;4—真空胶管;5—二通活塞;
6—毛细管;7—冷凝器;8—接受瓶;9—安全瓶;10—冷却阱;
11—压力计;12—无水氯化钙;13—氢氧化钠;14—石蜡片

接收器可以是圆底烧瓶、梨形瓶、茄形瓶等耐压器皿,不得用锥形瓶。接收管带有支管,支管与抽气系统相连接,接收管可以是双头或多头接收管,以便移动多头接收管接收不同的馏分,如图 4-29 所示。

热浴的选择按蒸馏标准选用,一般都以控制其浴温比液体沸点高出大约 $20\sim30$℃为好。

(2) 减压部分 实验室通常用水泵或油泵进行减压。

① 水泵。水泵用玻璃或金属制成,水泵所能抽到的最低压力,理论上为当时水的蒸气压。其蒸气压与水温有关。温度高时,蒸气压大,如水温在 $6\sim8$℃时,水的蒸气压为 $7\times133.3\sim8\times133.3$ Pa;水温为 30℃时,则水的蒸气压可达 31.5×133.3 Pa 左右;水的蒸气压一般可达 $9.3\times10^2\sim29\times10^2$ Pa。若要达到更低的压力,则要用油泵。水泵减压蒸馏装置较为简便,适用于不需要较高真空度的减压蒸馏。

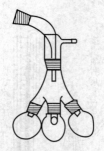

图 4-29 多头接液管

② 油泵。油泵适用于较高真空度的减压蒸馏。油泵的效能决定于油泵机械结构以及泵油的好坏（泵油的蒸气压必须很低），当所选油标号与泵的要求匹配时，油泵能将真空度抽到 13Pa，甚至 0.13Pa。一般使用油泵时，系统的压力常控制在 $5\times133.3\sim10\times133.3$Pa，因为在沸腾液体的表面上要获得 5×133.3Pa 以下的压力比较困难。这是由于蒸气从瓶内的蒸发面逸出而经过瓶颈和支管（内径为 $4\sim5$mm）时，需要有 $1\times133.3\sim8\times133.3$Pa 的压力差。如果要获得较低的压力，可选用短颈和支管粗的克氏蒸馏瓶。

(3) 系统保护部分　在接收器和油泵之间安装保护系统来保护油泵。由安全瓶、冷阱及两个或多个吸收塔组成。其作用是阻止有机物、水及酸等蒸气进入油泵内。因为挥发性的有机物蒸气被油泵内的油吸收，会增加油的蒸气压，影响真空效能；酸会腐蚀油泵的机件；水蒸气冷凝后与油形成浓稠的乳浊状，使油泵不能正常工作。

安全瓶的瓶口上装有两孔活塞，可用于调节减压系统中的压力，使压力平稳，并用于解除真空及防止油泵油倒吸，起缓冲作用。

冷阱一般放在盛有冷冻剂的广口瓶中，冷冻剂常选用冰-水、冰-盐混合物或干冰等。其目的是把减压系统中低沸点有机溶剂冷凝下来，以保护油泵。

油泵前有两个或多个吸收塔（瓶），也称干燥塔。吸收瓶内的吸收剂的种类，应视被蒸馏液的性质而定。通常第一个吸收塔装有无水 $CaCl_2$ 或硅胶，第二个吸收塔装有固体 NaOH，用来吸收酸性气体、水蒸气；石蜡片用来吸收烃类气体。如果用水泵减压，则不需要吸收塔。

(4) 测压装置　测压装置中常用的压力计有玻璃和金属的两种，常用的是水银压力计（压差计）是将汞装入 U 形玻管中制成的，如图 4-30(a) 所示，是开口式水银压力计。其特点是管长必须超过 760mm，读数时必须配有大气压计，因为两管中汞柱高度的差值是大气压力与系统内压之差，所以蒸馏体系的真空度应为大气压与汞柱高度的差值，其所量压力准确。图 4-30(b) 是封闭式水银压力计，它比开口水银压力计轻巧，读数方便，两臂液面高度之差即为蒸馏系统中的真空度，但不及开口水银压力计所量压力准确，常常需用开口的压力计来校正。

金属制压力表，其所量压力的准确程度完全由机械设备的精密度决定。一般压力表所量压力不太准确，然而它轻巧，不易损坏，使用安全。如将其装在实验台上测量对压力准确度要求不高时的水泵减压蒸馏体系的内压就很方便。例如，在油泵减压蒸馏前用水泵减压蒸馏时，用它测量体系内压就很合适。

3. 减压蒸馏操作

(1) 安装仪器　装配时要注意仪器应安排得十分紧凑，既要使系统通畅，又要不漏气，所有橡胶管最好用厚壁的真空用的橡胶管，玻璃仪器磨口处均匀地涂上一层真空油脂，以保证装置的密封和润滑。

(2) 气密性检查　其方法是将毛细管上的螺旋夹旋紧，打开安全瓶上的二通旋塞，开启真空泵抽

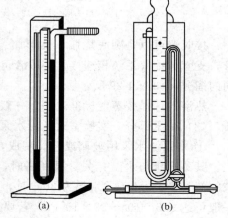

图 4-30 水银压力计

气,逐渐关闭二通旋塞,系统压力能达到所需的真空度并保持恒定,说明系统不漏气。若压力有变化,则说明系统的连接处有漏气,可解除真空后,检查连接处是否紧密。必要时,重新涂真空油脂密封。再重新空试,直至压力稳定并且达到所要求的真空度,方可进行以下的操作。

(3) 加液 减压蒸馏时,加入待蒸馏液体的量不得超过蒸馏瓶的1/2。开启真空泵,关闭安全瓶上的活塞,通过螺旋夹调节毛细管,使导入的空气呈连续平稳的小气泡。若蒸馏系统超过了所需的真空度,可旋转二通活塞,调节所需的真空度。

(4) 加热 选择合适的热浴。待压力稳定后,开启冷凝水。加热时,可在热浴中插入一支温度计,使热浴的温度比烧瓶内沸腾的溶液高 20~30℃。加热速度不要太快,因为在减压蒸馏时,一般液体在较低的温度下即可蒸出。

(5) 接收馏分 当蒸馏头蒸出以后,达到蒸馏物质的沸点时,可转动多头接受管的位置,接收馏分,并控制流出液的速度为 1~2 滴/s,使所需沸程范围的液体流入指定的接受瓶中。压力稳定及化合物较纯时,沸程应控制在 1~2℃范围内。

(6) 记录数据 在蒸馏过程中,应注意蒸馏的温度和压力,应以不使产品分解为准。并记录压力、沸点等有关数据。

(7) 结束蒸馏 蒸馏完毕时,首先撤去热源,待溶液稍冷后,慢慢打开毛细管上的螺旋夹,并缓慢地打开安全瓶上的活塞,使系统内外的压力达到平衡后,关闭油(水)泵。相反,若未使系统压力达到平衡就关闭水或油泵,会出现水或油倒吸而进入安全瓶或冷阱的现象。

4. 减压蒸馏的注意事项

① 蒸馏液中含低沸点物质时,为了维护油泵,通常先进行常压蒸馏再进行减压蒸馏。

② 在减压蒸馏系统中应选用耐压的玻璃仪器(如蒸馏烧瓶,圆底烧瓶,梨形瓶,抽滤瓶等),切忌使用薄壁的甚至有裂纹的玻璃仪器,尤其不要用平底瓶(如锥形瓶),否则易引起内向爆炸,冲入的空气会打碎一系列玻璃仪器。

③ 蒸馏过程中若有堵塞或其他异常情况,必须先停止加热,冷却后,缓慢解除真空后才能进行处理。

④ 抽气或解除真空时,一定要缓慢进行,否则压力计汞柱急速变化,有冲破压力计的危险。

⑤ 在整个蒸馏过程中,封闭式的水银压力计的活塞应经常关闭,观察压力时打开,记录完毕随时关上,以免仪器破裂时使体系内的压力突变,水银冲破玻璃管洒出。

⑥ 每次重新蒸馏,都要更换毛细管(原毛细管通气流畅未堵塞时例外)或重新添加玻璃沸石。

* **5. 微型减压蒸馏**

微型减压蒸馏装置由圆底烧瓶、微型蒸馏头、温度计、真空冷凝指及减压蒸馏毛细管组成,如图 4-31(a) 所示。因微型实验所用的实验样品量很小,在半微量减压蒸馏时,可用电磁搅拌器来防止液体暴沸。微型减压蒸馏装置的真空冷凝指接安全瓶,再将安全瓶分别与测压计、真空泵连接。当不需测定沸点的减压蒸馏时,使用图 4-31(b) 的装置即可。

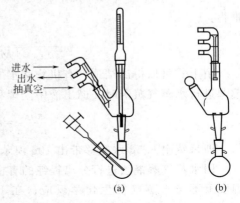

图 4-31 微型减压蒸馏装置

三、水蒸气蒸馏

1. 水蒸气蒸馏原理

水蒸气蒸馏是利用某些有机物（不与水混溶）可随水蒸气一起蒸馏出来，而使它们从混合物中分离的。其过程是在不溶或难溶于热水并有一定挥发性的有机化合物中，通入水蒸气（必要时可对蒸馏烧瓶适当加热）使其沸腾，将有机物随水蒸气而同时蒸馏出来。水蒸气蒸馏广泛应用于在常压蒸馏时达到沸点后易分解物质的提纯，从天然原料中分离出液体和固体物质，以及从含不挥发固体的混合物中将少量挥发性杂质除去。

当两种互不相溶的挥发性物质混合在一起时，每种组分都将保持本身的蒸气压，即每种组分在某温度下的分压等于此种纯物质的蒸气压。当水和不溶（或难溶）于水的挥发性有机物混合在一起时，整个体系的蒸气压力应为两者蒸气压之和，即

$$p = p_{H_2O} + p_A$$

式中　p——混合物的总蒸气压；

p_{H_2O}——水的蒸气压；

p_A——难溶或不溶于水的有机物的蒸气压。

将混合物加热，蒸气压随温度升高而增大，当各组分蒸气压之和等于外界大气压（101325Pa）时，混合物开始沸腾，此时的温度即为混合物的沸点。例如把溴苯和水的混合物加热到95.5℃时，混合物就开始沸腾。因为在该温度下，溴苯的蒸气压为15198.2Pa，水的蒸气压为86126.3Pa，两者的总蒸气压为101325Pa。显然混合物的沸点比两种物质的沸点都要低（溴苯沸点为156℃）。因此沸点高于100℃的有机物，进行水蒸气蒸馏，可以在低于100℃蒸馏出来。

水蒸气蒸馏的馏出液中，有机物（A）和水的质量比（$w_A : w_{H_2O}$）可以根据气体分压定律进行计算。混合蒸气中，有机物和水蒸气的分压之比应等于它们的摩尔分数之比，则

$$p_A : p_{H_2O} = X_A : X_{H_2O}$$

式中　p_A——混合蒸气中有机物的分压；

p_{H_2O}——混合蒸气中水的分压；

X_A——混合蒸气中有机物的摩尔分数；

X_{H_2O}——混合蒸气中水的摩尔分数。

由于馏出液是蒸气冷凝而形成的，故馏出液中有机物与水的摩尔分数之比与蒸气中的相等。而 $X_A = \dfrac{w_A}{M_A}$，$X_{H_2O} = \dfrac{w_{H_2O}}{M_{H_2O}}$（$M_A$ 与 M_{H_2O} 分别为有机物与水的相对分子质量）。由此可推得：

$$\frac{w_A}{w_{H_2O}} = \frac{M_A X_A}{M_{H_2O} X_{H_2O}} = \frac{M_A p_A}{M_{H_2O} p_{H_2O}}$$

由上式可以得出结论：有机物和水的相对质量与其蒸气压和相对分子质量成正比。例如溴苯进行水蒸气蒸馏时，馏出液中溴苯和水的质量比为：

$$\frac{w_A}{w_{H_2O}} = \frac{157 \times 15198.8}{18 \times 86126.3} = \frac{10}{6.5}$$

即每蒸出6.5g水能够带出10g溴苯，溴苯在馏出液中占61%（质量分数）。

用水蒸气蒸馏法进行分离提纯的有机物应具备下列条件：不溶或几乎不溶于水；在沸腾温度下不与水蒸气发生化学反应；在100℃左右必须具有一定的蒸气压（一般不得小于1300Pa）。

2. 水蒸气蒸馏装置

水蒸气蒸馏装置由水蒸气发生器、蒸馏烧瓶、冷凝管和接收器等组成，各接口必须严密不漏气，如图 4-32 所示。

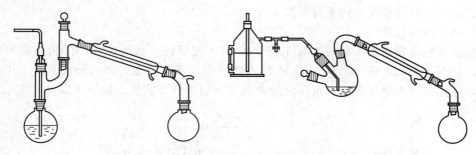

图 4-32 水蒸气蒸馏装置

（1）水蒸气发生器 一般使用专用的金属（铜或铁）制的水蒸气发生器，也可用 500mL 的蒸馏烧瓶代替（配一根长 1m，直径约为 7mm 的玻璃管作安全管）。水蒸气发生器导出管与一个 T 形管相连，T 形管的支管套上一短橡胶管。橡胶管用螺旋夹夹住，以便及时除去冷凝下来的水滴，T 形管的另一端与蒸馏部分的导管相连（这段水蒸气导管应尽可能短些，以减少水蒸气的冷凝）。水蒸气发生器也可用三口瓶代替。

（2）蒸馏烧瓶 采用圆底烧瓶，配上克氏蒸馏头，可避免由于蒸馏时液体的跳动引起液体从导出管冲出，以至玷污馏出液。

（3）冷凝管 一般选用直形冷凝管。

（4）接收器 选择合适容量的圆底烧瓶或梨形瓶作接收器。

3. 水蒸气蒸馏操作

将被蒸馏的物质加入烧瓶中，尽量不超过其容积的 1/3，仔细检查各接口处是否漏气，并将 T 形管上螺旋夹打开。

开启冷凝水，然后水蒸气发生器开始加热，当 T 形管的支管有蒸汽冲出时，再逐渐旋紧 T 形管上的螺旋夹，水蒸气开始通向烧瓶。

如果水蒸气在烧瓶中冷凝过多，烧瓶内混合物体积增加，以至超过烧瓶容积的 2/3 时，或者水蒸气蒸馏速度不快时，可对烧瓶进行适当加热，要注意烧瓶内崩跳现象，如果崩跳剧烈，则不应加热，以免发生意外。蒸馏速度每秒 2～3 滴。

当馏出液澄清透明，不含有油珠状的有机物时，即可停止蒸馏。

中断或停止蒸馏一定要先旋开 T 形管上的螺旋夹，然后停止加热，最后再关冷凝水。否则烧瓶内混合物将倒吸到水蒸气发生器中。

4. 水蒸气蒸馏的注意事项

① 水蒸气发生器上必须装有安全管，下端应插到接近底部，水蒸气发生器与水蒸气导入管之间必须连接 T 形管，蒸汽导管尽量短，以减少蒸汽的冷凝。

② 水蒸气发生器中的水不能太满，否则沸腾时水将冲至烧瓶，并且最好在水蒸气发生器中加进沸石起助沸作用。

③ 如果系统内发生堵塞，水蒸气发生器中的水会沿安全管迅速上升甚至会从管的上口喷出，这时应立即中断蒸馏，待故障排除后继续蒸馏。

④ 当冷凝管夹套中要重新通入冷却水时，要小心而缓慢，以免冷凝管因骤冷而破裂。

⑤ 蒸馏过程中，必须随时检查水蒸气发生器中的水位是否正常，安全管水位是否正常，

有无倒吸现象，一旦发现不正常，应立即将 T 形管上螺旋夹打开，找出原因排除故障，然后逐渐旋紧 T 形管上的螺旋夹，继续进行。

⑥ 蒸馏过程中，必须随时观察烧瓶内混合物体积增加情况，混合物崩跳现象，蒸馏速度是否合适，是否有必要对烧瓶进行加热等。

*5. 微型水蒸气蒸馏

微型水蒸气蒸馏适用于只需 5mL 以下的水就可完成的水蒸气蒸馏，可用简易水蒸气蒸馏装置，如图 4-33(a) 所示。将 5mL 水加入烧瓶中，煮沸蒸馏，即可分离。对于 10mL 以上水量才能完成的水蒸气蒸馏，可用常量水蒸气蒸馏的微型装置，如图 4-33(b) 所示。

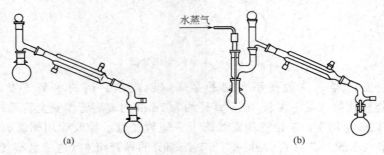

图 4-33　简易微型水蒸气蒸馏装置

四、分馏

1. 分馏原理

分馏是借助于分馏柱的作用使一系列的普通蒸馏操作不需要多次重复，一次得以完成的蒸馏。主要用于分离两种或两种以上沸点相近的有机化合物。应用于工业上的分馏称为精馏。在实验室常采用分馏柱进行分馏，而工业上则采用精馏塔分馏。

分馏可使沸点相近的互溶液体化合物（甚至沸点仅相差 1～2℃）得到分离和提纯。为了提高分馏柱的分离效率，通常在其中装入各种填料，以增大气相和液相的接触面积。当蒸气进入分馏柱时，因受外界空气的冷却，使蒸气发生部分冷凝。其结果是冷凝液中含有较多高沸点组分，而蒸气中则含有较多低沸点组分。冷凝液向下流动过程中，又与上升的蒸气相遇，二者之间进行热量交换，结果使上升蒸气发生部分冷凝。而下降的冷凝液发生部分汽化。由于在柱内进行多次气、液相热交换，反复进行汽化、冷凝，结果使低沸点组分不断上升到达柱顶部被蒸出，高沸点组分不断向下流回加热烧瓶中，从而使沸点不同的物质得到分离。分馏又称分段蒸馏，它是分离沸点相差较近的液态混合物的重要方法。

通过二元混合物（A、B）的温度-组成图来说明分馏过程。如图 4-34 所示，图中下面一条曲线是 A、B 两个化合物不同组成时的液体混合物的沸点，上面一条曲线是指在同一温度下，与沸腾液体相平衡时蒸气压的组成。例如，某混合物在 90℃时沸腾，其液体含化合物 A 为 58%（摩尔分数），化合物 B 为 42%（摩尔分数），见图中 C_1。与其相平衡的蒸气含 A 78%（摩尔分数），B 22%（摩尔分数），见图中 V_1。随着蒸气上升，通过柱身进行热交换，在柱中的某一段时的蒸气冷凝后为 C_2，而与 C_2 相平衡为 V_2，其组成 A 为 90%，B 为 10%，由于在蒸气上升时的任何温度下，气相总是比液相有更多的易挥发组分，当 C_2 继续经过多次汽化、冷凝，最终使 A、B 两组分分开。

2. 分馏装置

分馏装置由圆底烧瓶、分馏柱、温度计、冷凝管、接液管和接收瓶等组成，如图 4-35 所示。

第四章 化学实验基本分离技术

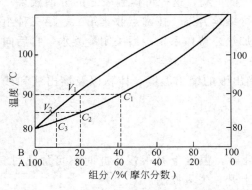

图 4-34 A-B 混合物体系的温度-组成曲线

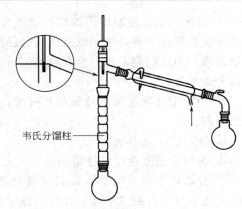

图 4-35 简单分馏装置

分馏柱可以是填料式或塔板式，实验室常用的分馏柱见图 4-36。

图 4-36(a) 是韦氏分馏柱，柱内有三根向下倾斜的玻璃刺状物，称为"垂刺形"。图 4-36(b) 为填料式分馏柱，柱内可选择填装由各种惰性材料制成的填料。最常见的是各种形状和大小的瓷环填料。图 4-37 所示是一些填料类型。玻璃珠填料效率低，但能抗腐蚀；圆形填料为不锈钢或玻璃材料，效率较低；三角形填料和网状填料效率高，为金属材料。填料应填装均匀，否则会造成分馏柱的"泛液"现象。

常见分馏柱的长度一般 40～100cm，选用分离柱应考虑待分离组分的性质、分离的难易程度、对分离物质纯度的要求等因素。在能满足分离效果的前提下，应选择形体小、效率高的分离柱。

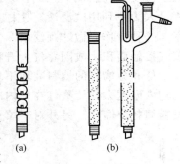

图 4-36 分馏柱

仪器安装顺序与蒸馏装置相似，即从热源开始，先下后上，从左到右。

此外，还有减压分馏，其装置与减压蒸馏装置相似。

玻璃珠填料　　三角形填料　　圆形填料　　网形填料

图 4-37 填料类型

3. 分馏操作

① 正确安装分馏装置，用铁夹将分馏柱夹紧，插上温度计、蒸馏头（分馏头），将冷凝管与蒸馏头连接好，安装接液管和接收瓶。

为尽量减少柱内热量的散失和由于外界温度影响造成柱温的波动，通常分馏柱外必须进行适当的保温，以便能始终维持温度平衡。对于比较长，绝热又差的分馏柱，则常常需要在柱外绕上电热丝以提供外加的热量。

② 将待分馏的混合物放入圆底烧瓶中，加入数粒沸石。

③ 选择合适的热源，开始加热。当液体一沸腾就及时调节热源，使蒸气漫漫升入分馏柱，10～15min 后蒸气到达柱顶，这时可观察到温度计的水银球上出现了液滴。

④ 调小热源，让蒸气仅到柱顶而不进入支管就全部冷凝，回流到烧瓶中，维持 5min 左右，使填料完全湿润，开始正常工作。

⑤ 调大热源，控制液体的馏出速度为每 2～3 秒 1 滴，这样可得到较好的分馏效果。待温度计读数骤然下降，说明低沸点组分已蒸完，可继续升温，按沸点收集第二、第三种组分的馏出液，当欲收集的组分全部收集完后，停止加热。待体系稍冷后关闭冷凝水，自后向前拆卸分馏装置。

⑥ 用密度计测定馏出液的相对密度，记录馏出液的馏出温度、体积以及馏出液和残留液的体积。

4. 分馏的注意事项

① 参照普通蒸馏中的注意事项。

② 分馏柱中的蒸气未上升到温度计水银球处时，温度上升很慢，此时不可加热过猛。以防蒸气一旦上升到水银球位置时，温度会迅速上升，失去控制。

③ 要有足够量的液体回流，保证合适的回流比。

④ 尽量减少分馏柱的热量失散和波动。

⑤ 分馏开始时，先将电压调得大些，当液体沸腾时，观察蒸气是否到达柱顶，并调节火焰温度，控制蒸气只到柱顶而不进入分馏头支管就全部被冷凝下来，回流到烧瓶中。此过程是人为地利用"泛液"使柱身及填料完全被液体浸润，这样可以充分发挥填料本身的效率，这种操作叫做"预泛液"。这样维持 5min，使柱身和填料全部湿润。泛液会减少液体和蒸气接触面积，或因蒸气上升将液体冲入冷凝管，造成分馏失败。泛液的产生是由于柱内温度太低和分馏柱的填料装填不均匀（此时需重新填装）所致。为了保持柱内的温度梯度，避免柱内温度太低使蒸气在柱内冷凝太快而引起泛液，可在分馏柱外用石棉绳或玻璃布等保温材料缠扎分馏柱。另外对于填充柱，不要填装太紧或不均匀。

⑥ 某些有机化合物可与其他组分按一定的比例组成混合物（二元或三元共沸混合物）。在蒸馏时，它们的液体组分与饱和蒸气的成分一样，这种混合物称为共沸混合物或恒沸物，这种混合物的沸点高于或低于混合物中任何一个组成的沸点，其沸点称为恒沸点。不能用蒸馏或分馏的方法进行分离，例如，乙醇-水共沸组成是 95.6% 乙醇，4.4% 水，共沸点为 78.17℃；无水乙醇的沸点为 78.5℃。

*5. 微量分馏

对于液体量少于 4mL、沸点差大于 50℃ 的混合液体的分离提纯可用微型分馏装置进行分馏，如图 4-38(b) 所示。微型分馏头下部具有类似韦氏分馏柱的刺形结构，其分离效果与常量法中 20～30cm 长的韦氏分馏柱相类似。如混合液体体积较大，各组分沸点相差较小时，可用空气冷凝管作为分馏柱，于管内填装适当的填料，如前所述。装置见图 4-38(a)。

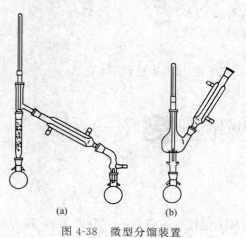

图 4-38 微型分馏装置

思 考 题

1. 若蒸馏体系密闭，会引起什么结果？
2. 沸石是否可在液体沸腾时加入？
3. 当温度计的水银球上有液滴凝结时，说明了什么？没有液滴时又说明什么？

4. 简述减压蒸馏过程。
5. 在减压蒸馏时，是先加热还是先抽真空？
6. 减压蒸馏装置由哪些仪器组成？简述各种仪器的作用。
7. 在停止抽气时，应先做哪些事？
8. 用油泵减压时，应安装哪些保护装置？
9. 如何检验减压系统的气密性？
10. 根据沸点压力的近似关系图，推算出苯甲醛、苯胺、苯己酮在1333Pa（10mmHg）下的沸点。
11. 简述水蒸气蒸馏的原理及与一般蒸馏的区别。
12. 停止蒸馏时按怎样的顺序操作？为什么？
13. 简述安全管和三通管的作用。
14. 分馏的特点是什么？
15. 分馏与蒸馏操作在原理和应用上有何异同？
16. 为什么分馏操作的馏出速度需要控制？
17. 具有固定沸点的液体是否一定是纯物质？为什么？
18. 含水乙醇经过反复分馏，是否可得到100%的乙醇？

技能训练 4-5　工业酒精的蒸馏

一、训练目标

1. 学会蒸馏装置的安装、拆卸。
2. 学会酒精的简单蒸馏方法。

二、实验用品

直形冷凝管、蒸馏头、真空接液管、铁架台、水浴锅（可调电炉）、酒精灯、圆底。工业酒精、沸石烧瓶（100mL）、温度计套管、温度计（150℃）、橡胶管、长颈漏斗、量筒。

三、操作步骤

1. 热源为水浴锅，将水浴锅放在铁圈上，铁圈下放酒精灯，酒精灯下放木块，以便调节火焰高度。将蒸馏装置安装好，将圆底烧瓶球体的2/3进入到水中。
2. 取下温度计套管，用长颈漏斗将60mL工业酒精注入圆底烧瓶内，加入2~3粒沸石，安装好温度计，注意温度计水银球的位置。
3. 开始时用小火加热，观察液体气化情况，并注意温度计读数，当蒸气上升到温度计水银球部时，温度计读数急剧上升，适当调小火焰，使温度计水银球在蒸馏过程中有液滴，保持馏分的流出速度为每秒1~2滴。
4. 当温度计读数上升到78℃左右并稳定时，另换一个洁净、干燥的接受瓶于接液管上，控制加热温度，收集77~79℃的馏分。当温度突然下降或烧瓶内液体量很少时，停止加热。稍冷后关闭冷凝水。量出馏分的体积。

四、思考题

1. 蒸馏时为什么蒸馏瓶所盛液体的量不应超过其容积的2/3，也不可过少？
2. 在进行蒸馏操作时应注意什么问题（从安全和效果两方面考虑）？
3. 在装置中，把温度计水银球插至液面上或者在蒸馏头支管上方是否正确？这样会发生什么问题？

4. 当加热后有馏出液出来时，才发现冷凝管未通水，能否马上通水？如果不行，应怎么办？

5. 如果加热过猛，测定出来的沸点会不会偏高？为什么？

技能训练 4-6　工业丙酮的简单蒸馏

一、训练目标

进一步巩固简单蒸馏方法。

二、实验用品

同技能训练 4-5、工业丙酮。

三、操作步骤

1. 将 15mL 工业丙酮及 15mL 水注入蒸馏烧瓶中，加沸石数粒，安装好蒸馏装置。以量筒作为接受器。

2. 记下 56～62℃、62～72℃、72～98℃、98～100℃时的馏出液体积。

3. 以温度为纵坐标，馏出体积为横坐标，绘出蒸馏曲线（注意保存好所绘制好的图）。

四、思考题

1. 什么情况下接受的为馏头、馏尾和馏分？

2. 拆、装仪器的程序是怎样的顺序？

3. 普通蒸馏的速度为多少较适宜？

技能训练 4-7　苯甲酸乙酯的减压蒸馏

一、训练目标

1. 了解减压蒸馏的目的、意义。

2. 初步掌握减压蒸馏的装置安装及操作方法。

3. 学会使用压力计并能够正确测量压力。

4. 能够正确地安装油泵保护装置。

二、实验用品

圆底烧瓶、克氏蒸馏头、冷凝管、双头真空接受管、茄形瓶（两只）、温度计、抽滤瓶、固定槽式气压计、油泵、冷（凝）阱、吸收瓶（3只）、开口式水银压力计。

冰-水混合物、无水氯化钙、液体石蜡、氢氧化钠、石蜡片。

三、操作步骤

1. 蒸馏部分的安装。

① 依热源高度，将蒸馏瓶用铁夹固定在热源上方，并使烧瓶的圆球部有 2/3 浸入到浴液中。

② 将克氏蒸馏头的磨口接头均匀地涂上一薄层真空油脂，将克氏蒸馏头安装在圆底烧瓶上，并旋动，使之严密。

③ 将装有毛细管的橡胶塞装在克氏蒸馏头上（玻璃管一头拉成毛细管）❶，毛细管应尽量靠近烧瓶底部，但要保证毛细管有一定的出气量。在毛细管上方的玻璃管上套一乳胶管，在乳胶管内插一细金属丝，并用螺旋夹夹住乳胶管。通过调节螺旋夹的松紧，可控制体系的进气量。

---

❶ 复习毛细管的拉制方法（第二章），毛细管可自行拉制，直径为 2mm。

④ 温度计一般用一小段乳胶管固定，乳胶管的粗细应根据温度计的粗细而定，乳胶管内径应略小于温度计的直径，使之与克氏蒸馏头的支管结合严密。温度计水银球的上缘应与克氏蒸馏头的下支管的切口平齐。

⑤ 将冷凝水进出口套上乳胶管，用铁架台上的铁夹固定冷凝管中部，不要夹紧，以便调整冷凝管的位置，在冷凝管磨口处均匀涂上一层真空油脂，将冷凝管与克氏蒸馏头的下支管连接，并旋动冷凝管，使接口严密，然后用铁夹固定好冷凝管。

⑥ 将接液管的支管口接上一耐压橡胶管，磨口处涂上一层薄薄的真空油脂，将接液管与冷凝管连接，并旋动使之密封。

⑦ 将茄形瓶与接液管连接，涂真空油脂，旋动茄形瓶使接口密封。

2. 保护系统的安装。

① 将吸收瓶分别用氧化钙、氢氧化钙、石蜡片填装，填装量应不超过吸收瓶容积的2/3。

② 将冷阱放在盛有冰-水混合物的杜瓦瓶里或大烧杯中。

③ 用耐压橡皮管连接抽滤瓶、冷阱、开口式水银压力计、氯化钙吸收瓶、氢氧化钙吸收瓶、石蜡吸收瓶，石蜡吸收瓶的上口与油泵相连接。

④ 把接液管的支管口用耐压橡皮管与安全瓶连接起来。

3. 空试系统的密封性。

将泵打开，把安全瓶上的放空阀关闭，拧紧毛细管上的螺旋夹，待压力稳定后，观察压力计（表）上的读数，应达到约 1.3kPa（10mmHg）。否则说明系统有漏气。应排除漏气，重新空试，直到压力稳定并达到所要求的真空度。

4. 减压蒸馏。

① 经检查实验装置符合要求后，在常压下取下毛细管，将 20mL 苯甲酸乙酯通过长颈漏斗注入圆底烧瓶中，小心插上毛细管。打开安全瓶上活塞，开泵抽气，再缓慢关闭安全瓶上的活塞，调整毛细管上的螺旋夹，使毛细管在液体中产生连续平稳的小气泡。

② 开启冷凝水，调节安全瓶上活塞，使系统内压力读数为 $5\times1.3\sim10\times1.3$ kPa，用热源加热，控制浴温比蒸馏液体的沸点高出 $20\sim30$ ℃，使馏分流出速度为每秒 $1\sim2$ 滴，当系统达到稳定时，立即记下压力和温度，作为第一组数据。然后移去热源，再调节安全瓶上的活塞，调节压力为 $10\times133.3\sim20\times133.3$ Pa，重新加热蒸馏，记下第二组数据；再调节压力读数为 $20\times133.3\sim40\times133.3$ Pa，记下第三组数据。将上述三组数据记录在下表中，再根据文献找出相应压力下的沸点温度（参照表 4-5）。

编　号	压力/Pa	实际温度/℃	文献温度/℃
1			
2			
3			

表 4-5　苯甲酸乙酯压力与沸点的关系

压力/kPa	0.133	0.665	1.33	2.66	5.32	7.98	13.3	26.6	53.2	101.1
沸点/℃	44.0	72.0	86.0	101.4	118.2	129	143.0	164.8	188.4	213.4

5. 停止蒸馏时，先移去热源，旋开毛细管上的螺旋夹，再缓慢打开安全瓶上的活塞，使真空慢慢解除，当水银压力计恢复原状时，再关闭油泵，将装置拆卸、洗净、放好。

四、思考题
1. 减压蒸馏时，为什么先抽真空后加热？
2. 减压蒸馏操作中应注意什么？
3. 减压蒸馏是否可以用明火加热，为什么？
4. 吸收塔的作用是什么？
5. 如何检验系统的气密性？

技能训练 4-8　粗苯甲酸乙酯的水蒸气蒸馏

一、训练目标
初步掌握水蒸气蒸馏的操作方法。

二、实验用品
水蒸气发生器、圆底烧瓶、三口烧瓶、直形冷凝管、三通管、蒸汽导管、接液管、螺旋夹。
粗苯甲酸乙酯。

三、操作步骤
1. 按图 4-32 安装好水蒸气蒸馏装置。
2. 于三口烧瓶中加入 10mL 粗苯甲酸乙酯。
3. 于水蒸气发生器内加入容积 2/3 体积的水，插上安全管，使安全管下端接近发生器底部。
4. 检查各连接处是否安装严密。
5. 打开三通管的螺旋夹，并通入冷凝水。
6. 加热水蒸气发生器，当三通管支管口有水蒸气喷出时，用螺旋夹将橡皮管夹紧。注意加热速度，以 2～3 滴/s 为宜。如果由于水蒸气冷凝而使烧瓶内液体量增多时，可用小火加热烧瓶，但应注意瓶内溅跳现象，若溅跳剧烈，则应停止加热。
7. 当流出液澄清不再有油珠时停止加热（可用表面皿取出少量液体，于日光灯或日光下观察是否有油珠状的有机物）。
8. 停止加热时，应先打开螺旋夹，再移去热源，待液体稍冷后，将水蒸气发生器与蒸馏系统断开，拆除仪器。馏出液倒入分液漏斗，静止分层，将油层放入锥形瓶中。

四、思考题
1. 水蒸气蒸馏有何实际意义？
2. 如何判断水蒸气蒸馏的终点？

技能训练 4-9　工业乙醇混合物的分馏

一、训练目标
1. 了解分馏的原理。
2. 掌握分馏的装置安装及操作。
3. 学习鉴定有机化合物纯度的方法。

二、实验用品
圆底烧瓶、韦氏分馏柱、温度计及套管（150℃）、蒸馏头、直形冷凝管、双头接液管、茄形瓶、水浴锅（或电热套）、量筒、沸石、漏斗、密度计。
工业乙醇（60%）。

三、操作步骤

1. 安装好分馏装置并将待分馏的工业乙醇 100mL 加入到烧瓶中。加入几粒沸石,通入冷凝水。

2. 缓慢用水浴加热至沸腾,观察蒸气沿分馏柱上升的情况,注意控制好温度,控制蒸气缓慢上升到柱顶,待蒸气停止上升时,提高热源温度,使蒸气上升到分离柱顶部进入支管,温度上升速度加快,蒸气进入冷凝管被冷凝成液体,开始有蒸馏液流出。当温度恒定不变时(此时蒸气温度约为78℃),更换一只新的接收器,并记录第一滴馏出液进入分馏瓶时的温度,控制加热温度,使流出速度为 1 滴/2~3s。

3. 当蒸气温度持续上升(约1℃),即可停止加热。待系统稍冷却后,即可拆下分馏装置。

4. 用量筒量取蒸出液体积,并用酒精密度计测定其相对密度;或取 3~4 滴蒸馏液测定并记录其折射率。记录蒸出液的温度范围、体积以及初馏液和残留液的体积。参照表 4-6 和表 4-7 可知经分馏得到的乙醇的纯度(质量分数),记入实验结果。

表 4-6 乙醇的折射率及沸点

项目	无水乙醇	95%乙醇
沸点/℃	78.5	78.15
折射率	1.3611	

表 4-7 乙醇的相对密度与质量分数表

相对密度	质量分数/%	相对密度	质量分数/%	相对密度	质量分数/%
0.934 02	49.6	0.902 1	65	0.858 3	82
0.934 63	49.9	0.899 7	66	0.855 4	83
0.934 4	50	0.897 4	67	0.855 2	84
0.932 5	51	0.894 9	68	0.849 6	85
0.930 5	52	0.892 5	69	0.846 5	86
0.928 5	53	0.889 0	70	0.843 5	87
0.926 4	54	0.887 5	71	0.840 0	88
0.924 4	55	0.885 0	72	0.837 2	89
0.922 2	56	0.882 5	73	0.833 9	90
0.920 1	57	0.879 9	74	0.830 6	91
0.918 0	58	0.877 3	75	0.827 6	92
0.915 8	59	0.874 7	76	0.823 6	93
0.913 6	60	0.872 1	77	0.819 9	94
0.911 3	61	0.869 4	78	0.816 1	95
0.910 1	62	0.866 7	79	0.812 1	96
0.908 6	63	0.863 9	80	0.807 9	97
0.904 4	64	0.861 1	81		

四、思考题

1. 简述分馏柱中的填料在分离混合物时的作用。
2. 在分馏装置中,若分离装置倾斜,会产生什么结果?
3. 根据实验,简述分馏时保温的重要性。

技能训练 4-10 工业丙酮的分馏

一、训练目标

1. 了解分馏的原理。

2. 掌握分馏的装置安装及操作。
二、实验用品
同技能训练 4-9、工业丙酮。
三、操作步骤
1. 安装好分馏装置，将 15mL 工业丙酮及 15mL 水加入蒸馏瓶中，加数粒沸石。
2. 通入冷凝水，开始加热，注意升温速度。
3. 按技能训练 4-5 的方法，记录各温度段分馏出的液体体积，画出分馏曲线。
四、思考题
1. 温度计水银球的位置，对温度测量有什么影响？
2. 预泛液操作的目的是什么？
3. 当加热速度慢时，分馏柱中会出现什么现象？
4. 简述蒸馏曲线与分馏曲线的不同之处。

技能训练 4-11 乙酸异戊酯的制备

一、训练目标
1. 熟悉酯化反应原理，掌握乙酸异戊酯的制备方法。
2. 熟练掌握带有水分离器的回流装置的安装与操作。
3. 进一步掌握干燥剂的选用；熟练掌握利用蒸馏纯化液体产品的操作技术。
二、实验原理
乙酸异戊酯为无色透明液体。沸点 142℃，不溶于水，易溶于醇、醚等有机溶剂。因具有令人愉快的香蕉气味，又称作香蕉油。用于溶剂、萃取剂、香料和化妆品的添加剂等。也是一种昆虫信息素。
本实验用冰乙酸和异戊醇在浓硫酸催化下发生酯化反应制取乙酸异戊酯。反应如下

$$CH_3COOH + (CH_3)_2CHCH_2CH_2OH \xrightleftharpoons{\text{浓 } H_2SO_4} CH_3COOCH_2CH_2CH(CH_3)_2 + H_2O$$
$$\text{乙酸} \qquad\qquad \text{异戊醇} \qquad\qquad\qquad\qquad \text{乙酸异戊酯}$$

由于酯化反应是可逆的，本实验除了让反应物之一冰乙酸过量外，还采用了带有水分离器的回流装置，使反应中生成的水被及时分出，以破坏平衡，使反应向右进行。
三、实验用品
圆底烧瓶（250mL，2 个）、分液漏斗（100mL，1 个）、球形冷凝管（1 支）、锥形瓶（100mL，2 个）、水分离器（1 支）、温度计（200℃，1 支）、蒸馏头（1 个）、电热套或油浴锅和电炉与调压器（1 套）、应接管（1 个）、直形冷凝管（2 支）。
冰乙酸（11.5mL，0.20mol）、饱和氯化钠溶液（10mL）、异戊醇（18mL，0.166mol）、无水硫酸镁（2g）、浓硫酸（2mL）、甘油、碳酸氢钠溶液（30mL，质量分数 5%）。
四、操作步骤
1. 酯化。在 250mL 干燥的三口烧瓶中，加入 18mL 异戊醇、11.5mL 冰乙酸，振摇下缓慢加入 2mL 浓硫酸，再放入几粒沸石。参照图 4-39 安装带有水分离器的回流装置。用电热套（或甘油浴）加热回流，至水分离器中水层不再增加为止。反应约 1.5h。
2. 洗涤。撤去热源，稍冷，拆除回流装置。待烧瓶中的反应液冷至室温后，将其倒入分液漏斗中，用 30mL 冷水淋洗烧瓶内壁，洗涤液并入分液漏斗。充分振摇，静置。待分层明显

后，分去水层。有机层用 30mL 碳酸氢钠溶液分两次洗涤。最后再用 10mL 饱和氯化钠溶液洗涤一次。分去水层，有机层倒入干燥的锥形瓶中。

3. 干燥。在盛有粗产品的锥形瓶中加入约 2g 无水硫酸镁，配上塞子，充分振摇至液体澄清透明，放置 30min。

4. 蒸馏。安装一套干燥的普通蒸馏装置。将干燥好的粗酯小心地滤入烧瓶中，放入几粒沸石，加热蒸馏，收集 138~142℃ 馏分，称量并计算产率。

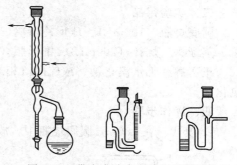

图 4-39 带有水分离器的回流装置

五、注意事项

1. 加浓硫酸时，若瓶壁发热，可将烧瓶置于冷水浴中冷却，以防止正丁醇被氧化。
2. 碱洗时，应注意及时排出生成的二氧化碳气体。
3. 水分离器中要事先充满水至比支管口略低处，并放出比理论出水量稍多些的水。
4. 分出水量 2.5~2.7mL，可根据出水量初步估计酯化反应进行的程度。
5. 加饱和食盐水利于水层与有机层快速、明显地分层。

六、思考题

1. 制备乙酸异戊酯时，回流装置和蒸馏装置为什么必须使用干燥的玻璃仪器？
2. 回流前，水分离器为什么要充水？
3. 碱洗时，为什么会有二氧化碳气体产生？
4. 在分液漏斗中进行洗涤操作时，粗产品在哪一层？

技能训练 4-12　1-溴丁烷的制备

一、训练目标

1. 掌握以醇为原料制备卤代烃的原理和方法；
2. 掌握带有吸收有害气体装置的回流操作方法；
3. 能利用正丁醇与溴化钠制备 1-溴丁烷。

二、实验原理

1-溴丁烷也称正溴丁烷。无色透明液体，沸点 101.6℃，不溶于水，易溶于醇、醚。是麻药盐酸丁卡因的中间体，也用于生产染料和香料。

本实验中 1-溴丁烷由正丁醇与溴化钠、浓硫酸共热制得。

主反应　　　　　$NaBr + H_2SO_4 \rightleftharpoons HBr + NaHSO_4$

　　　　　　$CH_3CH_2CH_2CH_2OH + HBr \rightleftharpoons CH_3CH_2CH_2CH_2Br + H_2O$

副反应　　　$CH_3CH_2CH_2CH_2OH \xrightarrow{\triangle} CH_3CH_2CH=CH_2 + H_2O$

　　　　　$2CH_3CH_2CH_2CH_2OH \xrightarrow[H_2SO_4]{\triangle} CH_3CH_2CH_2CH_2OCH_2CH_2CH_2CH_3 + H_2O$

　　　　　　　$2HBr + H_2SO_4 \xrightarrow{\triangle} Br_2 + SO_2\uparrow + 2H_2O$

主反应为可逆反应，为使反应向右移动，提高产率，本实验采用增加溴化钠和硫酸的用量，即保证溴化氢有较高的浓度，以加速正反应的进行。

三、实验用品

圆底烧瓶（100mL）、球形冷凝管、温度计、直形冷凝管、玻璃漏斗、分液漏斗、应接管、蒸馏头、烧杯（200mL）、锥形瓶（100mL）、电热套、漏斗。

正丁醇、无水溴化钠、浓硫酸（相对密度 1.84）、碳酸钠溶液（质量分数 10%）、无水氯化钙。

四、操作步骤

1. 溴代。在 100mL 圆底烧瓶中，放入 15mL 水，慢慢地加入 15mL 浓硫酸，混合均匀并冷却至室温。然后加入 10mL 正丁醇、12.5g 研细的无水溴化钠，充分振摇，再投入几粒沸石。装上球形冷凝管及气体吸收装置见图 4-40。用电热套加热，缓慢升温，使反应呈微沸，并经常振摇烧瓶，回流约 1h。

2. 蒸馏。冷却后，改为蒸馏装置，添加沸石，加热蒸馏至无油滴落下为止。烧瓶中的残液趁热倒入废液缸中，防止硫酸氢钠冷却后结块，不易倒出。

3. 水洗。将蒸出的粗 1-溴丁烷转入分液漏斗中，用 15mL 水洗涤，小心地将下层粗产品转入一个干燥的锥形瓶中。

4. 酸洗。向盛有粗产品的锥形瓶中滴加 5mL 浓硫酸，至溶液明显分层且上层的粗产品呈现透明（不断振摇锥形瓶，若瓶壁发热，可置冷水浴中冷却）。将此混合液倒入干燥的分液漏斗中，静置分层后，仔细地分去下层酸液。

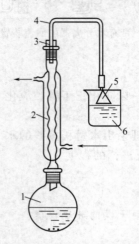

图 4-40 带有气体吸收的回流装置
1—圆底烧瓶；2—冷凝管；3—单孔塞；
4—导气管；5—漏斗；6—烧杯

5. 水洗、碱洗、水洗。分液漏斗中的有机层依次用 10mL 水、15mL 碳酸钠溶液、10mL 水洗涤后，将下层产品放入一干燥的锥形瓶中。

6. 干燥。在盛有粗产品的小锥形瓶中加入 2g 无水氯化钙干燥，配上塞子，充分摇动至液体澄清透明，并静止 30min。

7. 蒸馏。将干燥后的液体通过漏斗（漏斗口处铺一薄层棉花）滤入蒸馏烧瓶中，投入 1~2 粒沸石，加热蒸馏，收集 99~103℃ 的馏分。称重并计算产率。

纯 1-溴丁烷为无色透明液体，沸点 101.6℃，相对密度 1.2758。

五、注意事项

1. 采用 1∶1 硫酸，一方面减少副产物正丁醚和丁烯的生成，另一方面吸收来不及反应的溴化氢气体，尽量避免其逸出。

2. 如在加料过程中及反应回流时不摇动，将影响产量。

3. 吸收液用水即可。漏斗口恰好接触到水面，切勿浸入水中，以免倒吸。

4. 溴丁烷是否蒸完，可以观察馏液是否由混浊变为澄清，蒸馏烧瓶中上层油层是否蒸完。也可取一支试管收集几滴馏液，加入少许水摇动，如无油珠出现，则表示有机物已被蒸完。

5. 用水洗去溶在溴丁烷中的溴化氢。否则滴加浓硫酸后，溶液会变为红色并有白烟产生。

6. 浓硫酸洗是为了洗去粗产品中的正丁醚和丁烯等杂质。

六、思考题

1. 本实验根据哪种原料的用量计算产率？计算结果是多少？

2. 加热后反应液呈红色是何缘故？它是如何产生的？
3. 粗溴丁烷中的少量正丁醚和丁烯等杂质是如何除去的？然后依次用水、碳酸钠溶液洗涤的目的是什么？
4. 在本实验操作中，如何减少副反应的发生？

第四节 萃取分离技术

1. 了解萃取分离的基本原理。
2. 熟练掌握萃取操作的方法。
3. 了解微型萃取装置及其使用方法。

萃取是在混合物中加入某种溶剂，利用混合物中各种成分在该溶剂中溶解度的不同而将它们分离的过程。这是萃取的广义概念。

利用另一种互不相溶的溶剂从溶液中分离提取某一溶质的过程，称为萃取。这是萃取的狭义概念。

本节采用化学化工领域已广泛接受的广义的萃取概念，将萃取分为液-液萃取和固-液萃取予以介绍。至于所谓"气-液萃取"，虽在概念上讲得通，但从不在萃取中讨论，而是归于"吸收"范畴，已不在本书范围。

一、液-液萃取

1. 液-液萃取的原理

液-液萃取是利用物质在两种互不相溶溶剂中溶解度的不同，使其从一溶剂转移到另一种溶剂而实现分离的。萃取遵循分配定律进行。如果一种物质溶解在两种互不相溶的溶剂中，则达到平衡时该物质在两液相中浓度的比值为一常数。此即分配定律，其数学式为：

$$K = \frac{c_a}{c_b} = 常数$$

式中 K——分配系数；

c_a——被萃取物质溶于萃取剂 a 中的质量浓度；

c_b——被萃取物质溶于原溶剂 b 中的质量浓度。

分配系数 K 反映了某溶质在两相溶剂中溶解的属性，K 值大则溶质多溶于萃取剂 a 中，而少溶于原溶剂 b 中。显然，分配系数愈大，萃取分离的效果愈好。表示萃取效率的量叫萃取率，用 E 表示。

$$E = \frac{被萃取物质在萃取剂中的总量}{被萃取物质的总量} \times 100\%$$

通过一次萃取，往往不能获得满意的萃取率；如欲萃取尽量完全，则需连续多次萃取。计算被萃取物质经萃取后剩余量的公式如下：

$$m_n = m_0 \left(\frac{V_{原}}{KV_{萃} + V_{原}} \right)^n$$

式中 m_n——萃取后剩余被萃取物质（仍溶于原溶剂中）的质量，g；

m_0——萃取前原溶液中含被萃取物质的质量，g；
$V_原$——原溶液的体积，mL；
$V_萃$——每次用萃取剂的体积，mL；
K——分配系数；
n——萃取次数。

例如，取 100mL 含 I_2 10mg 的水溶液，用 90mL CCl_4 分别按不同方式萃取：（1）90mL 一次萃取；（2）每次用 30mL，分三次萃取。已知 $K=85$，试比较其萃取率。

用 90mL 一次萃取时：

$$m_1 = 10 \times \left(\frac{100}{85 \times 90 + 100}\right)^1 = 0.13 \text{（mg）}$$

$$E = \frac{10 - 0.13}{10} \times 100\% = 98.7\%$$

每次用 30mL 分三次萃取时：

$$m_2 = 10 \times \left(\frac{100}{85 \times 30 + 100}\right)^3 = 5.4 \times 10^{-4} \text{（mg）}$$

$$E = \frac{10 - 5.4 \times 10^{-4}}{10} \times 100\% = 99.995\%$$

显然，用同样体积的萃取剂，萃取次数越多，萃取率越高。

应当注意，萃取次数越多，引进误差的机会越多。

故而应根据萃取率的要求决定萃取次数。对微量元素的分离，一般要求萃取率为 95% 甚至 85% 以上，对常量元素的分离要求萃取率为 99.9% 以上。因此，萃取次数 3～5 次即可。

2. 萃取剂的选择

萃取剂，要根据被萃取物质的溶解能力及萃取剂的性质选择。难溶于水的物质用石油醚等萃取，较易溶于水的物质用苯或乙醚等萃取，水溶性大的物质用乙酸乙酯或类似溶剂来萃取。萃取剂对被萃取物质的溶解能力要大而对杂质的溶解能力要小。萃取剂的沸点不宜过高，否则溶剂不易回收，并可能使产品在回收溶剂时被破坏。萃取剂的毒性要小或者无毒性。萃取剂的稳定性要好，挥发性小，不易燃烧。萃取剂的密度与原溶剂的密度差别要大，黏度要小。一般来说与水不相溶的有机溶剂都可作水溶液的萃取剂。溶剂按性质分为酸性溶剂、碱性溶剂、两性溶剂、惰性溶剂四大类。用做萃取剂的主要有苯、汽油、环己烷、戊醇、环己醇、甲基异丁基酮、丙酮、环己酮、乙醚、乙二醇、二硫化碳、氯仿、四氯化碳、乙酸乙酯、乙酸戊酯等。

此外，在萃取水溶液时，加入一定量的电解质（如氯化钠），利用"盐析效应"以降低有机物和萃取溶剂在水溶液中的溶解度，可提高萃取收率。

3. 液-液萃取的装置

液-液萃取装置如图 4-41 所示。最常用的萃取器皿为分液漏斗，常见的有圆球形、圆筒形和梨形三种如图 4-42 所示。

分液漏斗从圆球形到长的梨形，其漏斗越长，振摇后两相分层所需时间越长。因此，当两相密度相近时，采用圆球形分液漏斗较合适。一般常用梨形分液漏斗。

无论选用何种形状的分液漏斗，加入全部液体的总体积不得超过其容量的 3/4。

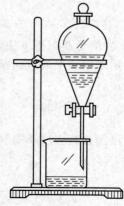

图 4-41 液-液萃取装置

检查塞子和活塞是否与分液漏斗配套,需干燥的分液漏斗,检查活塞是否洁净、干燥。把凡士林均匀地涂在活塞孔的两侧,转动活塞使其均匀透明,注意不要堵塞塞孔。漏斗上口的塞子不得涂凡士林。在活塞的凹槽处套上橡皮筋,防止操作过程中因活塞的松动而漏液或因活塞的脱落造成实验失败。盛有液体的分液漏斗,将其放在用棉绳或塑料膜缠扎好的铁圈上,铁圈则牢固地被固定在铁架台的适当高度,从漏斗口接收放出液体的容器内壁都应贴紧漏斗颈。

4. 液-液萃取的操作

① 检查分液漏斗活塞及塞子是否漏液。在分液漏斗中加入一定量的水,将上口塞子盖好,上下摇动,检查上下口是否漏水。旋动活塞,检查活塞是否旋动灵活。若活塞口有漏液,可将塞心取出擦干,重新涂一薄层凡士林。

② 将分液漏斗固定放在铁圈中,如图4-41所示。关好活塞,将被萃取溶液通过普通漏斗倒入分液漏斗中,加入萃取剂,其加入量约为被萃取液的1/3,塞上塞子。

③ 振荡方法如图4-43所示。将分液漏斗的下口略朝上,右手的拇指和中指捏住上口瓶颈部,食指压紧上口玻璃塞,左手牢牢握住活塞,因为两种互不溶的溶剂在混合时产生的压力会将塞子从分液漏斗顶出。以左手的拇指和食指控制活塞。

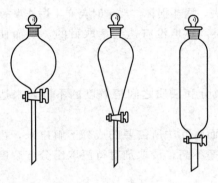

图 4-42 分液漏斗

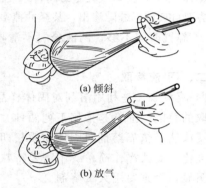

图 4-43 分液漏斗的振荡操作方式

将漏斗放平,前后摇动或做圆周运动,使两相完全接触。在振荡过程中,应注意下口应稍向上倾斜,不断打开活塞排气(注意不要对着人)。特别是在使用石油醚、乙醚等低沸点的溶剂或用稀碳酸钠、碳酸氢钠等碱性萃取剂从有机相分离酸性杂质时,更应及时排气。经过几次放气后,随振荡时间的增加,可适当延长平衡气压的时间间隔。待压力减小后,再重复上述操作数次后,将漏斗置于铁架台上的铁圈上,静置。待两相界面分层清晰时,可进行分液操作。

④ 分液时,打开漏斗上口塞子或将塞子上的小槽对准漏斗的通气孔,慢慢旋开下口活塞,将下层液体从活塞口放入已干燥好的烧杯或锥形瓶中,如两相界面有絮状物,也要一起分离掉。在萃取相(如水相)中再加入新的萃取剂继续萃取。

⑤ 萃取次数一般为3~5次,合并萃取相。于萃取液中加入合适的干燥剂进行干燥。干燥后,蒸去溶剂,再根据蒸馏物的性质,选择合适的纯化方法,再次提纯。

⑥ 上层液体由上口倒入到另一准备好的锥形瓶中,切不可将上层液由活塞放出,以免被残留在漏斗颈内的下层液体玷污。

在萃取中,上下两层液体都应保留,不要丢弃,以防止发生差错时,还可以有补救措施。

5. 液-液萃取的注意事项

① 若萃取溶剂为易生成过氧化物的化合物(如醚类)且萃取后为进一步纯化需蒸去此

溶剂，则在使用前，应检查溶剂中是否含过氧化物，如含有，应除去后方可使用。

② 分液漏斗中的液体不可太多，装入量不要超过分液漏体积的 2/3，液体太多，会影响分离效果。

③ 萃取过程中可能会产生两种问题。一是萃取时剧烈的摇振会产生乳化现象，使两相界面不清，难以分离。引起这种现象往往是存在浓碱溶液，或溶液中存在少量轻质沉淀，或两液相的相对密度相差较小，或两溶剂易发生部分互溶。破坏乳化现象的方法是较长时间静置，或加入少量电解质（如氯化钠），或加入少量稀酸（对碱性溶液而言），或加热破乳，还可以滴加乙醇。二是在界面上出现未知组成的泡沫状的固态物质，遇此问题可在分层前过滤除去，即在接受液体的瓶上置一漏斗，漏斗中松松地放少量脱脂棉，将液体过滤，见图 4-44。

④ 液体分层后应正确判断有机相和水相，一般可根据密度来确定，密度大的在下面，密度小的在上面。

⑤ 若使用低沸点、易燃的溶剂，操作时附近的火都应熄灭，并且当实验室中操作者较多时，要注意排风，保持空气流通。

⑥ 摇振时，上口气孔未封闭，致使溶液漏出，或者不经常开启活塞放气，使漏斗内压力增大，溶液自玻璃塞缝隙渗出，甚至冲掉塞子。溶液漏失，漏斗损坏，严重时会产生爆炸事故。

⑦ 静置时间不够，两液分层不清晰时分出下层，不但没有达到萃取目的，反而使杂质混入。

二、固-液萃取

固-液萃取，是利用溶剂对固体样品中被提取成分和杂质之间溶解度的不同，来达到分离提取的目的。通常是采用下列两种方法。

浸取法，依靠溶剂对固体物质长期的浸润溶解而将其中所需要的成分溶解出来，再进行分离纯化。此法操作简单、不需要特殊器皿，但效率不高，浸取剂对待浸取组分溶解度大时效果明显，否则要用大量溶剂。

连续萃取法，是循环使用一定量的萃取剂，并保持萃取在萃取剂体积稳定不变的条件下进行的萃取方法。这种方法效率高且节约溶剂。实验室中常使用索氏萃取器来进行萃取。

1. 索氏萃取器装置

索氏萃取器如图 4-45 所示，下部为圆底烧瓶，放置萃取剂，中间为提取器，放被萃取的固体物质，上部为冷凝器。提取器上有蒸气上升管和虹吸管。虹吸管下部与烧瓶相通。

图 4-44　分液过滤示意图

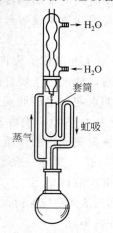

图 4-45　索氏萃取器装置

按由下而上的顺序，先调节好热源的高度，以此为基准，然后用万能夹固定住圆底烧瓶。其上装提取器，将装有固体物质的滤纸筒放入提取器内。滤纸筒大小既要紧贴器壁，又要能方便取放，其高度不得超过虹吸管，纸套上面可折成凹形，以保证回流液均匀浸润被萃取物。在提取器上面放置球形冷凝管并用万能夹夹住，调整角度，使圆底烧瓶、提取器、冷凝管在同一条直线上且垂直于实验台面。

2. 索氏萃取器的操作

① 研细固体物质，以增加液体浸润的面积，然后将固体物质放在滤纸筒内，上下口包紧，以免固体漏出。纸筒不宜包得过紧，过紧会缩小固-液的接触面积，但过松，滤纸筒不便取放。置于提取器中，按图 4-45 所示装好。

② 于提取器上口加入萃取剂，液体通过虹吸流入烧瓶，加入萃取剂量应视提取时间和溶解程度而定。通冷凝水，选择适当的热浴进行加热。当萃取剂沸腾时，蒸气通过玻管上升，在冷凝管内冷凝为液体，滴入提取器中。

③ 当液面超过虹吸管的最高处时，即虹吸流回烧瓶，因而萃取出溶于萃取剂的部分物质。就这样利用回流、溶解和通过虹吸管的循环使固体中的可溶物质富集到烧瓶中。然后用其他方法将萃取到的物质从溶液中分离出来。

④ 在提取过程中，应注意调节温度。因在提取过程中，会因温度过高被提取的溶质会在烧瓶壁上结垢或炭化。

⑤ 注意，用滤纸套装研细的固体物质时要谨慎，防止漏出堵塞虹吸管；在圆底烧瓶内要加入沸石。

三、微型萃取

1. 微型液-液萃取

适合于被萃取的溶液为 2～3mL，甚至几十微升。萃取装置是离心管配以毛细滴管，如图 4-46(a) 所示。

萃取操作方法是将被萃取溶液和萃取剂放入到合适的离心管中，用毛细滴管向液体中鼓气，搅动液体，使液-液充分接触，也可将离心管加盖振荡，注意开塞放气。放置分层后，用毛细滴管将萃取相吸出，移入另一离心管，如此反复操作，将萃取液合并。干燥，根据具体要求作进一步提纯。

*2. 微型固-液萃取

萃取装置是圆底烧瓶、微型蒸馏头和冷凝管，如图 4-46(b) 所示。

萃取操作方法是将固体混合物研细后置于微型蒸馏头的承接阱中，在阱中加满萃取剂，烧瓶中加适量萃取剂，加热，烧瓶中的萃取剂蒸发后，冷凝流入承接阱，再由承接阱溢出进入烧瓶，如此反复，混合物中的组分不断被提取，溶入萃取剂流入烧瓶中。

图 4-46(c) 的萃取装置为简易微型提取器，适用于被萃取物的溶解度较小的情况。

萃取操作方法是将待萃取固体放在折叠好的滤纸中，加热回流，使所要萃取的物质进入烧瓶的溶剂中。

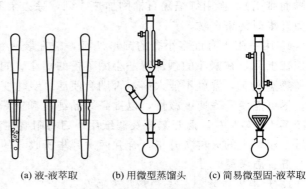

(a) 液-液萃取　　(b) 用微型蒸馏头　　(c) 简易微型固-液萃取

图 4-46　微型萃取装置

思 考 题

1. 如何提高萃取收率？
2. 索氏萃取器萃取样品与一般浸泡萃取相比有哪些优点？

技能训练4-13　茶叶中提取咖啡因

一、训练目标

1. 了解从茶叶中提取咖啡因的原理和方法。
2. 学习用索氏萃取器萃取的操作技术。
3. 学习升华提纯的操作技术。

二、实验原理

茶叶中含有多种生物碱，其中以咖啡碱（又称咖啡因）为主，其含量为3%～5%。此外，还含有单宁酸、没食子酸及色素、纤维素、蛋白质等。含结晶水的咖啡因为无色针状结晶，味苦，置于空气中可风化，易溶于水、乙醇、氯仿、丙酮等。微溶于石油醚，难溶于苯和乙醚。在100℃时失去结晶水并升华，120℃时升华显著，在178℃时升华速度达到最快。无水咖啡因的熔点为238℃。

本实验从茶叶中提取咖啡因时，用乙醇做溶剂，在索氏萃取器中连续抽提，然后浓缩，即可得粗咖啡因，利用升华或结晶可作进一步提取。

三、实验用品

索氏萃取器1只、蒸发皿1只、圆底烧瓶1只、水浴锅、直形冷凝管、接液管、锥形瓶、玻璃漏斗、温度计、滤纸套筒。

95%乙醇、茶叶末、氧化钙。

四、操作步骤

1. 称取10g茶叶末，装入滤纸套筒内，筒的上口用滤纸盖好，将滤纸筒小心插入提取器中。取80mL 95%乙醇加入到圆底烧瓶中，加几粒沸石，按图4-45安装好装置。

2. 水浴加热至沸腾，连续萃取2～3h，当萃取液颜色很淡时，待冷凝液刚刚经虹吸管流下去时，即可停止加热。

3. 待烧瓶中萃取液稍冷后，将装置改为蒸馏装置，水浴加热，蒸馏回收萃取液中的大部分乙醇。烧瓶中剩余10～15mL溶液时，停止加热，将残液倒入蒸发皿中，加入2～3g研细的生石灰（吸收水分，中和溶液），在蒸汽浴上蒸干（注意用搅棒不断搅拌，以免溶液因沸腾而溅出），再用灯焰隔石棉网加热片刻，除去余下水分，冷却后，擦去沾在边上的粉末，以免升华时污染产物。

4. 用一张带有许多小孔的圆形滤纸，盖在装有粗咖啡因的蒸发皿上，取一只合适的漏斗盖在上面，在漏斗的颈部塞一小团疏松的棉花。如图4-16(a)所示，在石棉网或沙浴上小心加热蒸发皿，温度不能太高，否则会使滤纸炭化变黑，将有色物带到产品中，造成产品不纯。尽可能使升华速度减慢，以提高结晶纯度和产量。当发现有棕色烟雾时，应暂停加热，待冷至100℃左右，揭开漏斗及滤纸用小刀将附着在滤纸及漏斗上的咖啡因刮下。残渣经搅拌后，用略大的火再次升华，合并两次升华所收集的咖啡因于表面皿上，称量并测熔点。

五、思考题

1. 升华操作时，应注意哪几方面？
2. 除了升华提纯方法外，还可采取哪种办法提纯咖啡因？

3. 若滤纸包中的茶叶末漏出，有可能出现什么情况？

技能训练 4-14　液-液萃取操作练习

一、训练目标

掌握用分液漏斗萃取的操作方法。

二、实验用品

分液漏斗、铁架台、铁圈、锥形瓶。

二氯甲烷、5%苯酚溶液、1%氯化铁。

三、操作步骤

1. 将 20mL 5%的苯酚溶液加入分液漏斗中，再向其中加入 20mL 二氯甲烷溶液，盖上上口玻璃塞。

2. 按图 4-43 方式振动分液漏斗，开始时，每振动几下后，应及时打开下口活塞放出二氯甲烷蒸气（注意下口向上倾斜，并不要对着人，以免试剂喷出），重复数次。萃取完成后，将分液漏斗放入铁架台上的铁圈内，静置分层。

3. 待液体分成清晰的上下两层后，将上口玻璃塞取下或将玻璃塞上的小槽对准漏斗的通气孔，然后小心地缓慢旋开下口的活塞，将下层液收集到一个已烘干的锥形瓶中。上层溶液从上口倒出到另一锥形瓶中。

4. 另取 20mL 5%的苯酚溶液，放入到已洗净的分液漏斗内，用 20mL 二氯甲烷分两次萃取，每次 10mL，将两次萃取分离出来的二氯甲烷收集到一起，并从上口将上层溶液放入一锥形瓶中。

5. 取 5%的苯酚溶液，经一次萃取后和二次萃取后的水溶液各 2 滴，放入到点滴板上，各加入 1 滴 1%氯化铁溶液，观察比较三种溶液的颜色。

四、思考题

1. 萃取液二氯甲烷应在上层还是下层？
2. 简述萃取的基本原理。
3. 观察比较苯酚萃取前后三种水溶液，经 $FeCl_3$ 鉴别的颜色，会得到什么结论？

第五节　离子交换分离技术

1. 了解离子交换分离技术的基本原理。
2. 能正确选择和使用离子交换树脂。
3. 能够填充离子交换柱，并用离子交换法制取纯水。

一、离子交换分离法

离子交换法是利用离子交换树脂与溶液中离子发生交换反应而使离子分离的方法。各种离子与离子交换树脂交换能力不同，被交换到离子交换树脂上的离子可选用适当的洗脱剂依次洗脱，从而达到彼此之间的分离。与溶剂萃取不同，离子交换分离是基于物质在固相和液相之间的分配。离子交换分离法分离效率高既能用于带相反电荷的离子间的分离,也能实现带相同电荷的离子间的分离。某些性质极其相近的物质如 Nb 和 Ta、Zr 和 Hf 的分离,稀土元素之间的互相分离都可用离子交换分离法来完成。离子交换分离法还可以用于水中各种离子的分离来制备纯水,用于微量元素、痕量物质的富集和提取,蛋白质、核酸、酶等生物活性物质的纯化等。离子交换法所用设备简单,操作也不复杂,交换容量可大可小,树脂还可反复再生使用。因此在工业生产及分析研究上应用广泛。

二、离子交换树脂的种类

离子交换树脂的种类很多,主要分为无机离子交换剂和有机离子交换剂两大类。它是一种半透明或不透明的球状人工合成的高分子聚合物,颜色有浅黄色、黄色、棕色等,具有网状结构的骨架部分。在水、酸、碱中难溶,对有机溶剂、氧化剂、还原剂和其他化学试剂具有一定的稳定性,对热也比较稳定。在骨架上连接有可以与溶液中的离子起交换作用的活性基团,如 —SO_3H、—COOH 等,根据可以被交换的活性基团的不同,离子交换树脂分为阳离子交换树脂、阴离子交换树脂和特殊离子交换树脂(螯合树脂)等类型。

1. 阳离子交换树脂

能够交换阳离子的树脂为阳离子交换树脂。这类树脂的活性基团为酸性,如 —SO_3H、—COOH、—OH 等。根据活性基团离解出 H^+ 能力的大小,阳离子交换树脂分为强酸型和弱酸型两种。强酸型树脂含有磺酸基(—SO_3H),用 R—SO_3H 表示;弱酸型树脂含有羧基(—COOH)或酚羟基(—OH),用 R—COOH、R—OH 表示。R—SO_3H 在酸性、碱性和中性溶液中都可应用,其交换反应速度快,与简单的、复杂的、无机的和有机的阳离子都可以交换,应用广泛。R—COOH 在 pH>4,R—OH 在 pH>9.5 时才具有离子交换能力,但选择性较好,可用于分离不同强度的有机碱。

当树脂被浸泡在水中溶胀时,树脂中磺酸基团上的 H^+ 与溶液中的阳离子(如 Na^+ 等)发生交换,此离子交换过程是可逆的,其交换过程可表示为

$$n\text{R—SO}_3\text{H} + \text{M}^{n+} \rightleftharpoons (\text{R—SO}_3)_n\text{M} + n\text{H}^+$$

当离子交换反应完成后,溶液中的阳离子(如 M^{n+})结合到树脂上,而与 M^{n+} 等量的 H^+ 被交换下来。由于离子交换树脂的交换过程是可逆过程,因此使用过的树脂用酸处理时,反应便逆向进行,树脂又恢复为原状,这一过程称为洗脱或再生。再生后的树脂可再次使用。

2. 阴离子交换树脂

能够交换阴离子的树脂为阴离子交换树脂。这类树脂的活性基团为碱性,含有可以交换的阴离子和不可交换的阳离子。根据活性基团的强弱,可分为强碱型和弱碱型两类。强碱型树脂含季铵基[—$N(CH_3)_3Cl$],用 R—$N(CH_3)_3Cl$ 表示。弱碱型树脂含伯胺基(—NH_2)、仲胺基(=NH)及叔胺基(≡N)。这些树脂水化后,其中的 OH^- 能被阴离子所交换,故此类树脂又称为 OH^- 型阴离子交换树脂。这种树脂若以 NaOH 溶液处理则发生交换过程,转变为 OH^- 型树脂。交换过程为

$$\text{R—N(CH}_3\text{)}_3\text{Cl}^- + \text{OH}^- \rightleftharpoons \text{R—N(CH}_3\text{)}_3\text{OH}^- + \text{Cl}^-$$

各种阴离子交换树脂中以强碱性阴离子交换树脂的应用最广,它在酸性、中性和碱性溶液中都能应用,对强酸根和弱酸根离子都能交换。弱碱性阴离子交换树脂的交换能力受酸度影响较大,在碱性溶液中就失去交换能力,故应用较少。交换后的树脂,用适当浓度的碱处理又可再生使用。

3. 特殊离子交换树脂

这类树脂含有特殊的活性基团,可与某些金属离子形成螯合物,在交换过程中能有选择性地交换某种金属离子,例如,含有氨基二乙酸基的树脂对 Cu^{2+}、Co^{2+}、Ni^{2+} 有很高的选

择性;含有亚硝基间苯二酚活性基团的树脂又对 Cu^{2+}、Fe^{2+}、Co^{2+} 具有选择性等。这类树脂一般应用于分离。可根据分离目的选用不同的特殊离子交换树脂。这种树脂比一般离子交换树脂的选择性高。

三、离子交换树脂的性质

1. 交换容量

离子交换树脂交换离子量的多少,可用交换容量来表示。交换容量是指每克干树脂所能交换的离子的量,以 mmol/g 表示。交换容量的大小,取决于网状结构中活性基团的数目,含有活性基团越多,交换容量也越大。交换容量一般由实验方法测得。例如,H^+ 型阳离子交换树脂的交换容量测定如下:称取干燥的 H^+ 型阳离子交换树脂 1.000g,放于 250mL 干燥的锥形瓶中,准确加入 0.1mol/L NaOH 标准溶液 100mL,塞紧放置过夜,移取上层清液 25mL,加酚酞溶液数滴,用 0.1mol/L 标准 HCl 溶液滴定至红色褪去。

$$交换容量(\text{mmol/g}) = \frac{c(\text{NaOH})V(\text{NaOH}) - c(\text{HCl})V(\text{HCl})}{m \times \dfrac{25}{100}}$$

式中 $c(\text{NaOH}), c(\text{HCl})$——分别为 NaOH 和 HCl 溶液的浓度,mol/L;

$V(\text{NaOH}), V(\text{HCl})$——分别为 NaOH 和 HCl 溶液的体积,mL;

m——离子交换树脂原质量,g。

若是 OH^- 型阴离子交换树脂,可加入一定量的标准 HCl 溶液用 NaOH 溶液滴定。

一般常用的树脂交换容量为 3~6mmol/g。

2. 离子交换的亲和力

离子在离子交换树脂上的交换能力称为离子交换树脂对离子的亲和力,不同离子的亲和力不同。离子交换树脂对离子交换亲和力的大小,与水合离子半径大小和所带电荷的多少有关。在低浓度,常温下,离子交换树脂对不同离子的交换亲和力一般有如下规律。强酸性阳离子交换树脂中不同价态的离子,电荷越高,交换亲和力越大,$Fe^{3+} > Cr^{3+} > Al^{3+} > Ca^{2+} > Mg^{2+} > K^+ > NH_4^+ > Na^+ > H^+ > Li^+$;相同价态离子的交换亲和力 $As^+ > Cs^+ > Rb^+ > K^+ > NH_4^+ > Na^+ > H^+ > Li^+$,$Ba^{2+} > Pb^{2+} > Sr^{2+} > Ca^{2+} > Ni^{2+} > Cd^{2+} > Ca^{2+} > Co^{2+} > Zn^{2+} > Mg^{2+} > UO_2^{2+}$;强碱性阴离子交换树脂 $Cr_2O_7^{2-} > SO_4^{2-} > I^- > NO_3^- > CrO_4^{2-} > Br^- > CN^- > Cl^- > OH^- > F^- > Ac^-$;弱碱性阴离子交换树脂 $OH^- > SO_4^{2-} > CrO_4^{2-} >$ 柠檬酸离子 > 酒石酸离子 $> NO_3^- > AsO_4^{3-} > PO_4^{3-} > MoO_4^{2-} > CH_3COO^- > I^- > Br^- > Cl^- > F^-$。同一树脂对各种离子的交换亲和力不同,这就是带相同电荷的离子能实现离子交换分离的依据。在进行交换时,交换亲和力较大的离子先交换到树脂上;交换亲和力较小的离子后交换到树脂上。离子交换作用是可逆的,如果用酸或碱处理已交换后的树脂,树脂又回到原来的状态,这一过程称为洗脱或再生过程。在进行洗脱时,交换亲和力较小的先被洗脱;交换亲和力较大的后被洗脱。这样便可使各种交换亲和力不同的离子彼此分离。

四、离子交换分离装置

离子交换柱是离子交换分离法的主要装置,如图 4-47 所示。由几个阳离子离子交换柱和几个阴离子离子交换柱相互串联组成离子交换床,包括复合床、混合床、联合床。

1. 复合床

最简单的复合床是由一个阳离子交换柱与一个阴离子交换柱串联组成,即单级复合床。复合床也可以是由几个阳离子交换柱与几个阴离子交换柱相互串联而成。以净化水为例,当原水通过磺酸型阳离子交换树脂时,水中的阳离子被树脂吸附,树脂上可交换的阳离子 H^+

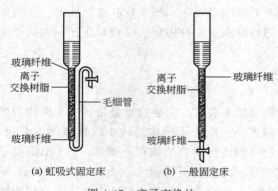

图 4-47 离子交换柱
(a) 虹吸式固定床　(b) 一般固定床

被置换到水中，并和水中的阴离子组成相应的无机酸，当含有无机酸的水在通过季铵型阴离子交换树脂时，水中的阴离子被树脂吸附，同时，将树脂上可交换的 OH^- 置换到水中，与水中的 H^+ 结合生成水。复合床的优点是树脂易于再生，缺点是出水质量不够理想，特别是单级复合床。

2. 混合床

阳离子交换树脂和阴离子交换树脂混合装在一根柱中制成的交换柱称为混合柱。如用于净化水时，当水流过混合柱时，由于两种交换过程同时进行，离子交换后生成的 H^+ 和 OH^- 结合生成 H_2O，可使离子交换反应进行到底，因而效果更好。但缺点是混合柱再生较为麻烦，需用浮选方法将阴阳离子分离后，再分别再生。

3. 联合床

最简单的是三柱式，即将简单复合床与一个混合床串联起来。如净化水时，当交换反应达到平衡后，通过简单复合床后的水中仅存在着微量未交换的离子，再让水通过一根混合柱即可进一步除去残留的微量杂质。这种床的优点是交换分离彻底，又可延长混合柱的使用时间，减少再生处理的麻烦，是比较理想的组合方式。常见的各种组合的复合床如图 4-48 所示。

五、离子交换分离操作

1. 树脂的选择和处理

常选用强酸性阳离子和强碱性阴离子交换树脂，选用后过筛（20~40 目）使颗粒大小均匀，在装柱前要进行浸泡溶胀和净化等处理，以除去树脂中的无机和有机杂质，并将树脂转变为所需要的形式。阳离子交换树脂用 HCl 浸泡使其变成 H^+ 型，用蒸馏水洗至中性。若用 NaCl 处理强酸性树脂，可转变为 Na^+ 型；阴离子交换树脂用 NaOH 或 NaCl 溶液处理转化为 OH^- 或 Cl^- 型。转化后的树脂应浸泡在离子水中备用。

潮湿的树脂需在空气中（阴凉处）晾干，再将树脂放在塑料盆中，用自来水反复漂洗，除去其中的色素、水溶性杂质和灰尘等，之后用蒸馏水浸泡 24h，使其充分膨胀。把树脂中

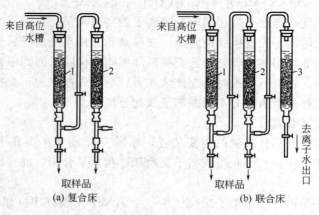

(a) 复合床　(b) 联合床

图 4-48　各种组合形成的复合床（以净化水示例）
1—阳离子交换柱；2—阴离子交换柱；3—阴、阳离子混合交换柱

的水排尽，加入95％的乙醇至浸没树脂，搅拌均匀后，浸泡24h，除去醇溶液杂质，用水洗至排出液为无色并无醇味为止。

阳离子交换树脂的预处理。将水排尽后，加入7％的盐酸溶液至浸没树脂层，使树脂浸泡2～4h，并不断搅动，然后再将酸排尽，用低纯水自上而下洗涤树脂，直至洗涤水pH3～4。换用8％的氢氧化钠溶液依上述方法操作，处理后用水洗至pH9～10为止。再一次用7％的盐酸溶液浸泡4h并不时搅动，最后用纯水反复洗至洗水pH约为4，经检验无Cl^-即可。

阴离子交换树脂的预处理。操作步骤与阳离子交换树脂基本相同，先用8％的氢氧化钠溶液浸泡，用水洗至pH9～10，再用7％的盐酸溶液进行处理，用水洗至pH3～4，再以8％的氢氧化钠溶液浸泡，并用纯水洗至pH约为8。

2. 装柱

离子交换通常在离子交换柱中进行，一般由玻璃、有机玻璃等制成圆柱形，如图4-47所示。向柱中注水，在柱下端铺一层玻璃纤维，将柱下端旋塞稍打开一些，将已处理的树脂带水慢慢装入柱中，让树脂自动沉下构成交换层。树脂高度与分离的要求有关，树脂层越高，分离效果越好。待树脂层达到一定高度后，再盖一层玻璃纤维。

在整个装柱和洗脱过程中，必须使树脂层始终保持在液面以下，不能让上层树脂暴露在空气中，否则树脂中会产生气泡，而气泡不会自动逸出，溶液就不会均匀地流过树脂层，而是顺着气泡流下，溶液中的离子也就不能与树脂进行交换洗脱，即发生了"沟流"现象，使交换、洗脱不完全，影响分离效果。若发现树脂层出现气泡，则应将树脂倒出重装。交换柱亦可用滴定管代替。

3. 交换

将欲分离溶液注入交换柱中，用活塞控制流速。待分离的离子从上到下一层层发生交换，经过一段时间后，与树脂发生交换反应的离子留在树脂上，不发生交换反应的物质进入流出液中，达到分离的目的。交换操作完毕用蒸馏水洗下残留溶液及交换过程中形成的酸、碱、盐等。

4. 再生

离子交换树脂使用失效后，可用酸碱再生，重新将其转变为氢型和氢氧型。再生的完全与否关系到再交换时的质和量。树脂再生的方法有两种，即动态再生法和静态再生法。静态法是将离子交换树脂放入酸或碱中浸泡一定的时间，然后用水洗至中性。动态法是将交换树脂装在离了交换柱中，用酸或碱缓缓流过，使交换树脂不断接触新的酸液或碱液，然后再用水缓缓流过洗至中性。静态法简便，但不如动态法效率高。再生的方式有顺流再生和逆流再生，顺流再生操作方法方便，但再生所获得的交换容量低且耗用再生剂的量大。逆流再生设备复杂，但交换剂所获得的交换容量大，效果好。动态再生法操作过程如下。

(1) 逆洗 使自来水从柱底进入柱中，废水从顶部排出。其目的是将使用中被压紧的树脂层抖松，洗去树脂碎粒及其中杂质，排除树脂层内的气泡，以利于树脂与再生液的接触。逆洗时间通常为30min，以洗出的水不浑浊、清澈透明为合格。逆洗后从下部放水至液面高出树脂层约10cm处。对于混合柱，因为需使阴、阳离子交换树脂分开，所以逆洗时间延长。如果再达不到分离的要求，可将树脂倒入20％的氢氧化钠溶液中，此时阴离子交换树脂将漂浮在上面，而阳离子交换树脂将沉在底部，分开后再按阴、阳离子交换柱中树脂的逆洗操作处理。

(2) 再生 对逆洗后的阳离子交换柱，将5％～7％的盐酸从柱顶加入，让盐酸慢慢流经树脂,流速控制在 50~60mL/min,直到流出液的浓度与所加酸的浓度差不多时为止,约需 1h。

对于逆洗后的阴离子交换柱,则从柱顶注入 6%~8% 的氢氧化钠溶液,以 50~60mL/min 的速度流经树脂,直至流出液中碱的浓度相当于所加碱的浓度,亦约需 1h。

(3) 洗涤　交换柱再生层需将柱中多余的再生剂淋洗干净。阳离子交换柱的淋洗最好用去离子水,水从柱顶部注入,废水从下端流出,开始流速与再生剂流速相同,待柱中大部分酸替换出来后,可将流速加快至 80~100mL/min,至流出液 pH3~4,用铬黑 T 检验应无阳离子(不变红)。阴离子交换柱最好也用去离子水洗涤,水从柱顶部进入,下端放出废水。开始流速控制在 50~60mL/min,待柱中大部碱被替换出来后,可将流速加快至 80~100mL/min,至洗出液 pH8~9,用硝酸银检验无氯离子存在(不变浑)。

静态再生的办法适用于小型交换柱,其操作步骤可参照动态再生法。

通常用于阳离子交换树脂的再生剂有 HCl、H_2SO_4 等,用于阴离子交换树脂的再生剂有 NaOH、Na_2CO_3、$NaHCO_3$ 等。处理或再生时,酸碱用量和接触时间要根据实际需要和经济核算来考虑。整个再生过程应连续进行,不可中断,否则会由于再生剂与树脂上的阳离子生成沉淀而堵塞树脂孔隙(当使用 H_2SO_4 作为再生剂时,H_2SO_4 会"钙化",生成 $CaSO_4$,吸附在树脂表面而堵塞树脂的空隙),使树脂失效。

六、离子交换分离法的应用

1. 水的净化

天然水中含有许多杂质,可用离子交换法净化,除去可溶性无机盐和一些有机物。例如用 H^+ 型强酸性阳离子交换树脂,除去 Ca^{2+}、Mg^{2+} 等阳离子。

$$2R-SO_3H + Ca^{2+} \longrightarrow (R-SO_3H)_2Ca + 2H^+$$

用 OH^- 型强碱性阴离子交换树脂,除去各种阴离子。

$$RN(CH_3)_3OH + Cl^- \longrightarrow RN(CH_3)_3Cl + OH^-$$

这种净化水的方法简便快速,在工业上和科研中普遍使用。

目前净化水多使用混合床法,首先按规定方法处理树脂和装柱,再把阳、阴离子交换柱串联起来,将水依次通过。为了制备更纯的水,再串联一根混合柱(阳离子交换树脂和阴离子交换树脂按 1∶2 混合装柱),除去残留的离子,这时出来的水称去离子水。

2. 阴阳离子的分离

根据离子亲和力的差别,选用适当的洗脱剂可将性质相近的离子分离。例如用强酸性阳离子交换树脂柱分离 K^+、Na^+、Li^+ 等离子,由于在树脂上三种离子的亲和力大小顺序是 $K^+ > Na^+ > Li^+$,当用 0.1mol/L HCl 溶液淋洗时,最先洗脱下来的是 Li^+,其次是 Na^+,最后是 K^+。

3. 微量组分的富集

试样中微量组分的测定常常是一种比较困难的工作,利用离子交换法可以富集微量组分。例如测定天然水中 K^+、Na^+、Ca^{2+}、Mg^{2+}、SO_4^{2-}、Cl^- 等组分时,可取数升水样,让它流过阳离子交换柱,再流过阴离子交换柱。然后用稀 HCl 溶液把交换在柱上的阳离子洗脱,另用稀氨水慢慢洗脱各种阴离子。经过这样交换,洗脱处理,天然水中组分的浓度会增加数十倍至上百倍。

4. 氨基酸的分离

用离子交换树脂分离有机物质,已获得了迅速发展,应用日益广泛,尤其在药物分析和生物化学分析方面应用更多。

分离氨基酸，用交联度为 8% 的磺酸基苯乙烯树脂，球状微粒，直径为 $50\mu m$ 或更细些。用柠檬酸钠溶液洗脱，控制适当的浓度和酸度梯度，可在一根交换柱上把各种氨基酸分离。首先流出的是"酸性"氨基酸，即在其分子中含有两个羧基和一个氨基的，如天冬氨酸、谷氨酸。接着是"中性"氨基酸，分子中含有氨基和一个羧基，如丙氨酸、缬氨酸；在分子中同时含有芳环时，则处于这一类型的最后，如酪氨酸、苯基丙氨酸。最后流出的是"碱性"氨基酸，如色氨酸、赖氨酸，在这类氨基酸分子中含两中或两个以上的氨基和一个羧基。

七、离子交换法制纯水

1. 离子交换树脂的装柱

将装配好的离子交换柱用纯水冲洗干净，柱中先装入半柱水，然后将树脂和水一起倒入柱中。单柱装入柱高的 2/3，混柱装入柱高的 3/5。混柱中阳离子交换树脂与阴离子交换树脂装入的体积比约为 1:2，要充分混匀。装柱时应注意动作连续，尽量避免水的洒漏，务使树脂始终没入水面以下，否则会在树脂间形成空气泡，影响交换量和流速。

2. 交换顺序

整个交换装置由三支内径为 4cm、长约 60cm 的有机玻璃管串联而成。

第一支玻璃管内装填阳离子交换树脂，为阳离子交换柱（简称阳柱）；第二支管内装填阴离子交换树脂，为阴离子交换柱（简称阴柱）；第三支管则是阴、阳离子混装的混合交换柱（简称混合柱）。操作中的交换顺序是自来水（或一次蒸馏水）从高位槽进入阳离子交换柱顶部，阳柱底部的流出液进入阴柱顶部，阴柱底部的流出液进入混合柱顶部，从混合柱底部流出的水即为去离子水。

在阴离子交换柱后串联一个阴、阳离子交换树脂混合柱，其作用相当于多级交换，以便进一步提高水质。在间歇接取纯水时，开始 15min 接取的水应弃去。出水流速应控制适当，流速过低，出水水质较差；流速过高，交换反应来不及进行，出水水质也下降而且容易使柱穿透。

3. 仪器安装

取三支内径为 4cm、长约 60cm 的有机玻璃管，用洗衣粉刷洗后，再用自来水、去离子水依次冲洗干净。在三支玻璃管下端用乳胶管分别连一根 T 形玻璃管，T 形管下端与取样管连接，侧管与下一支玻璃管连接，取样时拧松取样管上的螺丝夹，水即可流出。

选择三个大小适于玻璃管口的橡皮塞，在塞子中央钻一个孔，并分别插入一根短玻璃管。把配有短玻璃管的橡皮塞分别塞入装有离子交换树脂的有机玻璃管管口，然后用滴定管夹子把三支玻璃管固定在铁架台上，用套有粗橡皮管的乳胶管把高位水槽（或桶）和三支玻璃管按图 4-48(b) 所示的装置依次连接起来，并在连接玻璃的乳胶管上分别装上螺丝夹。

拧紧各玻璃管下端取样管上的螺丝夹及玻璃管之间的螺丝夹，在玻璃管底部分别塞入少量支承树脂用的玻璃纤维，然后向玻璃管中分别加入数毫升去离子水，小心将阳离子交换树脂和水一起倒入第一支玻璃管中，树脂层高度为 40cm 左右，即为阳离子交换柱。将阴离子交换树脂和水一起小心倒入第二支玻璃管中，树脂层高度也是 40cm 左右，即为阴离子交换柱，将体积比为 1:2 的阳离子交换树脂和阴离子交换树脂在水中充分混匀后，连同水一起倒入第三支玻璃管中，树脂层高度为 36cm 左右，即为阴、阳离子混合交换柱。装树脂时，应尽可能使树脂紧密，不留气泡，否则必须重装。

4. 制取去离子水

拧开高位水槽及各交换柱间的螺丝夹，让自来水（或一次蒸馏水）依次流经阳离子交换柱，阴离子交换柱，阴、阳离子混合柱。调节每支交换柱底部的螺丝夹，使流出液先后以每分钟 25~30 滴的流速通过交换柱，开始流出的约 30mL 水应弃去，然后重新控制流速为每分钟 15~20 滴。用烧杯分别收集水样约 30mL 待检。

5. 纯水的质量检验

纯水的质量可以通过检查水中杂质离子含量的多少来确定。

（1）电导检验法　电导检验法是通过测定水的电导率来确定水的纯度的检验方法。水的纯度越高，杂质离子越少，其电导率就越低。利用水所含导电杂质与电导率间的关系，即可确定水的纯度。以电导率表示，在 25℃ 时，纯水的电导率为 $0.0548\mu S/cm$。若测得的离子交换水的电导率 $\leqslant 0.1\mu S/cm$，则为一级水；电导率 $\geqslant 1.0\mu S/cm$ 时，为二级水；电导率 $\leqslant 5.0\mu S/cm$ 时，为三级水。一般实验室用水的电导率 $\leqslant 5.0\mu S/cm$，而精确分析中，应使用二级水。实验室的原料水应为较清洁的水源，否则需要进行预处理。

（2）化学检验法

① pH 的检验。常用精密 pH 试纸或酸度计检验水的 pH，pH 在 6.5~7.5 为合格水。

② 离子的定性检验。取离子交换水 10mL，加入氨性缓冲溶液（pH=10）1~2mL，再加入少许铬黑 T 指示剂（5g/L），若溶液出现蓝色，即为合格，若出现紫红色，表明有阳离子（Ca^{2+}、Mg^{2+}）存在。

③ 氯离子定性检验。取离子交换水 10mL 于试管中，加入 2~3 滴硝酸，2~3 滴 0.1mol/L 硝酸银溶液，混匀，无白色沉淀出现，即表示没有氯离子。

思 考 题

1. 简述离子交换方法的基本原理。
2. "沟流"对离子交换分离有什么影响？
3. 简述各种离子交换床的特点。

技能训练 4-15　去离子水的制备与检验

一、训练目标

1. 了解离子交换法制备去离子水的原理和方法。
2. 学会处理离子交换树脂的方法。
3. 掌握水样定性检验方法。

二、实验原理

天然水中主要的无机杂质离子有 Ca^{2+}、Mg^{2+}、Na^+ 等阳离子和 HCO_3^-、CO_3^{2-}、SO_4^{2-}、Cl^- 等阴离子。另外，还有少量有机物、微生物等。当天然水通过阳离子交换柱和阴离子交换柱时，发生下列交换反应

$$RSO_3H + Na^+ \rightleftharpoons RSO_3Na + H^+$$

$$R-N(CH_3)_3OH^- + Cl^- \rightleftharpoons R-N(CH_3)_3Cl^- + OH^-$$

流出阴、阳离子交换柱的水可再通过一混合交换柱，相当于多级离子交换，可进一步提高水的纯度。

三、实验用品

离子交换柱（可用 50mL 或 100mL 酸式滴定管）3 根、电导率仪、烧杯、量杯、玻璃棉、精密 pH 试纸或酸度计。

氨性缓冲溶液（pH=10）、铬黑 T 指示剂（5g/L）、硝酸银溶液（0.1mol/L）、氢氧化钠溶液（1mol/L）、盐酸溶液（1mol/L）、732 聚苯乙烯强酸性阳离子交换树脂、717 聚苯乙

烯强碱性阴离子交换树脂。

四、操作步骤

1. 离子交换树脂的处理。将阳离子交换树脂以 5%~10% 的盐酸浸泡，除去树脂上的杂质，若浸泡液有明显黄色，应更换酸继续浸泡一段时间。同时，将阴离子交换树脂用水浸泡一天。

2. 在两支交换柱的下端装填适量玻璃棉，将上述两种树脂分别与适量水混合各注入一柱中，静置，使树脂自然沉积至一定高度（不应有气泡且不使树脂接触空气），上部放适量玻璃棉。交换柱上端用一个合适的橡皮塞并打孔，与一个分液漏斗相连。

3. 将阳离子树脂继续以 5%~10% 盐酸淋洗，以 NH_4SCN 检验是否有 Fe^{3+} 存在。当流出液中检不出 Fe^{3+} 时，再以蒸馏水或去离子水洗至流出液的 pH 为 6.6~7。同时，将阴离子交换树脂以盐酸淋洗至不含 Fe^{3+}，然后用 NaOH 淋洗至不含 Cl^-，最后以蒸馏水洗至 pH 为 7。

4. 取第三支空交换柱，用上述同样的方式，把处理好的体积为 2∶1 的阴、阳离子交换树脂混合后，装入交换柱中，总高占交换柱的 3/5，制成混合柱。

5. 将 3 支交换柱连接起来，使自来水先后流经阳、阴离子交换树脂柱，再经混合柱，得到去离子水。

6. 对制成的去离子水进行物理及化学检测。

7. 选做实验：分别测定阳离子交换柱和阴离子交换柱出口的水样，用化学方法检测水质。

第六节　色谱分离技术

1. 学习柱色谱、纸色谱、薄层色谱分离的原理。
2. 掌握柱色谱、纸色谱、薄层色谱分离的操作方法。

一、色谱分离法

色谱分离法亦称色层分析法或层析法，是由一种流动物质带着试样经过固定相，试样中的组分在两相之间反复地分配，根据各种组分在不同的两相固定相（指色谱中既起分离作用又不移动的那一相）和流动相（指在色谱过程中载带试样向前移动的那一相）中的吸附作用或分配系数的不同，它们的移动速度也不同，从而互相分离的一种物理分离法。该法分离效率高，可把各种性质极为相似的物质彼此分离，是物质分离、提纯和鉴定的常用手段。

按照分离原理、固定相和流动相的不同状态，色谱分离法有不同的划分。

按分离原理的不同常分为吸附色谱法、分配色谱法、离子交换色谱法和凝胶色谱法。吸附色谱法是利用混合物中各组分对固定相吸附能力强弱的差异进行分离；分配色谱法是利用混合物中各组分在固定相和流动相两相间分配系数的不同进行分离；离子交换色谱法是利用混合物中各组分在离子交换剂上的交换亲和力的差异进行分离；凝胶色谱（排阻色谱）法是利用凝胶混合物中各组分分子的大小所产生的阻滞作用的差异进行分离。

按流动相的状态不同常分为液相色谱法和气相色谱法。液相色谱法是用液体为流动相的色谱法；气相色谱法是用气体为流动相的色谱法。

按固定相所处的状态不同常分为柱色谱、纸色谱和薄层色谱。柱色谱是将固定相装填在金属或玻璃制成的柱中，做成层析柱以进行分离。把固定相附着在毛细管内壁，做成色谱柱，称为毛细管色谱。纸色谱是利用滤纸作为固定相进行色谱分离。薄层色谱是将固定相铺成薄层于玻璃板或塑料板上进行色谱分离。

色谱分离法在化学、化工、生物学、医学中得到了普遍应用，用以解决蛋白质、氨基酸、生物代谢、天然色素、稀土元素等的分离和分析。

二、柱色谱

1. 柱色谱装置

柱色谱是在色谱柱中完成分离操作的。色谱柱一般用带有下旋塞或没有下旋塞的玻璃或塑料管柱制成。柱的直径与长度比为1：10～1：60，吸附剂的质量是待分离物质质量的25～30倍。把吸附剂如氧化铝或硅胶等装在一支玻璃管或塑料管中做成色谱柱，然后将试液加在柱上。常用的柱色谱装置如图4-49所示。

柱色谱一般有吸附柱色谱和分配柱色谱两种方式。

(1) 吸附柱色谱法装置 吸附柱色谱法是液-固色谱法的一种。方法是将固体吸附剂（如氧化铝、硅胶、活性炭等）装在管柱中，如图4-50(a)所示，将待分离组分A和B溶液倒入柱中，则A和B被吸附剂吸附于管上端，如图4-50(b)所示，加入已选好的有机溶剂，从上而下进行洗脱，A和B遇纯溶剂后，从吸附剂上被洗脱下来。但遇到新吸附剂时，又重新被吸附上去，因而在洗脱过程中，A和B在柱中反复地进行着解吸、吸附、再解吸、再吸附的过程。由于A和B随着溶剂下移速度不同，因而A和B也就可以完全分开形成两处环带，如图4-50(c)所示。每一环带内是一纯净物质，如果A、B两组分有颜色，则能清楚地看到色环。若继续冲洗，则A将先被洗出，B后被洗出，用适当容器接收，再进行分析测定。

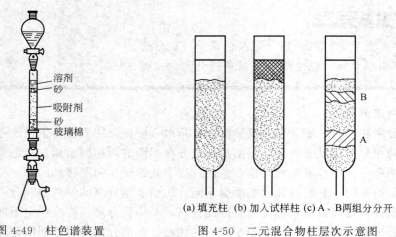

图 4-49 柱色谱装置

图 4-50 二元混合物柱层次示意图

(2) 分配柱色谱法装置 分配柱色谱法是液-液色谱法，它是根据物质在两种互相不混溶的溶剂间分配常数不同来实现分离的方法。固定相是强极性的活性液体，如水、缓冲溶液、酸溶液、甲酰胺、丙二醇或甲醇等。将液体固定相涂渍在载体（纤维素、硅藻土等）上，然后装入管中，将试样加入管的上端，然后再以与固定相不相混的、极性较小的有机溶剂作流动相进行洗脱。当流动相自上而下移动时，被分离物就在固定相和流动相之间反复进行分配，因各组分的分配不同，而得以分离。此法多用于有机物的分离。如果固定相为弱极性的有机溶剂，流动相为强极性的水或水溶液，此时称为反相分配色谱法，简称反相色谱法或称萃取色谱法。在反相分配色谱法中，疏水性组分移动慢，亲水性组分移动快。反相分配色谱中常用的载体有微孔聚乙烯球珠、聚氨酯泡沫塑料等。

为了使样品中各种吸附能力差异较小的组分能够分离，必须选择合适的吸附剂（固定相）和洗脱剂（流动相）。吸附柱色谱常用的吸附剂有氧化铝、硅胶、氧化镁、碳酸钙和活性炭等。氧化铝具有吸附能力强、分离能力强等优点。它是用1%盐酸溶液浸泡后，用蒸馏水洗至悬浮液的pH为4～4.5。酸性氧化铝适用于分离酸性有机物质，如氨基酸等；碱性氧化铝适用于分离碱性有机物质，如生物碱、醇等；中性氧化铝的应用最为广泛，适用于中性物质的分离，如醛、酮、等类有机物质。

吸附剂应颗粒均匀，具有较大的表面积和一定的吸附能力。比表面积大的吸附剂分离效率好。因为比表面积越大，组分在流动相和固定相之间达到平衡越快，形成的色带就越窄。一般吸附剂颗粒大小以100～150目为宜。另外，吸附剂与欲分离的试样及所用的洗脱溶剂不得起化学反应。

吸附剂的活性取决于吸附剂的含水量。含水量越高，活性越低，吸附能力越弱；反之，吸附能力越强。按吸附能力的强弱可分为强极性吸附剂（如低水含量的氧化铝，活性炭）、中等极性吸附剂（如氧化镁、碳酸钙等）和弱极性吸附剂（如滑石、淀粉等）。一般分离弱极性组分时，可选用吸附性强的吸附剂；分离极性较强的组分，应选用活性弱的吸附剂。

吸附剂在使用之前，需进行"活化"。因为吸附剂吸附能力的强弱，主要决定于吸附剂吸附中心的数量多少。如果吸附剂表面的吸附中心被水分子占据，则吸附能力会减弱。通过加热活化，可提高吸附剂活性，相反，加入一定的水分，也可使吸附剂"脱活"。表4-8列出了氧化铝和硅胶的活性与含水量之间的关系。

表4-8 氧化铝、硅胶的活性与含水量之间的关系

吸附剂活性	I	II	III	IV	V
氧化铝含水量/%	0	3	6	10	15
硅胶含水量/%	0	5	15	25	38

洗脱剂（流动相）的选择是否合适，直接影响色谱的分离效果。流动相的洗脱作用，实质上是流动相分子与被分离的溶质分子竞争占据吸附表面活性中心的过程。在分离洗脱过程中，若是流动相占据吸附剂表面活性中心的能力比被分离的溶质分子强，则溶剂的洗脱能力就强，反之，洗脱作用就弱。因此，流动相必须根据试样的极性和吸附剂吸附能力的强弱来选择。一般原则是：洗脱剂的极性不能大于样品中各组分的极性。否则会由于洗脱剂在固定相上被吸附，使样品一直保留在流动相中，而影响分离。色谱展开首先使用极性最小的溶剂，然后再加大洗脱液的极性，使极性不同的化合物按极性由小到大的顺序从色谱柱中洗脱下来。

在选择洗脱剂时，还应注意洗脱剂必须能够将样品中各组分溶解，但不应与组分竞争与固定相的吸附。如果被分离的样品不溶于洗脱剂，则组分会牢固地吸附在固定相上，而不随流动相移动或移动很慢。

常用的流动相按其极性强弱的排列次序为

石油醚＜环己烷＜四氯化碳＜二氯乙烯＜苯＜甲苯＜二氯甲烷＜氯仿＜乙醚＜乙酸乙酯＜

丙酮＜乙醇＜甲醇＜水＜吡啶＜乙酸。

为了得到好的分离效果，单一洗脱剂达不到所要求的分离效果，也可以将各种溶剂按不同的配比，配成混合溶剂作为流动相。总之，洗脱剂的种类很多，至于选用哪种洗脱剂为最佳，应由实验确定。

2. 柱色谱操作

（1）装柱　将一洗净、干燥的色谱柱，在柱的底部铺少量玻璃棉或脱脂棉，于玻璃上放一层直径略小于色谱柱的滤纸，然后将吸附剂装入柱内，装柱的方式有干法和湿法。

① 干法装柱。在色谱柱上端放一个干燥的玻璃漏斗，将活化好的吸附剂通过漏斗装入柱内，边装边轻轻敲打柱管，以便填装均匀。填装完毕后，在吸附剂表面再放一层滤纸，从管口慢慢加入洗脱剂，开启下端活塞，使液体慢慢流出，流速控制在每秒1～2滴。干法装柱的缺点是容易在柱内产生气泡，分离时有"沟流"现象。因为硅胶、氧化铝所产生的溶剂化作用，容易在柱内形成细缝，所以这两种吸附剂用湿法填装较好。

② 湿法装柱。在柱内先加入3/4已选定的洗脱剂，将一定量的吸附剂（氧化铝或硅胶）用溶剂调成糊状，慢慢倒入柱内，打开柱下活塞，使溶剂以1滴/s的速度流出。在装柱的过程中，应不断地轻敲色谱柱，使其填装均匀无气泡。

柱填充完后，在吸附剂上端覆盖一层石英砂，使样品能够均匀地流到吸附剂表面，并可防止加入洗脱剂时被冲坏。在整个装柱（干法或湿法）过程中，溶剂应覆盖住吸附剂，并保持一定的液面高度，否则柱内会出现裂痕及气泡。

（2）洗脱　液体试样可以直接加入到色谱柱中，试样要适当浓。固体样品先用最少量的溶剂溶解后，再加入到色谱柱中。样品加入时，应将溶剂降至吸附剂表面，样品滴管尽量接近石英砂表面，以便使试样集中在色谱柱顶部尽可能小的范围内，以利于样品展开。

将选定的洗脱剂小心从管柱顶端加入色谱柱，切勿冲动吸附层，溶剂应始终覆盖住吸附剂，并保持一定的液面高度，控制流速（0.5～2mL/min），不可太快，以免交换达不到平衡而分离。有颜色的组分，可直接观察，收集，然后分别将洗脱剂蒸除，即可得到纯组分，然后再选用适当的方法对各组分进行定量。

所收集流出部分的体积的多少，取决于柱的大小和分离的难易程度，即根据使用吸附剂的量和样品分离情况来进行收集。一般为50mL，若洗脱剂的极性相近或样品中组分的结构相近时，可适当减少收集量。

三、纸色谱

1. 纸色谱装置

纸色谱法又称为纸上层析法，属于分配色谱法。是在滤纸上进行的色层分析方法。滤纸是一种惰性载体，滤纸纤维素中吸附着的水分为固定相。由于吸附水有部分是以氢键缔合形式与纤维素的羟基结合在一起，一般情况下难以脱去，因而纸色谱不但可用与水不相混溶的溶剂作流动相，而且也可以用丙醇、乙醇、丙酮等与水混溶的溶剂作流动相。

纸色谱装置是由展开缸、橡皮塞、玻璃钩子组成。玻璃钩子被固定在橡皮塞上，展开时将滤纸悬挂在玻璃钩子上。常见的有上行色谱装置、下行色谱装置（见图4-51）和环行色谱装置法（见图4-52）。

选取一定规格的层析纸，在接近纸条的一端点上欲分离的试样，把纸条悬挂于色谱筒内。让纸条下端浸入流动相（展开剂）中，由于层析纸的毛细管作用，展开剂将沿着纸条不断上升。当流动相接触到点在滤纸上的试样点（原点）时，试样中的各组分就不断地在固定相和展开剂之间分配，从而使试样中分配系数不同的各种组分得以分离。当分离进行一定时间后，溶剂前沿上升到接近滤纸条的上沿。取出纸条，晾干，找出纸上各组分的斑点，记下溶剂前沿的位置。

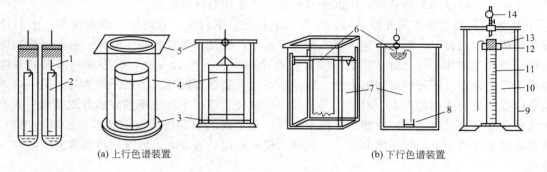

图 4-51　纸色谱装置

1—悬钩；2—滤纸条；3—展开剂；4—滤纸筒；5—玻盖；6—展开剂槽；7—滤纸；8—回收展开剂槽；
9—标本缸；10—层析滤纸；11—量筒（作支架）；12—展开剂皿；13—玻璃压件；14—分液漏斗

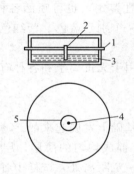

图 4-52　纸色谱示意图

1—层析纸；2—纸芯；3—溶剂；4—小孔；5—圆圈线

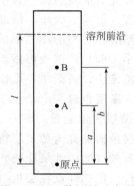

图 4-53　R_f 值测量示意图

各组分在纸色谱中的位置，可用比移值 R_f 表示。

$$R_f = \frac{\text{原点中心至溶质最高浓度中心的距离}}{\text{原点中心至溶剂前沿间的距离}}$$

如图 4-53 所示，组分 A，$R_f = a/l$；组分 B，$R_f = b/l$，R_f 在 0~1 之间。若 $R_f \approx 0$ 表明该组分基本留在原点未动，即没有被展开；若 $R_f \approx 1$，表明该组分随溶剂一起上升，即待分离组分在固定相中的浓度接近零。

在一定的条件下，R_f 值是物质的特征值，可以利用 R_f 鉴定各种物质，但影响 R_f 的因素很多，最好用已知的标准样品对照。根据各物质的 R_f 值，可以判断彼此能否用色谱法分离。一般说，两组分的 R_f 只要相差 0.02 以上，就能彼此分离。

2. 纸色谱操作

① 层析滤纸。要选用厚度均匀、无折痕、边缘整齐的层析滤纸，以保证展开速度均匀。层析滤纸的纤维素要松紧合适，过于疏松，会使斑点扩散；过于紧密，则层析速度太慢。层析滤纸的纸条，一般有 3cm×20cm、5cm×30cm、8cm×50cm 等规格。

② 点样。若样品是液体，可直接点样。固体样品应先将样品溶解在溶剂中，溶剂最好采用与展开剂极性相似且易于挥发的溶剂，如乙醇、丙酮、氯仿等。水溶液的斑点易扩散，且不易挥发，一般不用，但无机试样可以用水作溶剂。

点样时，用管口平整的毛细管（内径约 0.5mm）或微量注射器，吸取少量试液，点于距滤纸条一端 3~4cm 处。可并排点数个样品，两点间相距 2cm 左右。原点越小越好，一般控制直径以 2~3mm 为宜。若试液较稀，可反复点样，每次点后应待溶剂挥发后再点，以免原点扩散。促使溶剂挥发可采用红外灯照射烘干或用电吹风吹干。

③ 展开。纸色谱在展开样品时，常采用上行法、下行法、双向法和环行法等。上行法设备简单，应用较广，但展开速度慢。操作方法是，展开槽盖应密闭不漏气，缸内用配制好的展开剂蒸气饱和，将点有试样的一端放入展开剂液面下约 1cm 处，但展开剂液面的高度应低于样品原点。展开剂沿滤纸上升，样品中各组分随之而展开。当展开结束后，记下溶剂前沿位置，进行溶剂的挥发。对于比移值较小的试样，可用下行法得到好的分离效果。下行法的操作方法是，将试液点在滤纸条的上端处，把纸条的上端浸入盛有展开剂的玻璃槽中，将玻璃槽放在架子上，玻璃槽和架子一同放入层析缸中，展开时，展开剂将沿着滤纸条向下移动。

④ 显色。对于有色物质，当样品展开后，即可直接观察各个色斑。而对于无色物质，需采用各种物理、化学方法使其显色。常用的显色方法是用紫外灯照射。凡能吸收紫外光或吸收紫外光后能发射出各种不同颜色的荧光的组分，均可用此方法显色。记录下各组分的颜色、位置、形状、大小。借助斑点的位置可以进行定性鉴定。也可喷洒各种显色剂，例如，对于氨基酸，可喷洒茚三酮试剂。多数氨基酸呈紫色，个别呈蓝色、紫红色或橙色。根据斑点的大小、颜色的深浅可做半定量测定。

纸色谱法设备简单、操作方便、分离效果好，适用于无机离子和各种有机物的分离。

四、薄层色谱

1. 薄层色谱装置

薄层色谱又称为薄层层析，是在柱色谱和纸色谱基础上发展起来的。薄层色谱法是把固定相吸附剂（如中性氧化铝），铺在玻璃板或塑料板上铺成均匀的薄层，层析就在板上的薄层中进行。把试样点在层板（薄层）的一端，离边缘一定距离处，试样中各组分就被吸附剂所吸附。把薄层板放入层析缸中，使点样的一端浸入流动相展开剂中，由于薄层的毛细管作用，展开剂将沿着吸附剂薄层渐渐上升，遇到试样时，试样就溶解在展开剂中，随着展开剂沿着薄层上升，于是试样中的各种组分就沿着薄层在固定相和流动相之间不断地发生溶解、吸附、再溶解、再吸附的分配过程。

各个色斑在薄层中的位置用比移值 R_f 来表示（见纸色谱）。

薄层色谱装置主要由密闭的展开室、薄层板构成。如图 4-54 所示，近垂直方向展开，如图 4-55 所示，近水平方向展开。

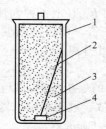

图 4-54　近垂直方向展开
1—色层缸；2—薄层板；3—蒸气展开剂；4—盛有展开剂的器皿

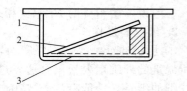

图 4-55　近水平方向展开
1—色层缸；2—薄层板；3—展开剂

2. 薄层色谱操作

① 吸附剂。薄层色谱法的固定相吸附剂颗粒要比柱色谱法细得多，其直径一般为 10~

40μm。由于被分离对象及所用展开剂极性不同,应选用活性不同的吸附剂作固定相。吸附剂的活性可分Ⅰ～Ⅴ级,Ⅰ级的活性最强,Ⅴ级的活性最弱。薄层色谱法固定相吸附剂类型与柱色谱相似,有硅胶、氧化铝、纤维素等。最常用的是硅胶和氧化铝,它们的吸附能力强,可分离的试样种类多。

a. 硅胶。硅胶是无定形多孔物质,略显酸性,机械性能差,一般需要加入黏合剂制成"硬板"。常用的黏合剂有煅石膏($CaSO_4 \cdot H_2O$)、聚乙烯醇、淀粉、羧甲基纤维素钠(CMC)等。薄层所用的硅胶的粒度在250～300目,较柱色谱粒度细,适用于中性或酸性物质的分离。薄层色谱所用的硅胶有硅胶 H(不含黏合剂和其他添加剂)、硅胶 G(含13%～15%的煅石膏)、硅胶 GF_{254}(含煅石膏和荧光指示剂,可在波长 254nm 紫外光照射下呈黄绿色荧光)和硅胶 HF_{254}(只含荧光指示剂的硅胶)。

b. 氧化铝。氧化铝铺层时一般不加黏合剂,可用氧化铝干粉直接铺层,这样得到的层析板称为"干板"或"软板"。干法铺层的氧化铝用 150～200 目,湿法铺层为 250～300 目。氧化铝也可因加黏合剂或荧光剂而分为氧化铝 G(含煅石膏)、氧化铝 GF_{254} 和氧化铝 HF_{254}。氧化铝的极性较硅胶稍强,适合分离极性较小的化合物。

薄层色谱的分离效果取决于吸附剂、展开剂的选择。要根据样品中各个组分的性质选择合适的吸附剂和展开剂。吸附剂和展开剂选择的一般原则是:非极性组分的分离,选用活性强的吸附剂,用非极性展开剂;极性组分的分离,选用活性弱吸附剂,用极性展开剂。实际工作中要经过多次试验来确定。

② 薄层板的制备。薄层板可以购买商品的预制板(有普通薄层板和高效薄层板)也可以自行制备。制备方法有干法制板(见图 4-56),湿法制板(见图 4-57)两种。湿法铺层较为常用,即将吸附剂加水调成糊状,倒在玻璃板上,用适当的方法铺匀,晾干。玻璃板要用自来水洗净后烘干,否则会使吸附剂不能均匀分布和黏附在玻璃板上,干燥后易起壳、开裂、剥落。

③ 活化。先将铺好薄层的玻璃板水平放置。待糊状物凝固后,放入烘箱,于 60～70℃初步干燥。然后逐渐升温到 105～110℃,使之活化,一般活化时间为 10～30min。但对于某些实验,薄层板铺好后阴干即可,不必活化。有时要通过实验,由分离效果来决定。活化后,将薄层板置于干燥器中备用。

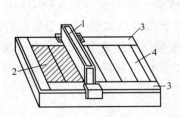

图 4-56 干法制板

1—玻璃板;2—玻璃棒;3—控厚胶布;4—防滑胶布

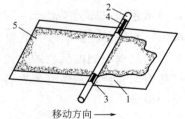

图 4-57 湿法制板

1—涂布器;2—吸附剂;3—玻璃夹板;4—玻璃板;5—氧化铝

④ 点样。在经过活化处理的薄层板的一端距边沿一定距离处(一般约1cm),用毛细管或微量注射器把试液 0.05～0.10mL(含样品 10～100μg)点在薄层板上,点样动作力求快速。为使样点尽量小,可分多次点样。不致使原点分散而使层析后斑点分散,影响鉴定。其方法与纸色谱相似,即溶解样品的溶剂应易于挥发,溶剂的极性和展开剂相似。一般制成 0.5%～1%的样品溶液,当溶剂与展开剂的极性相差较大时,应在点样后待溶剂挥发后再进

行层析展开。点样量应根据薄层厚度、试样和吸附剂的性质、显色剂的灵敏度、定量测定的方法而定。每个样品原点间距应在 2cm 左右,距薄层板一端约 1cm 处。

⑤ 展开。薄层板的展开需在层析缸中进行。但应注意的是,这种层析缸必须是密闭而不漏气,否则在层析展开过程中,会因展开剂的挥发而影响分离效果。

层析展开方式常采用上行法。但对于干板应近水平方向放置,薄层的倾斜角不宜过大(10°～20°),倾斜角过大,薄层板上薄层易脱落。而对于硬板,可采用近于垂直的方向展开。

展开时,应先将展开剂放入层析缸内,液层厚度为 5～7mm,为使缸内展开剂蒸气很快达到平衡,可在缸内放入一张滤纸。然后将已点好试液的薄层放入缸内,薄层板下端浸入展开剂约为 5mm,切勿使样品原点浸入展开剂中。盖紧缸盖,待展开剂前缘上升到薄层板顶端时(预定的高度),立即取出薄层板,计算比移值 R_f。

⑥ 显色。样品展开后,若本身带有颜色,可直接看到斑点的位置。若样品是无色的,就需要对薄层板进行显色。常用的显色方法有三类,紫外光下观察、蒸气熏蒸显色和喷以各种显色剂。

a. 显色剂显色。对不同的化合物需采用不同的显色剂。常用的显色剂种类很多,有通用显色剂和专属显色剂。若对未知化合物,可以考虑先用通用显色剂,这种显色剂是利用它与被测组分的氧化还原反应,点样量的多少会影响检出效果。点样量少,会使微量组分检测不出来;点样量太大,斑点拖尾、重叠,组分不能分离。点样量需通过实验来确定。对于较厚的薄层板,点样量可适当增加,若样品溶液太稀,则可分几次点。脱水反应及酸碱反应等易显色。如浓硫酸或 50%浓硫酸,由于多数有机物质用硫酸炭化而使它们显色,一般在喷此溶剂后数分钟即会出现棕色到黑色斑点,这种焦化斑点常常显现荧光。

喷雾显色时,应将显色剂配成一定浓度的溶液,然后用喷雾器均匀地喷洒到薄层上。对于未加黏合剂的干板,应在展开剂尚未挥发尽时喷雾,否则会将薄层吹散。

显色剂的种类繁多,需要时可参阅有关专著。表 4-9 列出了部分常用的显色剂。

b. 紫外光显色。把展开后的薄层放在紫外灯下观察,含有共轭双键的有机物质能吸收紫外光,呈暗色斑点即为样品点。对含有荧光指示剂铺成的薄层板(如硅胶 GF_{254})在紫外光(254nm)下观察,整个薄层呈现黄绿色荧光,斑点部分呈现暗色更为明显。有些物质在吸收紫外光后呈现不同的颜色的荧光,或需喷某种显色剂作用后显出荧光。由于这些物质只在紫外灯照射下显色,紫外光消失后,荧光随之消失,因而需要用针沿斑点周围刺孔,标出该项物质的位置。

表 4-9 常用显色剂

显 色 剂	检 测 对 象
浓硫酸或 50%硫酸	大多数有机化合物显出黑色斑点
0.3%溴甲酚绿 80%甲醇溶液	脂肪族羧酸于绿色背景显黄色
5%磷酸乙醇溶液	喷后以 120℃烘烤,还原性物质显蓝色斑点;再用氨气熏,背景变为无色
0.1mol/L 氯化铁-0.1mol/L 铁氰化钾	酚类、芳香胺类、酚类衍族化合物
含 0.3%醋酸的 0.3%茚三酮丁醇溶液	氨基酸及脂肪族伯胺类化合物,背景出现红色或紫红色
碘蒸气	有机化合物,显黄棕色
0.5%碘的氯仿溶液	有机化合物,显黄棕色
0.1%桑色素乙醇溶液	有机化合物,背景显黑色或其他颜色

c. 碘蒸气熏蒸显色。将易挥发的试剂放在密闭的容器中，使它们的蒸气充满整个容器，将已展开、挥发尽溶剂的薄层板放入容器中，使之显色，其显色速度和灵敏度随化合物不同而异。当斑点的颜色足够强时，将板从色谱缸中取出，用铅笔画出斑点的轮廓。斑点是不能持久显色的，因颜色是碘和有机物形成的络合物，当碘从板上升华逸出时，斑点即褪色。

除饱和烃和卤代烃外，几乎所有的化合物均能与碘形成配合物。另外，斑点的强度并不代表存在的物料量，只是一粗略的指示而已。

常见的熏蒸溶剂除固体碘外，还有浓氨水、液体溴等。

思 考 题

1. 色谱分离法分为哪几种？各自的特点是什么？吸附色谱法的基本原理是什么？
2. 填装色谱柱时应注意什么？
3. 对于无色试样，应怎样把各组分的斑点显现出来？
4. 点样斑点过大，会出现什么问题？
5. 制备薄层板时，吸附剂铺得过厚或过薄，对展开有何影响？
6. 影响 R_f 的主要因素有哪些？在实际测定中，常采用何种方法去鉴定一个未知组分。
7. 选择薄层色谱的吸附剂和展开剂的原则是什么？

技能训练 4-16　铜、铁、钴、镍的分离

一、训练目标
1. 学习纸色谱分离的操作方法。
2. 了解纸色谱分离在定量分析中的应用。
3. 学会计算比移值。

二、实验原理

纸色谱法是以滤纸作为支持体的平板色谱分离方法。它在无机物和有机物的分离中都有重要应用。纸色谱法分离物质的原理，是根据各物质在吸附剂上吸附性质的不同，即其分配性质的差别，经过各组分的多次吸附和解吸过程，使混合物各组分得以分离。

本实验用丙酮＋盐酸＋水＝90＋5＋5 为展开剂，用上行法展开以分离 Cu^{2+}、Fe^{3+}、Co^{2+}、Ni^{2+} 混合溶液，其中 Fe^{3+} 移动最快，R_f 值接近 1；其次是 Cu^{2+} 和 Co^{2+}；而 Ni^{2+} 移动距离最小，R_f 值接近于零。展开后用氨气熏之，以中和酸性，然后用二硫代乙二酰胺显色，从上至下各斑点的颜色为：棕黄色（Fe^{3+}）、灰绿色（Cu^{2+}）、黄色（Co^{2+}）和深蓝色（Ni^{2+}）。以 Cu^{2+} 为例其显色反应如下：

$$Cu^{2+} + (CSNH_2)_2 \longrightarrow HN=C-C=NH + 2H^+$$
$$\underset{Cu}{\underset{|\ \ \ \ |}{S\ \ \ S}}$$

三、实验用品

层析筒（可用 100mL 量筒代替）、微量注射器（若只作定性分析，可用毛细管）、喷雾器、滤纸（中速色层纸，裁成 30cm×1.5cm 的条状）。

展开剂（丙酮＋盐酸＋水＝90＋5＋5）、显色剂（二硫代乙二酰胺，0.5%乙醇溶液）、浓氨水（分析纯）、Cu^{2+}、Fe^{3+}、Co^{2+}、Ni^{2+} 混合溶液（各为 5mg/mL 以氯化物配制）。

四、操作步骤

1. 点样。取已裁好的滤纸一张，于纸条一端 3cm 处用铅笔画一条横线，并在横线中间

记一个"×"号，在纸的另一端 1cm 处也用铅笔画一条横线作为溶剂前沿线。用毛细管或微量注射器移取试液 5μL，分 3 次小心点在横线上的"×"号处（称为原点），每次点后用电吹风吹干以控制斑点直径为 0.5cm 左右，在空气中风干后，挂在橡皮塞下面的铁丝钩上。

2. 展开。在干燥的层析筒中加入 10mL 展开剂，放入滤纸条，塞紧橡皮塞，使滤纸下端的空白部分浸入展开剂中约 1cm，开始进行展开，当溶剂上升开至前沿线时停止展开。

3. 显色。取出滤纸条，在空气中风干后，在浓氨水瓶口熏 5min，然后用显色剂喷洒显色。从上到下得到四个清晰的斑点，依次为铁（棕黄）、铜（灰绿）、钴（黄）、镍（深蓝）。

4. 测量并计算比移值 R_f。用铅笔将各斑点的范围标出，找出各斑点的中心点，用尺量出各斑点的中心点到原点的距离 a，再量出原点到溶剂前沿的距离 b，则可计算出各斑点的比移值 R_f。Fe^{3+}、Cu^{2+}、Co^{2+}、Ni^{2+} 的 R_f 值分别为 0.97、0.63、0.49、0.01，可供对照。

五、注意事项

1. 若需要进行定量测定时，可配制各组分的标准溶液，用宽一些的滤纸条，将标准和试样溶液在同一滤纸条上点样，两者原点水平距离约 3cm，其他手续相同。

显色后，分别剪下标准和试样斑点，放在瓷坩埚中灰化，然后在高温炉中灼烧（800℃）15min，取出冷却后，加 10 滴浓 HNO_3 加热溶解，用光度法分别测定各组分含量。铁可用磺基水杨酸显色；铜用铜试剂显色，钴用亚硝基-R 盐显色；镍用丁二酮肟显色测定。

2. 层析纸应先在展开剂饱和的空气中放置 24h 以上，方法是：取少量展开剂置于一小烧杯中，然后放入干燥器中，并把层析纸放在干燥器中，盖严之后，放置即可。

3. 展开剂中各组分之比例必须严格控制，否则影响分离效果。因此，量取丙酮的量器和储存展开剂的容器必须干燥，盐酸和水应当用移液管量取。

4. 配制 Cu^{2+}、Fe^{3+}、Co^{2+}、Ni^{2+} 试液时，必须采用氯化物，如果采用硝酸盐类时，展开效果不够好，各组分的斑点不集中。

5. 点样时如果斑点直径太大，可分次点样；若不作定量测定，只需控制斑点大小，不必准确量取体积。

6. 喷洒显色剂不宜过多，以免底色过深影响斑点观察。

六、思考题

1. 影响 R_f 值的因素有哪些？
2. 展开剂中加入盐酸起什么作用？

技能训练 4-17　氨基酸的分离

一、训练目标

1. 掌握纸色谱法的操作技术和比移值的测量方法。
2. 学习如何根据组分不同的比移值，分离、鉴别未知试样的组分。

二、实验原理

本实验是分离、鉴定三组分氨基酸混合物：异亮氨酸，赖氨酸和谷氨酸。

氨基酸无色，利用它们与茚三酮显现蓝紫色（除脯氨酸黄色外），可将分离的氨基酸斑点显色。其显色反应如下。

氨基酸被水化茚三酮氧化，分解出醛、氨、二氧化碳，而水化茚三酮本身则被还原为还原茚三酮：

$$R-CH(NH_2)-COOH + \text{(水化茚三酮)} \longrightarrow \text{(还原茚三酮)} + RCHO + NH_3 + CO_2\uparrow$$

与此同时，还原茚三酮和 NH_3、茚三酮缩合成新的有色化合物而使斑点显色：

$$\text{(还原茚三酮)} + NH_3 + \text{(茚三酮)} \longrightarrow \text{(有色化合物)} + H_2O$$

三、实验用品

玻璃层析筒（直径150mm，高300mm）、层析纸纸条（198mm×240mm，也可用大张定性滤纸代替）、毛细管（直径1mm左右，自制或市场购买）、喷雾器（盛显色剂用）。

展开剂［正丁醇＋甲酸（880g/L）＋水＝60＋12＋8］、2g/L 氨基酸标准溶液（将异亮氨酸，赖氨酸和谷氨酸分别配成 2g/L 的水溶液）、茚三酮（1g/L 乙醇溶液）、异亮氨酸、赖氨酸和谷氨酸混合试液（将三种氨基酸等量混合）。

四、操作步骤

1. 点样。取纸条于下端 3cm 处，用铅笔画一水平线，在线上画出 1、2、3、4 号四个点，在距纸的另一端约 1cm 处也画一水平线作为溶剂前沿线。1、2、3 号分别用毛细管将三种氨基酸标准溶液点出约 2mm 直径大小的扩散原点，4 号点出混合试液原点（参见图 4-53）。注意，皮肤分泌有氨基酸，不要用手指直接接触纸条。

2. 展开分离。将点好样的滤纸晾干后用挂钩挂在层析筒盖上，放入已盛有 80mL 展开剂的层析筒中，盖严筒盖，记下开始层析时间。当展开剂上升至前沿线时，取出层析纸，记下展开停止时间。将滤纸晾干或烘干。

3. 显色。展开剂晾干或烘干后，用喷雾器在层析纸上均匀喷上 1g/L 茚三酮溶液，放入 100℃ 干燥箱中烘 3~5min，滤纸干后，即可显出红色的层析斑点。

4. 测量并计算比移值 R_f。用铅笔将各斑点的范围标出，找出各斑点的中心点，用尺量出各斑点的中心点到原点的距离 a，再量出原点到溶剂前沿的距离 b，则可计算出各斑点的比移值 R_f。

五、注意事项

1. 层析纸应先在展开剂饱和的空气中放置 24h 以上，方法是：取少量展开剂置于一小烧杯中，然后放入干燥器中，并把层析纸放在干燥器中，盖严之后，放置即可。

2. 纸条应挂得平直，原点应离开液面，纸条应与展开剂接触。

六、思考题

1. 为什么在纸色谱法中要采用标准品对照鉴别？
2. 纸上层析法分离氨基酸的固定相和流动相分别是什么？

第七节　膜分离技术

学习目标
1. 了解膜分离技术的基本原理。
2. 了解膜分离技术的主要应用。

膜分离技术是对液-液、气-气、液-固、气-固体系中不同组分进行分离、纯化与富集的一门高新技术。这种技术与常规分离方法相比，具有能耗低、分离效率高、设备与过程简单、易于操作、无相变和化学变化、不污染环境等优点，是解决当代能源、资源和环境问题的重要高新技术，对未来工业的改造起着深远的影响。

膜分离技术是用一种特殊的半渗透膜作为分离介质，当膜的两侧存在某种推动力（如压力差、浓度差、电位差等）时，半透膜有选择性地允许某些组分透过，同时，阻止或保留混合物中的其他组分，从而达到分离、提纯的目的。用于过滤的膜一般是用具有多孔的物质作为支撑体，其表面由只有几十微米左右厚的膜层组成的。膜分为固膜、液膜和气膜三类，固膜应用最多，固膜又可分为无机膜和有机膜。新材料、新的膜分离方法在不断开发研究，使膜分离技术发展迅猛。反渗透、超滤、微滤、电渗析为四大已开发应用的膜分离技术。其中反渗透、超滤、微滤相当于过滤技术，用以分离含溶解的溶质或悬浮微粒的液体。电渗析用的是荷电膜，在电场的推动下，用以从水溶液中脱除离子，主要用于苦咸水的脱盐。

一、渗析

渗析也称透析是最早发现和研究的膜现象。这种半透膜只允许水中或溶液中的溶质通过，溶质从高浓度一侧透过膜扩散到低浓度一侧的现象称为渗析作用，也称扩散渗析或扩散渗透。渗透作用的推动力是浓度差，由于膜两侧溶液的浓度差而使溶液进行扩散分离的。浓度高的一侧向浓度低的一侧扩散，当膜两侧溶液达到平衡时，渗透过程停止。由于渗析过程的传质推动力是膜两侧物料中组分的浓度差，渗透扩散速度慢，膜的选择性差。渗透所用的膜多为离子交换膜，此方法用于血液渗析、处理废水中移动速度较快的 H^+ 和 OH^-，用于酸碱的回收，回收率可达到 70%～90%，但这种膜不能使回收的酸碱浓缩。

二、电渗析法

电渗析是在直流电场作用下，以电位差为推动力，利用离子交换膜的选择性，把电解质从溶液中分离出来，从而实现溶液的淡化、浓缩、精制或纯化目的的一种分离方法，电渗析是电解和透析过程的结合。广泛用于苦咸水脱盐、饮用水、食品、医药和化工等领域。

电渗析法是 1975 年提出来的，是利用离子交换膜选择性透过离子的特殊性能，在直流电场作用下，产生离子迁移，阴阳离子分别通过阴阳离子交换膜

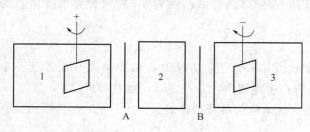

图 4-58　电渗析分离装置示意图
1—阳极池；2—料液池；3—阴极池；
A—阴离子交换膜；B—阳离子交换膜

进入到另一种溶液，从而达到分离、提纯、回收的目的。其分离装置如图 4-58 所示。在阳极池与料液池之间有一个常压下不透水的阴离子交换膜 A 将它们隔开，它阻挡阳离子，只允许阴离子通过；在料液池和阴极池之间，有阳离子交换膜 B 将它们隔开，它阻挡阴离子，只允许阳离子通过。当阴阳电极加上电压时，料液池中阳离子通过阳离子交换膜迁移到阴极池中；阴离子通过阴离子交换膜迁移到阳极池中，如果料液中有沉淀颗粒或胶体，则不

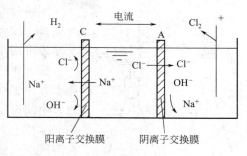

图 4-59　NaCl 电渗析分离示意图

能通过阴、阳离子交换膜，留在料液中。这样，阴阳离子、沉淀颗粒得以分离。

图 4-59 是 NaCl 电渗析分离示意图，在电流的作用下，Na^+ 向阴极移动，易通过阳离子交换膜，却不能通过阴离子交换膜。同理，Cl^- 易通过阴膜而受到阳离子交换膜的阻挡，结果使两旁隔离室离子浓度上升，形成浓水室，而中间隔离室离子浓度下降，形成淡水室。

三、微孔过滤

微孔过滤是以压力差为推动力的膜分离方法。主要用于气相和液相中截留分离微粒、细菌、污染物等。微孔滤膜是起决定性作用，是用特种纤维酯或高分子聚合物制成的孔径均一的薄膜。滤膜种类有硝酸纤维膜（CN 膜）、醋酸纤维膜（CA 膜）、混合纤维膜（CN/CA 膜）、聚酰胺滤膜、聚氯乙烯疏水性滤膜、再生纤维滤膜、聚四氟乙烯强憎水性滤膜等。用厚度、过滤速度、孔隙率、灰分及滤膜孔径来表示微孔滤膜的性能。

用扫描电子显微镜观察微孔滤膜的断面结构，常见的有三种类型：微孔型、网络型和非对称型（见图 4-60）。

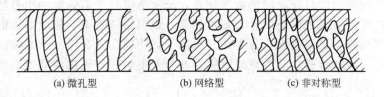

图 4-60　膜断面结构

通过电镜观察微孔滤膜的截留机理有四种，如图 4-61 所示。
① 机械截留。膜能截留比孔径大的微粒或杂质。
② 物理作用或吸附截留。由膜材料与被截留微粒的物理性能如吸附、电性等所引起的。
③ 架桥作用。微粒构成桥形被截留。
④ 网络型膜网络内部截留。此时微粒被截留在膜的内部，由网膜的结构所引起。

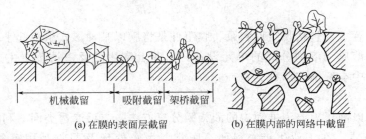

图 4-61　微孔膜的截留作用示意图

用特种纤维素酯或高分子聚合物制成的微孔滤膜，机械强度较差，故实际应用中要将膜材料贴附在平滑多孔的支撑体上。支撑体可用不锈钢或其他耐腐蚀的塑料及尼龙布组成。

作为实验室用的小型微孔过滤装置可参照图 4-62。在吸滤瓶上方设置一个滤筒，滤筒的上下两部分可用不锈钢或塑料制成，中间设置一个聚四氟乙烯 O 形圈，将微孔滤膜放置在带孔的支撑片上，与 O 形圈配合后联结成一个整体。要先将滤膜放在溶液中充分浸润，以赶尽滤膜孔穴中的空气，增加滤膜的有效过滤面积。

作为工艺使用的微孔过滤组件，通常可分为板框式、管式、螺旋卷式和中空纤维式。

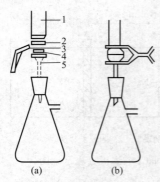

图 4-62 过滤器
1—滤筒上半部；2—聚四氟乙烯 O 形圈；3—微孔滤膜；4—支撑片；5—滤筒下半部

四、反渗透

反渗透是与渗透紧密相关的，是与渗透现象相反的过程，反渗透膜只允许溶剂通过而不允许溶质通过。反渗透在海水淡化、化工、医药、废水处理、食品等方面应用广泛。用半透膜将纯水和盐水隔离时，水将自然地穿过半透膜向盐水扩散渗透，见图 4-63(a)，而当纯水的扩散渗透达动态平衡时，在盐水一侧会生产一个高度为 h 的液面差，见图 4-63(b)，该液柱的压力等于水向盐水渗透的渗透压。此时若在盐水一侧施加一个比渗透压大的外界压力 p 时，盐水中的水将通过半透膜反向扩散渗透到纯水中去，这一现象称为反渗透，见图 4-63（c）。基于此现象所进行的纯化或浓缩溶液的分离方法称之为反渗透分离法。

反渗透是渗透的一种反向迁移运动，它主要是在压力推动下，借助半透膜的截留作用，迫使溶液中的溶剂与溶质分开，溶液浓度越高，反渗透进行所需施加的压力越大。

反渗透膜是反渗透装置的心脏，其基本性能一般包括透水率、盐透率和抗压实性等。根据渗透膜的物理结构，反渗透膜可分为非对称膜、均质膜、复合膜、动态膜；根据膜的材料分类，则可分为乙酸纤维膜、芳香聚酰胺膜、高分子电解膜、无机质膜等。

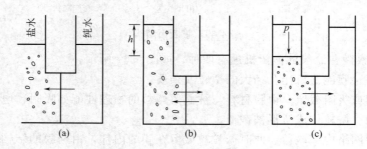

图 4-63 渗透、反渗透

膜的分离装置主要包括膜组件和泵。膜组件是将膜以某种形式组装起来，在外界压力作用下，能实现对溶质和溶剂分离的单元设备。工业上常用的反渗透装置主要有板框式、管式、螺旋卷式及中空纤维式四种类型。

五、超滤

超滤是一种以静压力差为推动力的液相膜分离方法。与反渗透类同，利用渗透膜来滤除污水中溶解的物质。在工业生产、科研、医学、污水处理及回收利用等领域得到广泛的应用。

超滤的分离截留机理，通常用"筛分"理论来解释。认为在膜的表面有无数微孔，这些微孔像筛子的筛孔一样，可以截留住直径大于孔径的溶质和杂质颗粒，从而实现过滤分离。

图 4-64 表示各种渗透膜的大体孔径范围和它们的相对分子质量截留区段。各种渗透膜对不同相对分子质量物质的截留功能可用图 4-65 表示。

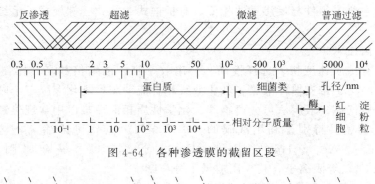

图 4-64　各种渗透膜的截留区段

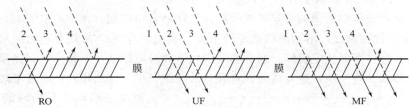

图 4-65　各种渗透膜对不同物质的截留功能示意图
1—溶剂；2—小分子；3—大分子；4—微粒

实际应用中，往往膜表面的化学特性也对物质的分离起到一定的作用。比如当膜的孔径比溶剂和溶质的分子都大时，膜仍然具有分离截留功能，这只能说明膜表面的物理化学特性此时起到了重要作用。

超过滤装置的工作原理如图 4-66 所示。在一定的压力作用下，当含有高（A）低（B）两种相对分子质量的溶质的混合溶液流过被支撑的膜表面时，溶剂和低相对分子质量的溶质（如无机盐类）将透过薄膜，作为透过物被收集起来；高相对分子质量的溶质（如有机胶体等）则被薄膜截留于浓缩液，待回收。

超滤和反渗透法十分相似，具有相同的膜材料和相仿的制备方法，有相似的机制和功能，有相近的应用。超滤所用的薄膜较疏松，透水量大，除盐率低，用以分离的溶质分子至少要比溶剂分子大 10 倍，能够分离高分子和低分子有机物及无机离子等。在这种系统中，渗透压已经不能起作用，其过滤机理主要是筛滤作用。超滤压力低，溶液所施加的压力为 0.07～0.7MPa。反渗透薄膜致密，透水量低，除盐率高，用来分离分子大小接近的溶剂和溶质，反渗透压力大于 2.8MPa。在反渗透膜上的分离过程中，伴随有半透膜、溶解物质和溶剂之间复杂的物理化学作用。故有人认为，可以把超滤膜看做是具有较大平均孔径的反渗透膜；反渗透膜主要用来截留无机盐类的小分子，而超滤法则是从小分子溶质或溶剂分子中，将比较大的溶质分子筛分出来。

超滤膜按其结构可分为两类：一种是各向同

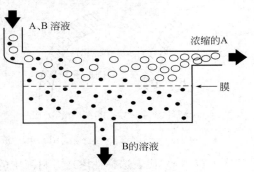

图 4-66　超过滤装置的工作原理

性膜,该膜的微孔数量与孔径在膜的各层基本相同,无正面和反面区别;另一种是各向异性膜,它是由一层极薄的表面"皮层"和一层较厚的"海绵层"组成的复合薄层。超滤膜的基本性能可用水通量、截留率和化学物理稳定性表示。工业上常用的超滤膜材料有乙酸纤维、聚砜、芳香聚酰胺、聚丙烯、聚乙烯、聚碳酸酯和尼龙等高分子材料,根据使用要求选择。

超滤装置的主要膜组件与反渗透法相似,有板框式、管式、螺旋式、毛细管式及中空纤维式等类型。

六、液膜分离技术

液膜分离具有传质速度快、选择性高、分离效率高、浓缩倍数高、操作更为简单等特点。液膜的发展经历了带支撑体液膜、乳化液膜和含流动载体乳化液膜三个阶段,目前液膜已可代替固膜分离气体。液膜法可分离物理、化学性质相似而难以用常规蒸馏、萃取方法分离的有机烃类混合物。特别是利用液膜的"离子泵"效应,可浓缩离子溶液,如 Na^+、K^+、Cu^{2+}、Zn^{2+}、Al^{3+}、Hg^{2+}、Fe^{2+}、Co^{2+}、Ni^{2+}、U^{6+} 等金属阳离子和 Cl^-、SO_4^{2-}、NO_3^-、PO_4^{3-} 等阴离子,其应用前景十分广阔。

液膜是悬浮在液体中很薄的一层乳液微粒。乳液通常由溶剂(水或有机溶剂)表面活性剂(作乳化剂)和添加剂制成。溶剂是构成膜的基体,表面活性剂含有亲水基和疏水基,可定向排列以固定油水分界面而稳定膜形。通常膜的内相试剂与液膜是互不相溶的,而膜的内相(分散相)与膜的外相(连续相)是互溶的,将乳分散在第三相(连续相)就形成了液膜。

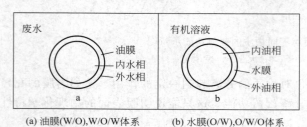

图 4-67 油膜和水膜示意图

液膜按形状可分为液滴型、乳化型和隔膜型。乳化型液膜是液滴直径小到呈乳状的液膜,一般液滴直径为 $0.05\sim0.2$cm,膜的有效厚度为 $1\sim10\mu$m。按膜的组成不同,可分为油包水型(W/O)和水包油型(O/W)两种,见图4-67。

按传质机理的不同,液膜又可分为无载体输送的液膜和有载体输送的液膜两种。有载体输送的液膜是由表面活性剂、溶剂和载体形成的,载体能在液膜的两个界面之间来回穿梭传递迁移物质,改善液膜的功能。

1. 液膜分离机理

(1) 无载体液膜 无载体液膜的分离机理主要有:选择性渗透、化学反应以及萃取和吸附等。图4-68为液膜分离机理示意图。

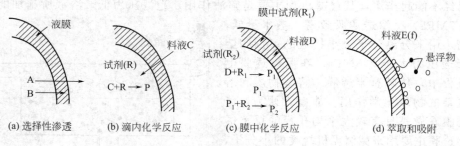

图 4-68 液膜分离机理示意图

图 4-68(a)代表选择性渗透,料液中的 A 和 B,由于它们在液膜中的渗透速度不同,最终 A 透过膜而 B 透不过,使 A 与 B 分离;图 4-68(b)则表示液料中被分离物 C 通过膜而进入

滴内，与滴内试剂 R 产生化学反应生成 P 而留在滴内，使 C 与料液分离；图 4-68（c）是料液中的被分离物 D 与膜中载体 R_1 产生化学反应生成 P_1 进入滴内与 R_2 反应生成 P_2，从而使分离物 D 与料液分离；图 4-68（d）则表示此时的液膜分离具有萃取和吸附的性质，能把有机化合物萃取和吸附到碳氢化合物的薄膜中，也能吸附各种悬浮的油滴及悬浮固体物等。

（2）有载体液膜　有载体液膜分离是靠加入的流动载体进行分离的，因而其分离过程主要取决于载体的性质。载体分为离子型和非离子型，故分离机理也主要分为逆向迁移和同向迁移两种。当液膜中载体为离子型时，由于液膜两侧要求电中性，在某一方向一种阳离子移动穿过膜时，必须有相反方向的另一种阳离子来平衡，所以待两种溶质的迁移方向相反，故称之为逆向迁移。这种迁移机理可由图 4-69 来说明。

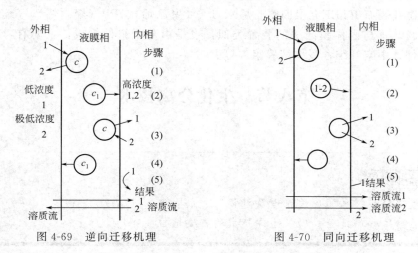

图 4-69　逆向迁移机理　　　　　图 4-70　同向迁移机理

当液膜中的载体为非离子型时，它所载带的溶质是中性盐。即载体在与阳离子结合的同时，又与阴离子配合形成离子对一起迁移，这种迁移称之为同向迁移。可用图 4-70 来说明这种迁移过程的机理。

2. 液膜分离的装置和操作

乳化液膜分离装置与萃取分离装置类似。其主要设备和操作程序如下。

（1）制备乳液　根据分离的需要选择液膜组分，包括表面活性剂、膜溶剂和添加剂以及流动载体。制乳，常用的设备有混合器、胶体磨或超声波乳化器等。图 4-71 为常见的实验室制备乳化膜的方法。

（2）液膜萃取　将乳液与待处理溶液在混合槽内搅拌混合，使乳液分散在料液相中，形

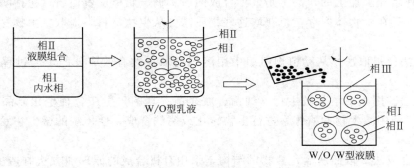

图 4-71　实验室制备乳化膜的方法

成 W/O/W 型液膜，体系外水相中溶质通过液膜进入内水相，然后再将乳液与被处理料液分离。

液膜萃取的设备主要有混合澄清槽、转盘塔和搅拌柱等。

(3) 破乳 为了回收使用过的乳液的内相有机物，需要将乳液破碎，分离出膜相（有机相）和内水相，将膜相重新返回制乳，内水相进行回收或处理。破乳的方法有化学法和物理法。化学法是加入某种化学破乳剂或调节 pH 使乳液破碎；物理法则有加热法、离心法、静电法等。

3. 含浸取型液膜的隔膜

这种液膜是将有机相（煤油等有机溶剂溶解载体后的溶液）浸入固体微孔膜中而制得。作为支撑体的微孔膜有 PTEE（聚四氟乙烯）、PE（聚乙烯）、PP（聚丙烯）等疏水性微孔膜。含浸取液膜装置与固体膜滤法的装置类似，也是由若干组件构成，主要有：板框式组件、螺旋式组件、中空纤维含浸取液膜组件等。

*第八节　生化分离技术

1. 了解生化分离技术的应用原理及过程
2. 了解生物工程的范畴，以及生物技术的重要地位和作用

生化分离技术是一个简称，也称生物分离技术，它源于生物化学。生物化学是用化学理论研究生物的一门科学，着重研究生物体中的生命高分子物质，如多糖、脂类、蛋白质和核酸等的结构、性质，及其与生命活动之间的联系和规律。所以生化分离技术的特定含义是，从生物体材料中分离生命高分子物质的技术。

生物化学研究的技术手段很多，不仅限于生化分离技术。但针对多糖、脂类、蛋白质和核酸的提取和纯化的生化分离技术，应用广泛，在医药学、环境科学、生物工程等方面不可或缺，因而十分重要。

一、生物材料

生物材料是为某种研究或制备的需要提供的取自生物组织的原材料。有时生物材料可以是在生物体外培养、加工的，甚至是人工合成的。多糖、脂类、蛋白质（包括酶）、核酸等，在自然状态下只在生物体内存在，获取这些物质需要从生物材料中提取。生物材料有以下几种来源。

① 提取法。提取法是从动植物组织中用溶剂提取天然有效成分的工艺过程，是经典的分离方法。

② 发酵法。用人工培养微生物（细菌、放线菌、真菌）生产各种生化制品的方法。当前，生物化工利用微生物的酶体系进行生物转化或酶的合成，使传统的微生物发酵工艺有了长足的发展。

③ 化学合成法。依照所需化合物的结构，采用有机合成的原理和方法制造出生化产品，近代的化学合成方法常与酶合成、酶拆分结合在一起。这种方法经济成本低，产量大。

④ 组织培养法。这种方法不用菌种而是采用动植物细胞群或单个细胞，接种到特殊控制的培养基中，进行离体组织细胞的培养，从而获得所需的生物材料。这就是所谓的细胞工程。细胞工程给生物原材料的来源和构成提供了途径。

⑤ 运用遗传工程。这是近来科学家们在分子水平上研究的重大成果，即在生物体外用人工的方法进行遗传物质（DNA）的重组，创造出新的遗传物质，再转移到生物体内进行表达，可改变生物遗传性状，从而人类可以按照自己的愿望定向发展生物的特性，甚而可以创造出新的生物品种。

二、生化分离的特殊性

与普通的化学分离技术相比较，生化分离技术有其特殊性。首先，其处理的对象是生物材料，成分复杂，往往同时含有蛋白质、脂类、多糖、核酸、无机盐以及细胞或细胞残片；有时欲分离物质的浓度很低，含量甚微，含有大量的水分乃至多种未知物质。这些都给分离提取和纯化造成困难，使程序和装置变得繁复。

再者，由于蛋白质、酶、核酸等的结构具有生命物质的特征，对外界条件非常敏感，不当酸碱性、不良氧化环境、高温、强烈机械作用，都可以引起失活或变性。因此，在整个分离过程中，通常选择在低温或较低温度下进行，还应注意防止体系中重金属离子的影响，控制好 pH、离子强度等。

三、生化萃取分离

1. 细胞的破碎

在提取生物产品之前应将原料绞碎到适用的粒度。若提取细胞内物质，必须将细胞破碎，以使细胞内物质释放出来。对提取体液或细胞外的某些酶、多肽、激素等，则不需要破碎细胞。但大多数生物大分子都存在于细胞之内。为了将细胞内的生物大分子提取和分离出来，就得将细胞或组织破碎。对于不同的生物体，或同一生物体的不同细胞，由于各自的结构不同，所采用的细胞破碎方法也就不同。生物细胞的破碎方法大致有机械破碎、物理破碎、化学破碎及酶破碎等方法。

① 机械破碎法。机械破碎方法是通过运动所产生的剪切力，使细胞破碎的方法。有高速组织捣碎机、匀浆器、研磨机等。

② 物理破碎法。物理法是通过各种物理因素的作用，使组织细胞破碎得方法。可采用的方法有温度差破碎法、压力破碎法、超声波破碎法等。

③ 化学破碎法。化学法是通过化学试剂的作用，将细胞膜的结构改变或破坏，使细胞膜的透过性发生改变。通常采用有机试剂或表面活性剂，如甲苯、丙酮、十二烷基硫酸钠（SDS）、特里顿（Triton）等。

④ 酶破碎法。酶破碎法是利用外加的酶或细胞本身存在的酶，使细胞破碎的方法。

2. 萃取条件和萃取剂

萃取是在一定的条件下，用一定的溶剂处理样品，使要分离的物质转移到溶剂中去，也叫做萃取或抽提，是生物分离纯化的前期工作。生物提取方法与一般化学提取方法在原理上是相同的，生物提取也是利用一种溶剂对物质的不同溶解度，从混合物中分离出一种或几种组分的过程。提取方法分为两类：一类为液-液萃取，一类为液-固萃取。因为一些有机体大分子物质都不能熔化和蒸发，只能由固相转入液相中。生物产品自发酵液（或水溶液）中被一种溶剂（与水不互溶或基本不互溶）提取，当水溶液与溶剂接触时，水溶液中的溶质（即产品）将向溶剂传递，直到水溶液中的溶质不再变化为止。

一些生物产品萃取时，溶剂的类型、pH 和温度都对提取产物有影响。常用的萃取剂有正丁醇、苯、二氯甲烷、环己烷、乙酸戊酯等。

萃取剂的选择，应考虑价廉无毒，两相之间的密度差大，不互溶，易回收的原则。常用的萃取剂有水、稀酸、稀碱溶液，其中稀盐溶液和缓冲溶液对蛋白质的溶解度较大，稳定性好，在蛋白质和酶的提取过程中经常采用。在提取过程中，应注意控制好盐浓度、温度及酸度等因素。

当一些与脂结合比较牢固或分子中非极性侧链较多的蛋白质、酶等，在稀盐溶液、稀酸或稀碱溶液中难溶，可使用一些有机溶剂提取。常用的有机溶剂有丙酮、乙酸乙酯、丁醇、环己烷等。例如，用70%～80%的乙醇溶液，可提取植物种子中的谷蛋白；用丁醇提取微粒体中的酶等。近几年来，在溶剂萃取的新技术方面有大量的研究，而且有了较大的进展，主要的研究目标是开发高选择性萃取剂，降低溶液损耗，减少对环境的污染，降低溶剂成本等。比如，化学萃取、双水相萃取、超临界萃取等，这些方法在萃取选择性，降低环境污染及降低成本等方面均取得了较大进展。

四、生化纯化分离

对于萃取出来的生化物质，都含有各种同类或不同类的杂质，组分复杂，需要进行纯化分离，以获得较纯的生物产品。主要的纯化方法有盐析分离法、等电点分离法、有机溶剂分离法、膜分离法、离子交换层析分离法、电泳分离法、凝胶过滤分离技术等。下面只做简单介绍。

1. 盐析沉淀法

盐析沉淀法简称盐析法，是蛋白质和酶分离纯化中应用最早且至今仍广泛使用的方法。其原理是由于蛋白质是由许多氨基酸连接而成的多肽链，带有电荷的蛋白质表面形成水化膜，在溶液中处于稳定状态，当向溶液中加入大量的中性盐时，表面的电荷被水中和，水化膜被破坏，蛋白质从溶液中析出。不同的蛋白质，盐析时所需的盐浓度不同，因而可达到分离各种蛋白质的目的。常用的中性盐有氯化钠、硫酸钠、硫酸镁等。

2. 等电点沉淀法

利用蛋白质在等电点时溶解度最低以及不同的蛋白质具有不同等电点的特性，对蛋白质进行分离纯化的方法称为等电点沉淀法。蛋白质属于两性物质，不同的蛋白质具有不同的等电点，当溶液pH等于蛋白质的等电点时，蛋白质的净电荷为零，此时蛋白质的溶解度达到最低，从而聚集形成沉淀分离。

3. 凝胶过滤技术

凝胶过滤也称作凝胶层析、分子排阻层析或分子筛层析，是近几年发展起来的，是分离蛋白质、生物酶、核酸等生物大分子不可缺少的分离技术。其分离原理是利用凝胶具有微细的多孔网状结构，各种组分按分子大小不同，流经凝胶层析柱时，进行着两种不同的运动（垂直向下的移动和无定向的分子扩散运动）；大分子由于分子直径大，不易进入凝胶颗粒的微孔中，只能分布在凝胶颗粒的间隙中，因而较快地流出凝胶柱，而小分子物质能够不断的进出于凝胶颗粒的微孔中，比大分子的移动速度慢，从而使各组分按相对分子质量从大到小被分离。凝胶的作用相当于分子筛的作用，与过滤相似，所以也称为分子筛过滤。

常用的凝胶有葡萄糖凝胶（商品名为Sephaex）、琼脂糖凝胶（商品名Sepharose）、聚丙烯酰胺凝胶（商品名为BioGelp）等。

4. 电泳分离法

电泳是指带电粒子在电场中向着与其本身所带电荷相反的电极移动的过程。不同的物质，由于其所带电性、颗粒形状和大小不同，因而在一定的电场中它们的移动方向和速度也不同。带正电荷的颗粒向电场的负极移动，带负电荷的颗粒向正极移动，净电荷为零的颗粒在电场中不移动，因此可使它们分离。

蛋白质分子是带有电荷的两性生物高分子，其正、负电荷的数量与分子所处的酸碱度有关。在一定的pH的缓冲溶液中，在电场作用下，带正电荷的蛋白质分子向负极移动，带负电荷的蛋白质分子向正极移动。由于不同的蛋白质分子所带电荷的数量不同，在电场中运动速度就不同，利用电泳法可将蛋白质分离纯化。

在电泳中，由于使用的支持介质不同，电泳技术可分为多种，如纸电泳、凝胶电泳、粉末电泳、醋酸纤维电泳等。另有无载体电泳，如毛细管电泳等。由此可见，电泳技术具有多种形式。目前，已有利用电泳技术进行量小的生物产品的制备，作为一种高效分离技术其应用前景十分广阔。

5. 膜分离法

现代膜分离技术已被广泛地应用于生物工程。利用膜技术分离发酵液中的生物体、可溶性大分子和电解质等复杂混合物。根据膜孔的大小和被分离物质的差异，膜分离技术主要有四种。

① 微滤。应用于细菌、微粒等的分离。

② 超滤。分离大分子（蛋白质、胶体）与小分子（低分子有机物、无机盐）的分离。

③ 反渗透。用于相对分子质量在500以下的低分子无机物或有机物水溶液的分离。

④ 纳滤膜。膜孔径为纳米级，可分离相对分子质量相差极小的氨基酸。

在研制一个新的生物产品时，实验前，要充分查阅有关文献资料。对要分离纯化的物质的理化性质，生物活性等应有所了解。同时，在分离提纯前，还应确定相应的分析鉴定方法，以便控制分离提纯的各环节，并应认真做好全过程的记录。

五、生物工程简介

生物工程是指运用生命科学、化学和工程学相结合的手段，利用生物体或生命系统以及生物化学原理来生产对人类有用产品的科学体系。生物工程包括遗传操作技术，生物加工技术，总括说来统称生物技术。前者即所谓基因工程和细胞工程，是生物工程的核心和关键；后者即发酵工程和酶工程，是生物工程产业化的基础和支撑。

生物工程是使生物体内的化学过程在体外得以实现，并能形成工业规模的一门技术，是一门造福人类的新技术。随着科学技术的发展，它将推动生命科学、环境科学、医药学、化学工业和农业等领域发生革命性的变革。

技能训练 4-18　大蒜细胞中 SOD 的提取与纯化分离

一、训练目标

1. 学习细胞破碎的操作方法。
2. 学习细胞提取的方法。

二、分离原理

超氧化歧化酶（SOD）是一种具有抗氧化、抗衰老、抗辐射和消炎作用的药用酶。它可以催化超氧负离子（O_2^-）进行歧化反应，生成氧和过氧化氢。

$$2O_2^- + H_2 \longrightarrow O_2 + H_2O_2$$

大蒜中含有较为丰富的SOD，通过组织或细胞破碎后，可用pH7.8的磷酸盐缓冲溶液提取。由于SOD不溶于丙酮，故可用丙酮将其沉淀析出。

三、实验用品

新鲜蒜瓣、磷酸盐缓冲溶液（pH7.8，取 50mL0.2mol/L KH_2PO_4 溶液，加入 45.2mL0.2mol/L NaOH 溶液，用水稀释至 200mL 制成）、氯仿-乙醇混合溶剂［氯仿：无水乙醇＝3:5（体积比）］、丙酮（使用前冷却至 4～10℃）、碳酸盐缓冲溶液（pH＝10.2。将 0.1 mol/L Na_2CO_3 溶液与 0.1 mol/L $NaHCO_3$ 溶液按体积比 7.5：2.5 相混合）、EDTA 溶液（0.1mol/L）、肾上腺素（2mmol/L）。

四、操作步骤

1. 细胞及组织破碎。称取 5g 左右的大蒜瓣，置于研钵中研磨，使组织及细胞破碎。
2. SOD 的提取。在上述破碎的组织及细胞中，加入 2～3 倍体积的磷酸盐缓冲溶液，继续研磨搅拌 20min，使 SOD 充分溶解到缓冲溶液中，然后用离心机在 5000r/min 下离心 15min，分离除去沉淀，得离心液即 SOD 粗酶液，及时测量其体积记下。
3. SOD 的纯化分离。在上述离心液中加入等体积的冷丙酮，搅拌 15min，在 5000r/min 下离心 15min，得 SOD 沉淀。将 SOD 沉淀溶于磷酸盐缓冲溶液中，于 50～60℃下加热 15min，离心除去沉淀，得到 SOD 酶液，及时测量其体积并记录。
4. 分别测定提取液和酶液的吸光值。

取 3 支试管，按下表分别加入各种试剂和样品液。

试管	空白管	对照管	样品管
碳酸盐缓冲溶液/mL	5.0	5.0	5.0
EDTA 溶液/mL	0.5	0.5	0.5
蒸馏水/mL	0.5	0.5	—
样品液/mL	—	—	0.5
肾上腺素/mL	—	0.5	0.5

加入肾上腺素前，充分摇动并在 30℃水浴中预热 5min 至恒温。加入肾上腺素（空白管不加），继续保温反应 2min，然后立即在 480nm 处测定各管中溶液的吸光度。对照管与样品管的吸光值分别为 A 和 B。

五、实验结果

计算 SOD 纯化收率。

在上述实验条件下，将 SOD 抑制肾上腺素 50% 所需的酶量定义为一个酶活力单位。

$$1 \text{酶活力单位} = \frac{2(A-B)N}{A}$$

其中 2 为抑制肾上腺素 50% 的换算系数（100%/50%）；N 为样品稀释倍数，等于反应液体积与酶样品液体积之比，由实验用量可知 6.5/0.5＝13。

若以每毫升样品液包含的酶活力单位表示样品的酶活力 H，则

$$H(\text{酶活力单位}/\text{mL}) = \frac{2N(A-B)}{AV_{样}}$$

其中 $V_{样}$ 为样品液体积，由实验用量可知为 0.5mL。

由此即可计算出粗酶液和酶液各自的酶活力。再由已测得的粗酶液和酶液的体积和吸光度，即可计算出 SOD 纯化收率。

$$\text{纯化收率} = \frac{V_{酶液} H_{酶液}}{V_{粗酶液} H_{粗酶液}} \times 100\%$$

第五章 物质物理常数的测定技术

物理常数是物质的特性常数,在一定程度上反映了分子结构的特性,根据物理常数可以鉴定物质,检验物质的纯度,确定溶液的浓度等。工业生产中的原料、中间产物和产品是否合格,常以物理常数作为质量检验的重要控制指标之一。物理常数主要包括密度、熔点、沸点、凝固点、黏度、饱和蒸气压、折射率、比旋光度、电导率及表面张力等。

第一节 密度的测定

1. 掌握密度的测定原理和测定方法。
2. 掌握密度测定装置的装配技术。

密度是物质的重要物理常数之一。测定密度可以定性鉴定物质,判断物质的纯度。

物质的密度是指在规定温度 t℃下单位体积物质的质量,单位为 g/cm³ 或 g/mL,以 ρ_t 表示。

$$\rho_t = \frac{m}{V} \tag{5-1}$$

式中 m——物质的质量,g;

V——物质的体积,cm³ 或 mL。

由于物质热胀冷缩,其体积随温度的变化而变化,所以物质的密度也随之而变。因此,同一物质在不同温度下测得的密度是不同的,表示密度时必须注明温度,常以 20℃ 为准。国家标准规定化学试剂的密度系指在 20℃ 时单位体积物质的质量,用 ρ 表示。在其他温度时,则必须在 ρ 的右下角注明温度,即用 ρ_t 表示。

物质的密度与其分子间的作用力有关。若物质中含有杂质,则会改变分子间的作用力,密度也随之而改变。所以根据密度可以区分化学组成相似而密度不同的化合物、检验化合物的纯度及定量分析物质的浓度。因此在生产中,密度是物质产品质量控制指标之一。此外,由密度还可以估算物质的其他物理性质,如沸点、黏度、表面张力等。

液体和固体的密度受压力的影响极小,因此在测定其密度时通常不考虑压力的影响。密度的测定,包括气体、液体和固体密度的测定。本节主要介绍液体密度的测定方法,其常用的测定方法有密度瓶法、韦氏天平法和密度计法。

一、密度瓶法

密度瓶法可用于测定非挥发性液体的密度。

1. 测定原理

在 20℃ 时,分别测定充满同一密度瓶的水及试样的质量,由水的质量及密度可以确定密度瓶的容积即试样的体积，由此可计算试样的密度。

即
$$V = \frac{m_水}{\rho_0} \quad (5-2)$$

$$\rho = \frac{m_样}{m_水}\rho_0 \quad (5-3)$$

式中　$m_样$——20℃时充满密度瓶的试样质量，g；
　　　$m_水$——20℃时充满密度瓶的水的质量，g；
　　　ρ_0——20℃时水的密度，g/cm³，$\rho_0 = 0.99820$ g/cm³。

由于测定密度时是在空气中称取水和试样的质量的，必然受到空气浮力的影响。因此，必须按下式计算密度，以校正空气的浮力。

$$\rho = \frac{m_样 + A}{m_水 + A}\rho_0 \quad (5-4)$$

$$A = \frac{m_水}{0.9970}\rho_0 \quad (5-5)$$

式中　A——空气浮力校正值，即在空气中称量试样和蒸馏水比在真空中减轻的质量，g；
　　　0.9970——ρ_0 与干燥空气在 0℃、101325Pa 时的密度（0.0012g/cm³）之差。

通常，A 值的影响很小，可以忽略。

2. 测定仪器——密度瓶

密度瓶有各种形状和规格，常用的有球形的普通型密度瓶（见图5-1）和标准型密度瓶（见图5-2）。标准型密度瓶是附有特制温度计、带有磨口帽的小支管的密度瓶。容积一般为5mL、10mL、25mL等。

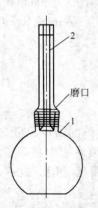

图5-1　普通型密度瓶
1—密度瓶主体；2—毛细管

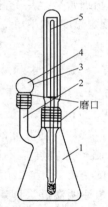

图5-2　标准型密度瓶
1—密度瓶主体；2—侧管；3—侧孔；4—罩；5—温度计

3. 测定方法

① 将密度瓶洗净并干燥，连同温度计及侧孔罩一起在分析天平上精确称量。

② 取下温度计及侧孔罩，用新煮沸并冷却至约20℃的蒸馏水充满密度瓶，插入温度计，置于恒温水浴中达（20±0.1）℃时，盖上侧孔罩，取出密度瓶，用滤纸擦干其外壁的水，立即称量。

③ 将密度瓶中的水倒出，洗净并使之干燥，以试样代替蒸馏水重复②的操作。

④ 按式(5-3)计算试样的密度。

二、韦氏天平法

韦氏天平法适用于测定易挥发性液体的密度。

1. 测定原理

韦氏天平法测定密度的依据是阿基米德定律,即当物体完全浸入液体时,它所受到的浮力或所减轻的质量等于该物体排开液体的质量。因此,在一定温度(20℃)下,分别测出同一物体(玻璃浮锤)在水及试样中的浮力。由于浮锤排开水和试样的体积相同,而浮锤排开水的体积为:

$$V = \frac{m_{水}}{\rho_0} \tag{5-6}$$

故试样的密度为:

$$\rho = \frac{m_{样}}{m_{水}} \rho_0 \tag{5-7}$$

式中 ρ_0 ——试样在20℃时的密度,g/cm³;

$m_{样}$——浮锤浸于试样中时的浮力(骑码读数),g;

$m_{水}$——浮锤浸于水时的浮力(骑码读数),g。

2. 测定仪器——韦氏天平

韦氏天平的构造如图5-3所示。它主要由支架、栋梁、玻璃浮锤及骑码组成。天平横梁4用支架支持在刀口5上,梁的两臂形状不同且不等长。长臂上刻有分度,末端有悬挂玻璃浮锤的钩环7,短臂末端有指针,当两臂平衡时,指针应和固定指针3水平对齐。旋松支柱紧定螺丝2,可使支柱上下移动。支柱的下部有一个水平调整螺钉11,横梁的左侧有水平调节器,它们可用于调节天平在空气中的平衡。

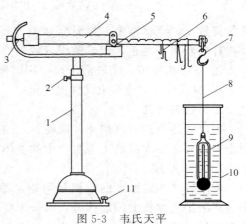

图 5-3 韦氏天平

1—支架;2—支柱紧定螺丝;3—指针;4—横梁;
5—刀口;6—骑码;7—钩环;8—细白金丝;
9—浮锤;10—玻璃筒;11—水平调整螺钉

每台天平有两组骑码,每组有大小不同的四个骑码。最大骑码的质量等于浮锤在20℃水中所排开水的质量,其他骑码为最大骑码的1/10,1/100,1/1000。四个骑码在各个位置上的读数如表5-1所示。

表 5-1 韦氏天平各骑码位置的读数

骑码位置	一号骑码	二号骑码	三号骑码	四号骑码
放在第十位时	1	0.1	0.01	0.001
放在第九位时	0.9	0.09	0.009	0.0009
…	…	…	…	…
放在第一位时	0.1	0.01	0.001	0.0001

例如一号骑码在第8位上,二号骑码在第7位上,三号骑码在第6位上,四号骑码在第3位上,则读数为0.8763,见图5-4。

3. 测定方法

① 按图5-3所示安装韦氏天平。将等重砝码挂于横梁右端小钩上,调整底座上的螺丝,使横梁与支架的指针尖相互对正,以示平衡。

② 取下等重砝码,换上玻璃浮锤,此时天平仍应保持平衡,允许误差应为±0.0005g,否则需作调节。

③ 在一玻璃圆筒中加入经煮沸并冷却至约20℃左右的蒸馏水,将浮锤全部浸入其中。

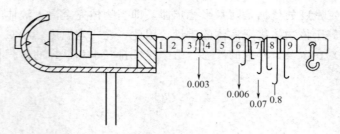

图 5-4 骑码读数方法

把量筒置于恒温水浴中，恒温至（20.0±0.1）℃，然后由大到小把骑码加在横梁 V 形槽上，使指针重新水平对正，记录骑码读数。

④ 将浮锤取出，清洗后干燥，用试样代替水重复③操作，记录骑码读数。

⑤ 按式(5-7) 计算出试样的密度。

三、密度计法

密度计法测定密度快速、简便、直接读数，但准确度较差，且所需试样量较多。常用于测定精度要求不太高的工业生产中的液体密度的日常控制测定。

1. 测定原理

密度计法测定密度的依据是阿基米德定律。密度计上的刻度标尺越向上则表示密度越小。在测定密度较大的液体时，由于密度计排开液体的质量越大，所受到的浮力也就越大，故密度计就越向上浮。反之，液体的密度越小，密度计就越往下沉。由此根据密度计浮于液体的位置，可直接读出所测液体试样的密度。

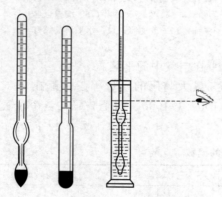

图 5-5 密度计及其读数方法

2. 测定仪器——密度计

密度计是一支封口的玻璃管，中间部分较粗，内有空气，所以放在液体中可以浮起，下部装有小铅粒形成重锤，能使密度计直立于液体中，上部较细，管内有刻度标尺，可以直接读出密度值。如图 5-5 所示。

密度计都是成套的，一般每套有 7～14 支，每支只能测定一定范围的密度，使用时按试样的密度选择合适的密度计。

3. 测定方法

① 将待测试样注入清洁、干燥的玻璃量筒中，用手拿住洁净密度计的上端，轻轻地插入试样中，试样中不得有气泡，密度计不得接触量筒壁及量筒底，用手扶住使其缓缓上升。

② 密度计平稳后，水平观察，读取待测液弯月面上缘的读数即为该试样的密度，同时测量试样的温度。

技能训练 5-1　密度的测定

训练目标

1. 掌握密度各种测定方法的原理和操作方法。
2. 能正确使用密度瓶、韦氏天平和密度计。
3. 进一步熟悉分析天平、恒温水浴的使用方法。

Ⅰ 密度瓶法测定密度

一、实验用品
密度瓶 25mL、恒温水浴、分析天平。
乙醚、乙醇（洗涤用）、苯甲醇（A.R.）或丙三醇（A.R.）。

二、操作步骤
1. 将恒温水浴接通电源，开启恒温水浴开关，将温度恒定在（20±0.1）℃。
2. 将 25mL 密度瓶洗净并干燥，连同温度计及侧孔罩在分析天平上称取其质量 m_0 g。
3. 用新煮沸并冷却至约 20℃的蒸馏水洗密度瓶 2～3 次，然后注满密度瓶，不得带入气泡。立即将密度瓶浸入恒温水浴中约 20min，至密度瓶温度达 20℃，水不要没过磨口塞。取出密度瓶，用滤纸擦干其外壁的水，立即称其质量 m_1 g。
4. 将密度瓶中的水倒出，烘干，冷却。用少量苯甲醇试样洗 2～3 次，并注满密度瓶。同 3 恒温，称量其质量 m_2 g。

三、数据处理
用下式计算苯甲醇的密度。

$$\rho = \frac{m_2 - m_0}{m_1 - m_0} \times 0.99820$$

四、注意事项
1. 密度瓶中不得有气泡。
2. 干燥时不能烘烤密度瓶。
3. 称量尽可能迅速，防止水和试样挥发而影响测定结果。
4. 严格控制温度，使其恒定在（20±0.1）℃。

五、思考题
1. 简述密度瓶法测定密度的原理。
2. 密度瓶中若有气泡，会使测定结果偏高还是偏低？为什么？
3. 测定密度为什么要用恒温水浴？
4. 密度瓶称重前，擦干瓶体外壁时，用手握住瓶体对测定是否有影响？

Ⅱ 韦氏天平法测定密度

一、实验用品
韦氏天平（PZ-A-5 型）、恒温水浴、量筒（100mL）。
乙醇（A.R.）、三氯甲烷（A.R.）或乙醇（A.R.）。

二、操作步骤
1. 将恒温水浴接通电源，开启恒温水浴开关，将温度恒定在（20±0.1）℃范围内。
2. 按图 5-3 所示安装韦氏天平。先用等重砝码使天平平衡，再用玻璃浮锤使天平平衡，两者允许误差±0.005，否则需作调节。
3. 取 100mL 量筒一个，加入经煮沸并冷却至约 20℃左右的蒸馏水 100mL，用乙醇擦净浮锤，用蒸馏水洗 2～3 次，并全部浸入水中，不得带入气泡，浮锤不得与量筒壁或量筒底接触。把量筒置于恒温水浴中，恒温 20min 以上，然后由大到小把骑码加在横梁的 V 形槽上，使指针重新水平对齐，记录骑码读数 $m_水$。
4. 将玻璃浮锤取出，倒出量筒内的水，用乙醇洗涤后，用少量三氯甲烷洗 2～3 次。向量筒内注入三氯甲烷试样 100mL，立即将浮锤全部浸入三氯甲烷中。同步骤（3）恒温，记录骑码读数 $m_{样}$。

三、数据处理

计算三氯甲烷的密度。

$$\rho = \frac{m_{样}}{m_{水}} \times 0.99820$$

四、注意事项

1. 测定过程中，要严格控制温度。
2. 韦氏天平使用完毕，应将骑码全部取下，当需移动天平时，应将横梁等部件取下，以免损坏刀口。
3. 取用玻璃浮锤时，必须十分小心，轻取轻放，一般右手用镊子夹住吊钩，左手垫绸布或清洁滤纸托住玻璃浮锤，以防损坏。
4. 定期进行计量性能检定。
5. 保持清洁。

五、思考题

1. 简述韦氏天平法测定密度的原理。
2. 简述韦氏天平的使用方法。
3. 测定过程中有气泡带入对测定结果是否有影响？
4. 浮锤的金属丝折断后能否任意用一根金属丝连接上？为什么？
5. 等重砝码的质量、体积是否与浮锤的质量、体积相等？

Ⅲ 密度计法测定密度

一、实验用品

密度计（一套）、量筒（100mL）、温度计。
乙醇（A.R.）或丙酮（A.R.）。

二、操作步骤

1. 选择适当的密度计。
2. 取 100mL 量筒，注入 80～100mL 乙醇试样，不得含有气泡。用手拿住密度计的上端，轻轻地插入乙醇中，密度计不得接触量筒壁及量筒底，用手扶住使其缓缓上升。
3. 待密度计停止摆动后，水平观察，读取密度计的读数 ρ_0，同时测量乙醇的温度。

三、数据处理

密度计读数 ρ 即是乙醇试样的密度。

四、注意事项

1. 所用量筒应高于密度计，装入液体不要太满，能将密度计浮起即可。
2. 密度计要缓慢放入液体中，以防密度计与量筒底相碰而受损。

五、思考题

1. 简述液体密度的测定方法。
2. 简述密度计法测定密度的原理。
3. 测定密度时能否把密度计随意放入试样中？
4. 简述三种测定密度方法的适用范围。
5. 密度计法测定密度有何优点？

第二节 熔点的测定

掌握熔点的测定原理及测定方法。

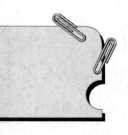

熔点也是物质重要的物理常数。通过测定固体物质的熔点，可以定性地鉴别物质及确定物质的纯度。

在常温常压下，固体物质受热而从固态转变成液态的过程称为熔化。反之，物质放热时，从液态转变为固态的过程叫凝固。在一定条件下，固态和液态达到平衡状态而相互共存时的温度，就是该物质的熔点。物质开始熔化至全部熔化的温度范围，叫做熔点范围或熔距。

纯物质固、液态之间的变化相当敏锐，熔点范围狭窄，一般不超过 0.5℃。若混有杂质时，熔点下降，并且熔点范围变宽。因此，通过测定熔点可以检验固体化合物的纯度。

测定物质的熔点也可用于鉴定未知物。当测得一未知物的熔点与一标准物的熔点相同时，可初步确定此未知物为该标准物。测定方法是取未知物和标准品，将它们研细并混合均匀，测定混合物的熔点。若熔点下降或熔距变宽，即可断定它们不是同一化合物。如果混合物的熔点不发生变化，基本可以肯定为同一种物质。测定混合物熔点时，至少要测定三种比例即 1∶9，1∶1，9∶1。

熔点的测定方法有毛细管法和显微熔点法等。毛细管法是最常用的熔点测定方法，它具有操作方便、装置简单的特点，因此应用广泛。本节主要介绍毛细管法测定熔点的方法。

一、测定原理

通过测定试样的初熔点和终熔点，求得熔距，即可求得待试样的熔点。

将试样研细装入毛细管，置于热浴中逐渐升温，观察毛细管中试样的熔化情况。当试样出现明显局部液化现象时的温度为初熔点，试样全部熔化时的温度为终熔点。记录初熔点的温度和终熔点的温度即为熔点范围（熔距）。

二、测定仪器

毛细管法测定熔点的常用装置有双浴式和提勒管式两种，见图 5-6。

(1) 毛细管（熔点管） 是用中性硬质玻璃制成的毛细管，一端熔封，内径 0.9～1.1mm，壁厚 0.1～0.15mm，长度 80～100mm。

(2) 温度计 测量温度计为单球内标式，分度值为 0.1℃，并具有适当量程。辅助温度计为一般温度计，分度值为 1℃，且具有适当量程。

(3) 圆底烧瓶 容积为 250mL，球部直径 80mm，颈长 20～30mm，口径约 30mm。

(4) 试管 长度 100～110mm，口径约为 20mm。

(5) 热浴

① 提勒管热浴。提勒管的支管有利于载热体受热时在支管内产生对流循环，使得整个管内的载热体能保持相当均匀的温度分布。

② 双浴式热浴。采用双载热体加热，具有加热均匀、容易控制加热速度的优点，是目

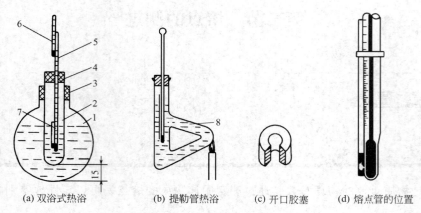

(a) 双浴式热浴　　(b) 提勒管热浴　　(c) 开口胶塞　　(d) 熔点管的位置

图 5-6　熔点测定装置

1—圆底烧瓶；2—试管；3,4—开口胶塞；5—温度计；6—辅助温度计；7—毛细管；8—提勒管

前一般实验室最常用的熔点测定装置。

③ 载热体的选择。应选用沸点高于被测物质全熔温度，而且性能稳定、清澈透明、黏度小的液体作为载热体。常用载热体见表 5-2。

表 5-2　常用的载热体

载热体	最高使用温度/℃	载热体	最高使用温度/℃
液体石蜡	230	浓硫酸	220
甘油	230	有机硅油	350
石蜡	250～350	磷酸	300

有机硅油是无色透明、热稳定性较好的液体。具有对一般化学试剂稳定、无腐蚀性、闪点高、不易着火以及黏度变化不大等优点，故广泛使用。

三、熔点的校正

熔点的测定值是通过温度计直接读取的，温度的读数是否准确，直接影响熔点测定的准确度。因此，对熔点的校正实际上就是对温度计的校正。

（1）温度计示值校正　校正方法见第三章。

（2）温度计露茎校正　在测定熔点时，由于温度计不能全部浸在热浴液中，必须进行露茎校正。其校正方法见第三章。

校正后的熔点 t 可按下式计算。

$$t = t_1 + \Delta t_1 + \Delta t_2 \tag{5-8}$$

式中　t_1——主温度计读数；

　　　Δt_1——温度计示值校正值；

　　　Δt_2——温度计露茎校正值，$\Delta t_2 = 0.000157 l (t_1 - t_2)$；

　　　t_2——辅助温度计读数。

图 5-7　试样的填装

四、测定方法

① 将试样研成尽可能细的粉末，放在洁净、干燥的表面皿上。将毛细管开口端插入粉末中，取一支长约 100mm 的干燥玻璃管，直立于玻璃板或表面皿上，将装有试样的毛细管投入其中，使其垂直下落，如此数次，至试样紧缩至 2～3mm 高，如图 5-7 所示。

② 将装好试样的毛细管按图 5-6 所示附在内标式单球温度计上（使试样层面与内标式单球温度计的水银球中部在同一高度）。

③ 将热浴液升温，控制升温速度不超过 5℃/min，当温度升至低于试样熔点 10℃时，控制升温度速度为（1±0.1）℃/min。试样局部液化时的温度为初熔温度，试样完全熔化时的温度为终熔温度。记录初熔和终熔时的温度值，即试样的熔点范围。

同样的测定重复 2~3 次，由测定结果求平均值，即可计算出试样的熔点值。

技能训练 5-2　熔点的测定

一、训练目标

1. 掌握毛细管法测定熔点的原理和方法。
2. 掌握测定熔点的条件，并学会熔点校正方法。

二、实验用品

圆底烧瓶（250mL）、内标式单球温度计、辅助温度计、试管、毛细管、玻璃管、酒精灯或电炉、表面皿。

硅油或液体石蜡、苯甲酸（A.R.）或尿素（A.R.）。

三、操作步骤

1. 按图 5-6 安装熔点测定装置，将其固定在铁架台上，加入液体石蜡（或硅油），试管底部离烧瓶底 15mm，并使液面基本保持一致。

2. 取三支毛细管，装入已研细的少量苯甲酸试样，紧缩至 2~3mm 高，附在内标式温度计上。

3. 用酒精灯或电炉加热，控制升温速度不超过 5℃/min，观察毛细管中试样的熔化情况，记录试样完全熔化时的温度，作为苯甲酸试样的粗熔点。

4. 待热浴冷却至粗熔点下 20℃时，把另一毛细管附于内标式温度计上，加热升温，使温度缓缓上升至低于粗熔点 10℃时，控制升温速度（1±0.1）℃/min，记录初熔温度和终熔温度。

5. 把第三支毛细管附于内标式温度计上，重复 4 操作，记录初熔温度和终熔温度。两次测定结果取平均值。

四、数据处理

按式(5-8) 计算苯甲酸的熔点。

五、注意事项

1. 试样熔化前出现的收缩、软化、出汗或发毛等现象不是初熔，只有试样出现明显的局部液化现象时才是初熔。

2. 测定熔点前试样要干燥，并要研细，装入量不宜过多，否则熔距增大或使测定结果偏高。试样的装填要紧密，疏松会使测定结果偏低。

3. 毛细管内壁应洁净、干燥，否则熔点偏低。底部熔封不宜太厚。

4. 升温速度不宜过快和过慢。升温太快不易读数，测出的熔点偏高；升温速度越慢，温度计读数愈精确。但对于易分解和易脱水的试样，升温速度太慢，会使熔点偏低。

5. 每次测定必须用新的毛细管另装试样。

6. 测定易分解、易氧化或易脱水的物质的熔点时，毛细管开口端也要熔封。

7. 测未知物熔点时先测粗熔点，测已知物熔点时可先查熔点数据表。

六、思考题

1. A，B，C 三种样品，其熔点范围均为 149~150℃，如何判断它们是否为同一物质？

2. 测过熔点的毛细管冷却后样品凝固了，为什么不能再测第二次？

3. 测定熔点时，如果遇下列情况之一，将产生什么结果？
①毛细管壁太厚；②毛细管不洁净；③样品研得不细或装得不紧；④加热太快；⑤毛细管底部未完全封闭。

4. 接近熔点时升温速度为何要减慢？

5. 为什么要对温度计进行露茎校正？

6. 影响熔点测定准确度的因素有哪些？

第三节　沸点的测定

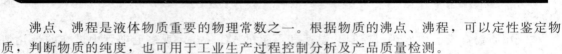

1. 掌握沸点、沸程的测定原理。
2. 能正确安装和使用沸点、沸程的测定装置。
3. 掌握沸点、沸程的测定方法。

沸点、沸程是液体物质重要的物理常数之一。根据物质的沸点、沸程，可以定性鉴定物质，判断物质的纯度，也可用于工业生产过程控制分析及产品质量检测。

液体温度升高时，其蒸气压也随之增加。当液体的蒸气压等于外界大气压时，气化不仅在液体表面，而且在整个液体内部都发生，此时液体沸腾。液体沸腾时的温度称为该液体物质的沸点。物质沸点的高低与其所受的外界压力有关。外界压力越大，液体沸腾时的蒸气压越大，沸点就越高；相反，外界压力减小，液体沸腾时的蒸气压也降低，沸点就降低。通常把液体在标准大气压（101325Pa）下沸腾时的温度称为该物质的沸点。沸点是检验液体化合物纯度的标志，因为纯物质在一定压力下有恒定的沸点，当混有杂质时，其沸点范围（沸程）增大。但应注意，有时几种物质由于形成恒沸混合物，也会有固定的沸点。例如，95.6%的乙醇和4.4%的水混合，形成沸点为78.2℃的恒沸混合物。在工业生产中，对于有机试剂，化工和石油产品，沸程是其质量控制的主要指标之一。沸程是液体在规定条件下（101325Pa，0℃），蒸馏规定体积（一般为100mL）的试样，第一滴馏出物从冷凝管末端滴下的瞬间温度（初馏点）至蒸馏瓶底最后一滴液体蒸发的瞬间温度（终馏点）的间隔。对于纯物质，其沸程一般不超过1～2℃，若含有杂质则沸程增大。由于形成恒沸混合物沸程也会小，但那不是纯物质。对于各种产品都根据不同的沸程数据，规定了相应的质量标准。因此，根据测得的沸程可以确定产品的质量。测定沸程必须按规定条件进行，并严格规定初馏点的时间，如测定石油沸程时，蒸馏汽油从开始加热到初馏点的时间为5～10min；航空油为7～8min；煤油、轻柴油为10～15min；重油为10～20min，此后蒸馏速度要保持4～5mL/min。

一、沸点的测定

常用的测定沸点的方法有常量法和微量法（毛细管法），本节主要介绍常量法。常量法对于受热易分解、易氧化的化合物效果更好。

1. 测定原理

当液体的温度升高时，其蒸气压随之增加，当液体的蒸气压与大气压相等时，开始沸腾，在标准状态下，液体沸腾时的温度即为该液体的沸点。

测定沸点时，注入试样后，缓慢加热，当温度升高到某一数值并在相当时间内保持不变时的温度即为试样的沸点，常量法应用的是蒸馏原理。

2. 测定仪器

图 5-8 为测定沸点的装置。

三口圆底烧瓶，容积为 500mL。试管，长 190~200mm，距试管口约 15mm 处有一直径为 2mm 的侧孔。胶塞，外侧具有出气槽。主温度计为内标式单球温度计，分度值为 0.1℃，量程适宜。辅助温度计，分度值为 1℃。

3. 测定方法

① 在试管中加入适量试样，使其液面略低于烧瓶中载热体的液面。

② 加热烧瓶，当温度上升到某一数值并在相当时间内保持不变时，此温度即为试样的沸点。

③ 记录温度计读数、大气压和室温。

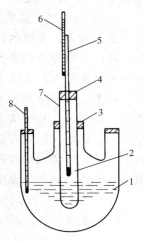

图 5-8 测定沸点装置
1—三口圆底烧瓶；2—试管；
3,4—胶塞；5—测量温度计；
6—辅助温度计；7—侧孔；
8—温度计

二、沸程的测定

测定沸程通常采用蒸馏法，在标准化的蒸馏装置中进行。此法操作简单，迅速，重现性好。

1. 测定原理

在规定条件下，对 100mL 试样进行蒸馏，观察初馏温度和终馏温度。也可规定一定的蒸出体积，测定对应的温度范围或在规定的温度范围测定馏出体积，以及残留量和损失量。

2. 测定仪器

测定沸程的标准化蒸馏装置如图 5-9 所示。

支管蒸馏瓶，用硅硼酸盐玻璃制成，有效容积为 100mL。测量温度计为水银单球内标式，分度值为 0.1℃，量程适当。辅助温度计，分度值为 1℃。直型水冷凝管，用硅硼酸盐玻璃制成。接收器，容积为 100mL，分度值为 0.5mL，亦可用 100mL 量筒。

3. 测定方法

① 按图 5-9 安装蒸馏装置。注意要使测温计水银球上端与蒸馏瓶和支管接合部的下沿保持水平。

② 用接收器量取 (100±1)mL 试样于蒸馏瓶中，加入几粒洁净而干燥的沸石，装好温度计，将接收器置于冷凝管下端，使冷凝管口进入接收器部分不少于 25mm，也不低于 100mL 刻度线，接收器口塞上棉塞，并确保向冷凝管稳定地提供冷却水。

③ 根据不同试样，控制蒸馏速度。一般对于沸程温度低于 100℃ 的试样，应使第一滴冷凝液滴入接收器的时间为 5~10min；对于沸程温度高于 100℃ 的试样，时间应控

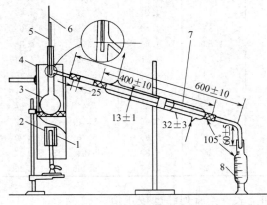

图 5-9 测定沸程蒸馏装置
1—热源；2—热源的金属外罩；3—支管馏瓶；
4—蒸馏瓶的金属外罩；5—温度计；6—辅助温度计；
7—冷凝器；8—量筒

制在 10～15min；此后将蒸馏速度控制在 4～5mL/min。

④ 记录温度计读数、室温及大气压。

三、沸点、沸程的校正

沸点、沸程随外界大气压的变化而变化，不同的测定环境，大气压的差别较大，测定结果的差别也较大，无法进行比较，因此必须将所得测定结果加以校正。

标准大气压是指重力加速度为 980.665cm/s^2，温度为 0℃时，760mm 水银柱作用于海平面上的压力，其数值为 101325Pa＝1013.25hPa。在观测大气压时，由于受地理位置和气象条件的影响，往往和标准大气压所规定的条件（0℃，重力为纬度 45°海平面高度）不相符，为了使所得结果具有可比性，由气压计测得的读数，除按仪器说明书的要求进行误差示值校正外，必须进行温度校正和纬度校正。

1. 气压计读数校正

（1）温度校正 从气压计读数减去表 5-3 所给校正值，将其校正为 0℃时的气压值。

表 5-3 气压计读数校正值

室温/℃	气压计读数/hPa							
	925	950	975	1000	1025	1050	1075	1100
10	1.51	1.55	1.59	1.63	1.67	1.71	1.75	1.79
11	1.66	1.70	1.75	1.79	1.84	1.88	1.93	1.97
12	1.81	1.86	1.90	1.95	2.00	2.05	2.10	2.15
13	1.96	2.01	2.06	2.12	2.17	2.22	2.28	2.33
14	2.11	2.16	2.22	2.28	2.34	2.39	2.45	2.51
15	2.26	2.32	2.38	2.44	2.50	2.56	2.63	2.69
16	2.41	2.47	2.54	2.60	2.67	2.73	2.80	2.87
17	2.56	2.63	2.70	2.77	2.83	2.90	2.97	3.04
18	2.71	2.78	2.85	2.93	3.00	3.07	3.15	3.22
19	2.86	2.93	3.01	3.09	3.17	3.25	3.32	3.40
20	3.01	3.09	3.17	3.25	3.33	3.42	3.50	3.58
21	3.16	3.24	3.33	3.41	3.50	3.59	3.67	3.76
22	3.31	3.40	3.49	3.58	3.67	3.76	3.85	3.94
23	3.46	3.55	3.65	3.74	3.83	3.93	4.02	4.12
24	3.61	3.71	3.81	3.90	4.00	4.10	4.20	4.29
25	3.76	3.86	3.96	4.06	4.17	4.27	4.37	4.47
26	3.91	4.01	4.12	4.23	4.33	4.44	4.55	4.66
27	4.06	4.17	4.28	4.39	4.50	4.61	4.72	4.83
28	4.21	4.32	4.44	4.55	4.66	4.78	4.89	5.01
29	4.36	4.47	4.59	4.71	4.83	4.95	5.07	5.19
30	4.51	4.63	4.75	4.87	5.00	5.12	5.24	5.37
31	4.66	4.79	4.91	5.04	5.16	5.29	5.41	5.54
32	4.81	4.94	5.07	5.20	5.33	2.46	5.59	5.72
33	4.96	5.09	5.23	5.36	5.49	5.63	5.76	5.90
34	5.11	5.25	5.38	5.52	5.66	5.80	5.94	6.07
35	5.26	5.40	5.54	5.68	5.82	5.97	6.11	6.25

（2）纬度校正 温度校正后的气压计读数加上表 5-4 所列纬度校正值。

$$p = p_t - \Delta p_1 + \Delta p_2 \tag{5-9}$$

式中 p——经校正后的气压，hPa；

p_t——室温时气压计读数，hPa；

Δp_1——气压计读数校正值(温度校正值),hPa;
Δp_2——纬度校正值,hPa。

表 5-4 纬度校正值

纬度	气压计读数/hPa							
	925	950	975	1000	1025	1050	1075	1100
0	-2.18	-2.55	-2.62	-2.69	-2.76	-2.83	-2.90	-2.97
5	-2.14	-2.51	-2.57	-2.64	-2.71	-2.77	-2.81	-2.91
10	-2.35	-2.41	-2.47	-2.53	-2.59	-2.65	-2.71	-2.77
15	-2.16	-2.22	-2.28	-2.34	-2.39	-2.45	-2.54	-2.57
20	-1.92	-1.97	-2.02	-2.07	-2.12	-2.17	-2.23	-2.28
25	-1.61	-1.66	-1.70	-1.75	-1.79	-1.84	-1.89	-1.94
30	-1.27	-1.30	-1.33	-1.37	-1.40	-1.44	-1.48	-1.52
35	-0.89	-0.91	-0.93	-0.95	-0.97	-0.99	-1.02	-1.05
40	-0.48	-0.49	-0.50	-0.51	-0.52	-0.53	-0.54	-0.55
45	-0.05	-0.05	-0.05	-0.05	-0.05	-0.05	-0.05	-0.05
50	+0.37	+0.39	+0.40	+0.41	+0.43	+0.44	+0.45	+0.46
55	+0.79	+0.81	+0.83	+0.86	+0.88	+0.91	+0.93	+0.95
60	+1.17	+1.20	+1.24	+1.27	+1.30	+1.33	+1.36	+1.39
65	+1.52	+1.56	+1.60	+1.65	+1.69	+1.73	+1.77	+1.81
70	+1.83	+1.87	+1.92	+1.97	+2.02	+2.07	+2.12	+2.17

2. 气压对沸点、沸程温度的校正

沸点、沸程温度随气压的变化值可按下式计算:

$$\Delta t_p = K(1013.25 - p) \tag{5-10}$$

式中 t_p——沸点、沸程随气压的变化值,℃;
K——沸点、沸程随气压变化的校正值,℃/hPa(见表 5-5);
p——经温度、纬度校正后的气压值,hPa。

表 5-5 沸点、沸程温度随气压变化的校正值

标准中规定的沸腾温度/℃	气压相差 1hPa 的校正值/℃	标准中规定的沸腾温度/℃	气压相差 1hPa 的校正值/℃
10~13	0.026	210~230	0.044
30~50	0.029	230~250	0.047
50~70	0.030	250~270	0.048
70~90	0.032	270~290	0.050
90~110	0.034	290~310	0.052
110~130	0.035	310~330	0.053
130~150	0.038	330~350	0.055
150~170	0.039	350~370	0.057
170~190	0.041	370~390	0.059
190~210	0.043	390~410	0.061

校正后的沸点或沸程温度可按下式计算:

$$t = t_1 + \Delta t_1 + \Delta t_2 + \Delta t_p \tag{5-11}$$

式中 t_1——试样沸点,沸程测定值,℃;
Δt_1——温度计示值校正值,℃;
Δt_2——温度计露茎校正值,℃;
Δt_p——沸点,沸程随气压的变化值,℃。

技能训练 5-3　沸点、沸程的测定

训练目标
1. 掌握沸点、沸程的测定原理和测定方法。
2. 正确使用沸点测定装置和蒸馏装置，并对沸点、沸程进行校正。

Ⅰ　沸点的测定

一、实验用品

三口圆底烧瓶（500mL），试管（带侧孔，长 200mm），胶塞（带有一个出气槽），主温度计（50~100℃，分度值 0.1℃），辅助温度计（100℃分度值 1℃），酒精灯或电炉。

甘油（A.R.）或浓 H_2SO_4（A.R.）、乙醇（A.R.）或环己烷（A.R.）。

二、操作步骤

1. 按图 5-8 安装沸点测定装置。在三口圆底烧瓶中加入 250mL 甘油，在试管中加入 2~3mL 乙醇试样，试管液面应略低于甘油液面。装上测量温度计，使其底端高于试管液面 20mm。辅助温度计用橡皮圈固定在测量温度计上，使其水银球位于测量温度计露出胶塞头上的水银柱中部。

2. 加热使其升温速度为 4~5℃/min，直到试管中液体沸腾并在 2min 内温度保持不变。

3. 记录温度计读数、辅助温度计读数、气压计读数、室温、露茎高度。

三、数据处理

按下式计算乙醇的沸点。

$$t = t_1 + \Delta t_1 + \Delta t_2 + \Delta t_p（\Delta t_1 可忽略）$$

四、注意事项

1. 加热速度不能过快，否则不利于观察，影响测定结果的准确度。
2. 三口圆底烧瓶的一个口必须配有孔的橡皮塞，保证甘油上方与大气相通。
3. 甘油约为三口圆底烧瓶的一半。

五、思考题

1. 测定沸点时，什么时候的温度是待测样品的沸点？
2. 测定沸点时，温度计水银球能否插入液体中，为什么？
3. 常量法测沸点时，加热的火焰应如何控制？
4. 三口瓶上所用胶塞有一个要开出气槽，为什么？
5. 常量法测定沸点适用于哪些范围？
6. 加热太快或太慢对沸点有何影响？

Ⅱ　沸程的测定

一、实验用品

支管蒸馏烧瓶（100mL），主温度计（50~100℃，分度值 0.1℃），辅助温度计（100℃，分度值 1℃），酒精灯或电炉，冷凝管，量筒（100mL）。

乙醇（A.R.）或环己烷（A.R.）。

二、操作步骤

1. 按图 5-9 安装蒸馏装置。用洁净而干燥的 100mL 量筒量取 100mL 乙醇试样注入蒸馏烧瓶中，加入几粒洁净的沸石，装好温度计。置量取乙醇的量筒于冷凝管出口下面（不必再干燥），

使冷凝管口进入量筒部分不少于 25mm，也不低于量筒的 100mL 刻度线，量筒口塞上棉塞。

2. 调节加热速度，使第一滴冷凝液滴入量筒的时间 5～10min。然后调整温度，将蒸馏速度控制在 4～5mL/min。

3. 记录初馏点、终馏点的温度、室温和气压计读数。

三、数据处理

按式(5-11) 计算沸程。

四、注意事项

1. 试样中不得含水，若水较多静置分层后倾出，再加入干燥剂除去水分。
2. 应在通风橱内进行蒸馏。

五、思考题

1. 试样沸程很窄是否一定是纯化合物？为什么？
2. 测定沸程时为什么要进行气压计校正？
3. 简述测定沸程时沸石的作用。若开始时没有加入沸石，在液体沸腾后能否补加？为什么？
4. 测得某二甲苯的沸程为 137.0～140.0℃，测定时大气压为 999.92hPa，辅助温度计读数为 35℃，测定处纬度为 38.5°，温度计露出塞外处的刻度为 109.0℃。试求校正后的沸程。
5. 当加热后有馏液滴下时，才发现冷凝管未通水，能否马上通水？为什么？

第四节　凝固点的测定

1. 掌握凝固点降低法测定物质摩尔质量的方法。
2. 能正确安装、使用凝固点测定装置。
3. 能熟练准确地测定物质的凝固点。

凝固点是物质的重要物理常数之一。测定凝固点可以定性检验物质，鉴别物质的纯度，根据物质的凝固点降低法可能测定物质的摩尔质量并估算溶液的渗透压。

一、测定原理

凝固是熔化的逆过程。液态物质冷却到一定温度时，就会从液态转变为固态，此时的温度称为该物质的凝固点。液态物质根据其组成的不同可分为纯溶剂和溶液。纯溶剂和溶液的凝固点不同，溶液的凝固点低于纯溶剂的凝固点。

纯溶剂和溶液在冷却过程中，其温度随时间而变化的冷却曲线见图 5-10。

纯溶剂在凝固前温度随时间均匀下降，当达到凝固点时，固体析出，放出热量，补偿了对环境的热散失。因而温度保持恒定，直至全部凝固以后温度又均匀下降，其冷却曲线见图 5-10(Ⅰ)。在实际中，纯溶剂在开始凝固前常

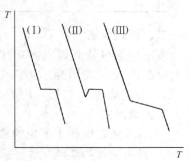

图 5-10　冷却曲线

出现过冷现象，即温度降至凝固点温度以下才开始析出固体，随后温度再上升到凝固点，待液体全部凝固后，温度再下降，其冷却曲线见图 5-10(Ⅱ)。

稀溶液的冷却情况与纯溶剂不同。稀溶液具有依数性，凝固点降低和渗透压等是稀溶液依数性的表现形式。当溶液冷却到凝固点时，不会有固体析出，继续降温才开始有溶剂凝固而析出，溶液浓度相应增大，溶液凝固点不断下降，在冷却曲线上得不到温度不变的水平线段，如图 5-10(Ⅲ) 所示。即同一物质的纯液体与其溶液的凝固点之间总存在一定的差异，这种现象称之为溶液的凝固点降低。因此，在测定一定浓度溶液的凝固点时，析出的固体越少，测得的凝固点越准确。

实际溶液冷却过程中都会出现过冷现象，应尽量减小过冷程度。一般可在开始结晶时，加入少量溶剂的微小晶体作为晶种，以促使晶体生成，也可用加速搅拌的方法促使晶体成长。当有过冷现象发生时，溶液的凝固点应从冷却曲线上待温度回升后外推而得，见图 5-10(Ⅲ)。

当溶剂的种类和数量确定后，凝固点降低值只与溶质粒子的数目有关，而与溶质的本性无关。若溶质在溶液中不发生缔合、分解，也不与固态纯溶剂生成固溶体等，则根据热力学理论，溶液的凝固点降低值 ΔT_f 与溶质的质量摩尔浓度 m_B（mol/kg）成正比。

$$\Delta T_f = T_f - T = K_f m_B \tag{5-12}$$

或

$$\Delta T_f = K_f \frac{m_B}{M_B m_A} \tag{5-13}$$

即

$$M_B = K_f \frac{m_B}{\Delta T_f m_A} \tag{5-14}$$

式中　T_f——纯溶剂的凝固点，K；
　　　T——溶液的凝固点，K；
　　　m_A——溶剂的质量摩尔浓度，mol/kg；
　　　m_B——溶质的质量摩尔浓度，mol/kg；
　　　K_f——溶剂的凝固点降低常数（常见溶剂的 K_f 值见表 5-6），K·kg/mol；
　　　M_B——溶质的摩尔质量，kg/mol。

因此，利用溶液的凝固点降低可以测定物质的摩尔质量。

表 5-6　常见溶剂的凝固点降低系数

溶剂	凝固点/℃	K_f	溶剂	凝固点/℃	K_f
水	0	1.85	萘	80.1	6.9
苯	5.45	5.12	苯酚	40.9	7.40
醋酸	16.6	3.9	环己烷	6.50	20.0

二、测定仪器

测定仪器包括凝固点测定仪、压片机、放大镜等。其测定装置如图 5-11 所示。其中，贝克曼温度计（或用热敏电阻温度计）的刻度尺为 0.5℃，可测量的温度范围是 −20～155℃，分度值为 0.01℃，用放大镜可估读至 0.002℃。

三、测定方法

① 加入液态试样于干燥的测定管中。装好温度计，插入搅拌器。
② 将测定管和玻璃套管一起置于温度低于试样结晶点 5～7℃ 的冷却浴中。
③ 当试样冷却至低于结晶点 0.2～0.5℃ 时开始搅拌，并观察温度。出现结晶时，停止

搅拌，温度突然上升，读取最高温度即为试样的凝固点，读准至 0.001℃。

若某些试样在一般冷却条件下不易结晶，可在试样中加入少量试样晶体作为晶种，使有结晶析出。

技能训练 5-4　物质的凝固点及摩尔质量的测定

一、训练目标

1. 掌握用过冷法测定环己烷凝固点的原理及操作方法。
2. 掌握凝固点降低法测定萘的摩尔质量的原理及操作方法。

二、实验用品

凝固点测定仪、贝克曼温度计、烧杯（500mL）、温度计（-10~100℃）、分析天平、压片机、放大镜。

碎冰、环己烷（A.R.）和萘（A.R.）。

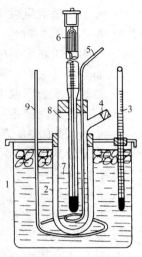

图 5-11　凝固点测定装置
1—冰浴槽；2—玻璃套管；
3—温度计；4—加样口；
5,9—搅拌器；6—贝克曼温度计；7—溶剂或溶液；8—测定管

三、操作步骤

1. 按图 5-11 安装实验装置。在测定管中称入约 20g 的环己烷（精确至 0.0001g）。

2. 调节贝克曼温度计，使在环己烷凝固点（6.5℃）时，水银柱高度在刻度上部 4℃左右。

3. 调节冷冻剂的温度。用烧杯作冰浴槽，其中装入碎冰和水，使冷冻剂温度为 4~5℃，实验中不断搅拌并补充碎冰块，使其温度恒定。

4. 测量环己烷的近似凝固点。将装有环己烷的测定管浸入冰水浴中，快速搅拌，使环己烷逐渐冷却，同时观察贝克曼温度计上温度降低情况。当液体温度几乎停止下降时，取出测定管，此时若管内有固体析出，记下此温度，即环己烷的近似凝固点。

5. 测量环己烷的凝固点。取出测定管，用手握管加热，使结晶完全熔化。再将测定管插入冰水浴中，快速搅拌。当温度降至高于近似凝固点 0.2℃时停止搅拌，环己烷温度继续下降。当温度至低于近似凝固点 0.2℃时迅速搅拌，不久结晶析出，立即停止搅拌，此时温度先下降后迅速上升，用放大镜读取最高温度，读准至 0.001℃，即为环己烷的凝固点。

取出测定管，重复测定两次，直至取得三个偏差不超过±0.005℃的数值为止，取其平均值。

6. 测定萘的环己烷溶液的凝固点。准确称取 0.15g（称准至±0.0001g）萘，用压片机压成萘片。准确称取 20g（称准至±0.0001克）环己烷放入测定管中同时将萘片放入，搅拌，用手温热使其完全溶解。然后同上法先测定溶液的近似凝固点，再精确测定其凝固点。重复三次，要求偏差不超过±0.005℃，取其平均值。

四、数据处理

由已知数据按以下两式，计算出萘的摩尔质量。

$$\Delta T_f = T_{环己烷} - T_{萘}$$

$$K_f = 20.0$$

$$M_B = K_f \frac{m_B}{\Delta T_f m_A}$$

五、注意事项

1. 贝克曼温度计使用时要小心，温度计调整好后，在整个测定过程中，温度计水银槽中水银量要保持不变。

2. 可用热敏电阻温度计代替贝克曼温度计，其优点是热敏电阻热容量小，操作轻便，且能自动记录冷却曲线，便于用外推法得到比较准确的凝固点。

3. 被测物质在溶剂中产生缔合、离解或溶剂化现象时，会影响测定结果的准确度。

4. 加入环己烷时，不能使其在测量管内壁凝固，尽可能使萘完全溶解。

5. 测量的准确度取决于溶液的搅拌技术，在实验中应不断搅拌。

6. 准确读取温度是实验的关键，应用放大镜读准至小数点后第三位。在整个实验过程中，大约30s读取一次温度值。

7. 为了做到过冷，冷冻剂温度需调节在低于待测液凝固点1～2℃，实验过程中要经常调节冷冻剂的温度。

六、思考题

1. 为什么凝固点测定仪中不能带入水分？
2. 根据什么原则考虑溶质的用量？其太多或太少有何影响？
3. 当溶质在溶液中有离解、缔合和生成配合物等现象时，对摩尔质量的测定有何影响？
4. 为什么每次实验中过冷程度都要一致？
5. 已知 $H_2O(l)$ 的凝固点为0℃，$K_f=1.86$，如果在 $90gH_2O(l)$ 中溶解2g蔗糖（$C_{12}H_{22}O_{11}$）时，$\Delta T_f=0.121$，求蔗糖的摩尔质量 $M(C_{12}H_{22}O_{11})$。

第五节　黏度的测定

1. 理解黏度的测量原理。
2. 掌握黏度的测量方法，能熟练准确地测量黏度。

黏度是液态化合物的一个重要物理常数。它在石油、医药、食品、涂料工业中具有广泛的应用。

当流体在外力作用下，相邻两层流体分子之间存在的内摩擦力阻滞流体的流动，这种特性称为流体的黏滞性。衡量流体黏滞性大小的物理常数称为黏度。黏度是流体分子之间摩擦力的量度，摩擦力越大，黏度越大。黏度还与流体的温度有关，液体的黏度随温度的升高而减小，气体的黏度随温度的升高而增大。因此，测定黏度时必须注明温度。压力变化时，液体的黏度基本不变，气体的黏度随压力增加而增大很少。

黏度通常分为绝对黏度、运动黏度、相对黏度和条件黏度。

1. 绝对黏度

绝对黏度（动力黏度）是当两个面积为 $1m^2$、垂直距离为 $1m$ 的相邻液层，以 $1m/s$ 的速度作相对运动时所产生的内摩擦力，常用 η 表示。当内摩擦力为 $1N$ 时，则该液体的黏度为1，单位为 $Pa·s(N·s/m^2)$。在温度 t 时，绝对黏度用 η_t 表示。

2. 运动黏度

运动黏度是流体的绝对黏度与该流体在同一温度下的密度之比，以 υ 表示。即

单位是 m^2/s，在温度 t 时，运动黏度以 υ_t 表示。

$$\upsilon = \frac{\eta}{\rho}$$

3. 条件黏度

条件黏度是在规定温度下，在特定的黏度计中，一定量液体流出的时间。或者是此流出时间与在同一仪器中，规定温度下的另一种标准液体（通常是水）的流出时间之比。根据所用仪器和条件的不同分为恩氏黏度、赛氏黏度、雷氏黏度。

恩氏黏度，是试样在规定的温度下，从恩氏黏度计中流出 200mL 所需的时间与 20℃ 的蒸馏水从同一黏度计中流出 200mL 所需的时间之比，用 E_t 表示。

常用的黏度测定方法有毛细管黏度计法、恩氏黏度计法、旋转黏度计法。

一、毛细管黏度计法

毛细管黏度计法通常用于运动黏度的测定。

1. 测定原理

在一定温度下，当液体由已被液体完全润湿的毛细管中流动时，其运动黏度与流动的时间成正比。如用已知运动黏度的液体（常用 20℃ 时的蒸馏水）为标准，测量其在毛细管中流动的时间，再用该黏度计测量试样在其中的流动时间，即可由下式计算出试样的黏度。

$$\frac{\nu_t^{样}}{\nu_t^{标}} = \frac{\tau_t^{样}}{\tau_t^{标}} \tag{5-15}$$

$$\nu_t^{样} = \frac{\nu_t^{标} \cdot \tau_t^{样}}{\tau_t^{标}} \tag{5-16}$$

式中 $\nu_t^{标}$ ——标准液体在一定温度下的运动黏度；

$\tau_t^{标}$ ——标准液体在黏度计中流出时间；

$\nu_t^{样}$ ——试样液体在一定温度下的运动黏度；

$\tau_t^{样}$ ——试样液体在黏度计中的流出时间。

$\nu_t^{标}$ 是已知的，$\tau_t^{标}$ 是一定值，所以对于一定的毛细管黏度计，$\frac{\nu_t^{标}}{\tau_t^{标}}$ 为一常数，称为该黏度计的黏度常数，以 K 表示，则上式可改写为

$$\nu_t^{样} = K\tau_t^{样} \tag{5-17}$$

由此可见，在测定某一试液的运动黏度时，只需测定毛细管黏度计的黏度计常数，再测出指定温度时试液的流出时间，即可计算出其运动黏度 $\nu_t^{样}$ 值。

2. 测定仪器

（1）毛细管黏度计 毛细管黏度计的结构如图 5-12 所示。毛细管黏度计一组共有 13 支，毛细管内径（mm）分别为 0.4，0.6，0.8，1.0，1.2，1.5，2.0，2.5，3.0，3.5，4.0，5.0，6.0。

毛细管黏度计选用原则：选用的黏度计应使试样流出时间在 120～480s 内。在 0℃ 及更低温度下测定高黏度试样时，流出时间可增加至 900s；在 20℃ 测定液体燃料时，流出时间可减少至 60s。

（2）恒温浴 容积不小于 2L，高度不小于 180mm。带有自动控温仪及自动搅拌器，并有透明壁及观察孔。

（3）温度计 测定运动黏度专用温度计，分度值为 0.1℃。

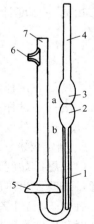

图 5-12 毛细管黏度计
1—毛细管；2,3,5—扩大部分；4,7—管身；6—支管；a,b—标线

(4) 秒表　通用秒表，最小分度值为 0.1s。

(5) 恒温浴液　根据测定所需温度的不同，选用适当的恒温液体。常用的恒温液体见表 5-7。

表 5-7　不同温度下使用的恒温液体

测定温度/℃	恒温用液体
50～100	透明矿物油、甘油或 25% 硝酸铵水溶液（表面应浮有一层透明的矿物油）
20～50	水
0～20	水和冰的混合物，或乙醚、冰与干冰的混合物
－50～0	乙醇与干冰的混合物（无乙醇时可用无铅汽油代替）

3. 测定方法

① 根据原则选择合适的洁净而干燥的毛细管黏度计。

② 如图 5-12 所示，在支管 6 上接一支长 200～300mm 的橡皮管，用软木塞塞紧管身 7 的出口。然后倒转黏度计，将管身 4 插入已知运动黏度的标准试样（通常为 20℃ 的蒸馏水）中。以洗耳球向橡皮管吸气，至标准试样进入黏度计管身 4 并升至标线 b（管内不得有气泡）。捏紧橡皮管，取出黏度计，倒转，擦干管壁。

③ 取下橡皮管接在 4 上，直立并固定黏度计于恒温浴中，黏度计上侧悬一支温度计，并使温度计水银球恰在毛细管的中点。调整恒温浴温度为 20℃，恒温 10min 以上。

④ 用洗耳球自橡皮管吸气至标准试样液面升至标线 a 以上约 10mm 处，停止吸气，待液体自由下降至标线 a 时，按动秒表，液面降至标线 b 时按停秒表。重复四次以上操作。

⑤ 用试样代替标准试样重复上述操作。

⑥ 按式 (5-17) 可算出试样的黏度。

二、恩氏黏度计法

恩氏黏度计法主要适用于测定条件黏度。

1. 测定原理

不同的液体流出同一黏度计的时间与黏度成正比。在一定温度下（一般为 50℃、100℃），分别测定试样由恩氏黏度计流出 200mL 所需的时间 (s) 和同样量的蒸馏水在 20℃ 由同一黏度计流出的时间，即黏度计的水值 K_{20}，根据下式即可计算出试样的恩氏黏度。

$$E_t = \frac{\tau_t}{K_{20}} \tag{5-18}$$

式中　E_t——试样在温度 t 时的恩氏黏度；

　　　τ_t——试样在温度 t 时从恩氏黏度计中流出 200mL 所需时间，s；

　　　K_{20}——黏度计的水值，s。

2. 测定仪器

(1) 恩氏黏度计　其结构如图 5-13 所示。是将两个黄铜圆形容器套在一起，内筒 1 装试样，外筒 2 为热浴。内筒底部中央有流出孔 8，试液可从小孔流入接受量瓶（见图 5-14）。筒上有盖 3，盖上有插堵塞棒 6 的孔 4 及插温度计的孔 5。内筒中有三个尖钉 7，作为控制液面高度和仪器水平的水平器。外筒装在铁制的三脚架 10 上，脚底有调整仪器水平的螺旋 11。黏度计热浴一般用自动电加热器加热。

(2) 接受量瓶　是有一定尺寸规格的葫芦形玻璃瓶，上面刻有 100mL、200mL 两道标线。

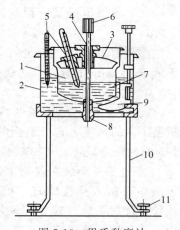
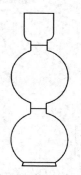

图 5-13 恩氏黏度计
1—内筒；2—外筒；3—内筒盖；4,5—孔；
6—堵塞棒；7—尖钉；8—流出孔；9—搅拌器；
10—三脚架；11—水平调节螺旋

图 5-14 接受量瓶

（3）电加热控温器　用以加热调控温度。

（4）温度计　恩氏黏度计的专用温度计，分度值为 0.1℃。

3. 测定方法

① 将黏度计的内筒洗净，干燥。

② 将堵塞棒塞紧内筒的流出孔，注入一定量的蒸馏水，至恰好淹没三个尖钉。调整水平调节螺旋并微提起堵塞棒至三个钉刚露出水面并在同一水平面上，且流出孔下口悬留有一大滴水珠，塞紧堵塞棒，盖上内筒盖，插入温度计。

③ 向外筒中注入一定量的水至内筒的扩大部分，插入温度计。然后轻轻转动内筒盖，并转动搅拌器，至内筒水温均为 20℃（5min 内变化不超过 ±0.2℃）。

④ 置清洁、干燥的接受量瓶于黏度计下方并使其正对流出孔。迅速提起堵塞棒，并同时按动秒表，当接受量瓶中水面达到 200mL 标线时，按停秒表，记录流出时间。重复测定四次，若偏差不超过 0.5s，取其平均值作为黏度计水值 K_{20}。

⑤ 将内筒和接受量瓶中的水倾出，并干燥。以试样代替内筒中的水，调节至要求的特定温度，按上述测定水值的方法，测定试样流出时间。

平行测定值在 250s 以下，允许相差 1s；251~500s 时，允许相差 3s；501~1000s，允许相差 5s；1000s 以上，允许相差 10s。

⑥ 按式(5-18) 计算试样的恩氏黏度。

三、旋转黏度计法

旋转黏度计法主要应用于测定绝对黏度。

1. 测定原理

将特定的转子浸于被测液体中作恒速旋转运动，使液体接受转子与容器壁面之间发生的切应力，维持这种运动所需的扭力矩由指针显示读数，根据此读数 a 和系数 K 由下式可求得试样的绝对黏度。

$$\eta = Ka \tag{5-19}$$

2. 测定仪器

（1）测定仪器　NDJ-5S 型旋转黏度计，其结构见图 5-15。

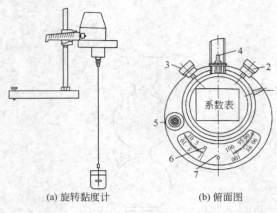

图 5-15　NDJ-5S 型旋转黏度计
1—电源开关；2—旋钮 A；3—旋钮 B；
4—指针控制杆；5—水准器；6—指针；7—刻度线

（2）超级恒温槽　温度波动范围小于 ±0.1。

（3）容器　直径不小于 70mm，高度不低于 110mm 的容器（如烧杯）。

3. 测定方法

① 首先估计被测试液的黏度范围，然后根据仪器的量程表选择适当的转子和转速，使读数在刻度盘的 20%～80% 范围内。

② 把保护架装在仪器上，将选好的转子擦净后旋入连接螺杆。旋转升降旋钮，使仪器缓缓下降，转子逐渐浸入被测试样中，直至转子液位标线和液面相平为止。

③ 将测试容器中的试样和转子恒温至 (20±0.1)℃，并保持试样温度均匀。

④ 调整仪器水平，按下指针控制杆，开启电机开关，转动旋钮 A、旋钮 B，使所需的转速数对准速度指示点，放松指针控制杆，让转子在被测液体中旋转。

⑤ 待指针趋于稳定，按下指针控制杆，使读数固定，再关闭电源，使指针停在读数窗内，读取读数。若指针不停在读数窗内，可继续按住指针控制杆，反复开启和关闭电源，使指针停于读数窗内，再读取读数。

⑥ 重复测定两次，取其平均值，按式(5-19)求出绝对黏度。

技能训练 5-5　毛细管黏度计法测定黏度

一、训练目标

1. 掌握运动黏度的测定方法。
2. 学会正确使用毛细管黏度计、秒表等。
3. 学会控制温度。

二、实验用品

毛细管黏度计、恒温浴、温度计、秒表、电吹风、洗耳球、橡胶管。

恒温浴液、洗液（乙醇、汽油、石油醚、铬酸洗液）、机油或其他石油产品。

三、操作步骤

1. 取一支适当内径的毛细管黏度计，洗涤干净后干燥。

2. 如图 5-12 所示，支管 6 处接一橡胶管，用软木塞塞住管身 7 的管口，倒转黏度计，将管身 4 的管口插入盛有标准试样（20℃ 蒸馏水）的小烧杯中，通过连接支管的橡胶管用洗耳球将标准试样吸至标线 b 处（试样中不要有气泡），然后捏紧橡皮管，取出黏度计，倒转，擦干管壁，并取下橡皮管。

3. 将上述橡胶管接在管身 4 的管口，使黏度计直立于恒温浴中，使其管身下部浸入浴液。在黏度计旁边放一支温度计，使其水银泡与毛细管的中心在同一水平线上。恒温浴内温度调节至 20℃，在此温度下保持 10min 以上。

4. 用洗耳球将标准试样吸至标线 a 以上约 10mm 处（不要出现气泡），停止抽吸，使液体自由流下，注意观察液面。当液面降至标线 a 时，启动秒表，液面流至标线 b 时，按停秒表。记下由 a 至 b 的时间。重复测定 4 次，各次偏差不超过 ±0.5%，取三次以上流动时间的算术平均值作为标准试样的流出时间 $\tau_{20}^{标}$。

5. 倾出黏度计中的标准试样，洗净并干燥黏度计，用同一黏度计按上述方法测量试样的流出时间 $\tau_{20}^{样}$。

四、数据处理

根据下式计算试样的运动黏度。

$$\nu_t^{样} = \frac{\nu_{20}^{标} \tau_t^{样}}{\tau_{20}^{标}}$$

五、注意事项

1. 试样含有水或难溶性杂质时，在测定前要进行脱水，用滤纸过滤除去难溶性杂质。

2. 由于石油产品的黏度随温度的升高而减小，随温度下降而增大，所以测定前试样和毛细管黏度计均应在恒温浴中准确恒温，温度变化在±0.1℃范围内，并保持一定时间。如试验温度为50℃，恒温时间为15min；试验温度为20℃时，恒温时间为10min。

3. 试样中有气泡会影响试样的体积，而且进入毛细管后可能形成气塞，增大了液体流动的阻力，使流动时间拖长，造成误差。

4. 黏度计必须调整成垂直状态，否则会改变液面高度。

六、思考题

1. 何谓黏度？黏度有哪几种表示方法？其常用的测定方法有哪几种？
2. 运动黏度与绝对黏度有何关系？
3. 简述毛细管黏度计法测定运动黏度的原理。什么是毛细管黏度计常数？
4. 为什么装入黏度计的试样不能有气泡？
5. 测定运动黏度时为什么要将黏度计调整成垂直状态？试样中为何不能含有水分和难溶性杂质？

第六节 饱和蒸气压的测定

学习目标

1. 理解饱和蒸气压的测定原理。
2. 能正确安装、使用饱和蒸气压的测量装置。
3. 掌握饱和蒸气压的测量方法，能熟练准确地测定饱和蒸气压。

液体的饱和蒸气压是液体物质的一个重要物理常数。测定液体饱和蒸气压可以判断液体的挥发性。物质的许多物理化学性质如熔点、沸点、吸附、溶解、扩散、化学平衡移动等都与压力有关。通过液体饱和蒸气压的测定可以确定物质的汽化热、沸点等。

液体由于蒸发的缘故，液面上蒸气分子会逐渐增多，因蒸气分子不断运动，一部分撞击分子或器壁而返回到液面。当液体的蒸发速率与蒸气凝结速率相等时，容器中的气、液两相处于动态平衡状态，称为饱和状态，此时液面上的蒸气称为饱和蒸气。即在一定温度下，液体与其自身的蒸气达到汽-液平衡时蒸气的压力，称为此液体在该温度下的饱和蒸气压，简称为蒸气压。纯液体的饱和蒸气压的大小与液体的种类和温度有关，而与气相和液相的组成

无关。饱和蒸气压是温度的函数,当温度升高时,蒸气压增大;反之,蒸气压减小。当蒸气压与外界压力相等时,液体开始沸腾,外压不同时,液体的沸点也就不同。外压为101325Pa时的沸点,称为该液体的正常沸点。

液体的饱和蒸气压与温度的关系可用克劳修斯-克拉贝龙(Clausius-Clapeyron)方程表示。

$$\frac{\mathrm{d}\ln p}{\mathrm{d}T} = \frac{\Delta H_\mathrm{m}}{RT^2} \tag{5-20}$$

式中 p——液体在温度 T 时的饱和蒸气压,Pa;

T——热力学温度,K;

ΔH_m——温度为 T 时液体的摩尔汽化热,J/mol;

R——摩尔气体常数,8.314J/(mol·K)。

ΔH_m 与温度有关,随温度升高而减小,但若温度变化范围不大时,ΔH_m 可视为常数,将上式积分得

$$\ln p = -\frac{\Delta H_\mathrm{m}}{RT} + C \tag{5-21}$$

或

$$\lg p = -\frac{\Delta H_\mathrm{m}}{2.303RT} + B \tag{5-22}$$

式中,B、C 均为常数。由上式可知,在一定温度范围内测定不同温度下的饱和蒸气压,以 $\lg p$ 对 $1/T$ 作图可得一条直线,根据直线斜率 $A = -\dfrac{\Delta H_\mathrm{m}}{2.303R}$ 可计算出实验温度范围内液体的平均摩尔汽化热。由此直线还可以推出液体在101325Pa下的正常沸点。

测定液体饱和蒸气压的方法有以下三种。

(1) 静态法 在某一温度下直接测量饱和蒸气压。

(2) 动态法 在不同外界压力下测定其沸点。

(3) 饱和气流法 使干燥的惰性气体通过被测物质,并使其为被测物质所饱和,然后测定所通过的气体中被测物质蒸气的含量,根据分压定律算出该被测物质的饱和蒸气压。

本节主要介绍静态法测定液体饱和蒸气压的方法。

一、测定原理

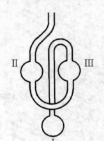

图 5-16 等压计

静态法常用于固体加热分解平衡压力的测量和易挥发性液体饱和蒸气压的测量。

静态法是以等压计在不同温度下测定试样的饱和蒸气压。等压计的结构如图 5-16 所示。由球Ⅰ和U形管Ⅱ、Ⅲ所组成。Ⅰ球中盛被测试样,U形管部分以试样(或汞)作封闭液。当Ⅱ、Ⅲ间U形管中的液面在同一水平线时,表示Ⅰ、Ⅲ管间空间的液体蒸气压恰与管Ⅱ上方的外界压力相等。记下此时的温度和压力值,此温度即为液体在该压力下的沸点,或者说此时在U形压力计上读出的Ⅱ管上方的压力就是该温度下的饱和蒸气压。

用等压计测液体饱和蒸气压所需试样少,方法简便,可用试样本身作封闭液而不影响测定结果。

二、测定仪器

测定液体饱和蒸气压的装置如图 5-17 所示。主要部分是等压计(平衡管)。

三、测定方法

① 按图 5-17 安装测定装置。

② 检验仪器是否漏气。旋转三通活塞使系统与大气隔绝与抽气泵（真空泵）相通。开动抽气泵，降低系统压力为一定值，关闭活塞，仔细观察 U 形压力计一臂读数，如在 2min 内无变化则表示无漏气观象。若有变化说明漏气，必须仔细检查各接口，并进行处理，使其不漏气。

③ 等压计装液。先将等压计洗净烘干，将试样放入等压计Ⅱ、Ⅲ间的 U 形管中，再将等压计Ⅰ球在酒精灯上加热，将其内部气体赶出，然后将其迅速冷却，则试样被吸入Ⅰ球内。如此反复操作数次，使Ⅰ球内所盛试样约为 2/3。

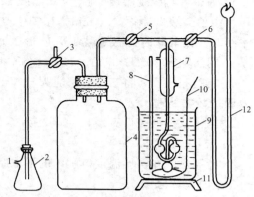

图 5-17 液体饱和蒸气压的测定装置
1—接抽气泵；2—干燥瓶；3—三通活塞；4—贮气瓶；5,6—二通活塞；7—连冷凝管的等压计；8—温度计；9—水浴；10—搅拌器；11—电炉；12—U 形水银压力计

④ 除去球Ⅰ与管Ⅲ间的空气。接通冷凝管，旋转三通活塞，使体系与大气相通，开启电炉，将水浴加热并搅拌直到等压计内试样沸腾约 3~4min，停止加热，不断搅拌。当温度降至一定程度，Ⅱ、Ⅲ之间 U 形管内气泡逐渐消失，Ⅲ管液面开始上升，同时Ⅱ管液面下降。当Ⅱ、Ⅲ之间 U 形管液面达同一水平线时，记下此时的温度即沸点，从气压计上读出大气压值。

⑤ 测定试样在不同温度下的饱和蒸气压。大气压下的沸点测出后，立即旋转三通活塞，使贮气瓶与抽气泵相连。开动抽气泵，减压，此时液体又重新沸腾，继续搅拌冷却，直到等压计管Ⅱ、Ⅲ间 U 形管两液面等高时，立即读出水浴温度及 U 形压力计水银柱高度差，即完成了一次 P、T 数值的测定。再重复上述的操作，完成下一次的 P、T 数值的测定。

⑥ 实验结束后，将三通活塞通大气，停止加热，关闭冷却水。

技能训练 5-6 液体饱和蒸气压的测定

一、训练目标

1. 掌握静态法测定液体饱和蒸气压的方法。
2. 学会饱和蒸气压测定装置的正确安装及使用。
3. 学会求乙醇平均摩尔汽化热的方法，进一步巩固 U 形压力计、气压计和真空泵的使用方法。

二、实验用品

饱和蒸气压的测定装置、恒温槽、温度计（50~100℃，分度值 0.1℃）、真空泵。
乙醇（A.R.）。

三、操作步骤

1. 按图 5-17 安装好仪器装置。
2. 检验仪器是否漏气。
3. 将等压计洗净烘干，用滴管将乙醇加入Ⅱ、Ⅲ间的 U 形管中，将Ⅰ球加热，冷却后试样被吸入Ⅰ球中。反复操作直至Ⅰ球内盛试样约为 2/3。

4. 等压计与冷凝器接好后,将其置于 25℃ 恒温槽中,开动真空泵,控制抽气速度,使等压计中乙醇缓慢沸腾 3～4min,让其中空气排尽,停止抽气。当 U 形管两侧液面达同一水平线时,读取此时恒温槽温度及 U 形压力计水银柱高度差。

5. 同法测定 30℃、35℃、40℃、45℃ 时乙醇的饱和蒸气压。

6. 实验完毕后,将三通活塞通大气,至大气压为止,停止加热。

四、数据处理

1. 测得数据列表计算。
2. 作 $\lg p$-$1/T$ 图。
3. 计算乙醇在实验温度范围内的平均摩尔汽化热。

五、注意事项

1. 为避免抽气过程中试样的损失,必须安装回流冷凝器。
2. 系统内压力变化不要过猛,开、关各类阀门时动作要缓慢。
3. 气压计读数需校正,方法同沸点测定中所用。
4. 抽气速度要适中,避免等压计内液体沸腾过于激烈而使 Ⅱ、Ⅲ 内液体被抽尽。
5. U 形压力计读数前一般都应用手指轻叩 U 形管外壁,避免水银在玻璃中的黏滞而产生读数误差。

六、思考题

1. 如何检查系统是否漏气?
2. 能否在升温加热的过程中检查漏气?
3. 体系中安置缓冲瓶的作用是什么?
4. 正常沸点和沸腾温度有何区别?
5. 汽化热与温度有无关系?
6. 等压计 U 形管中液体的作用是什么?冷凝器有何作用?为什么可用试样本身作 U 形管封闭液?

第七节 折射率的测定

1. 掌握阿贝折光仪的使用、维护和保养方法。
2. 能熟练准确地测定物质的折射率。

折射率是物质的一个重要物理常数。根据物质的折射率可以分析溶液的成分,检验物质的纯度,确定分子的结构及溶液的浓度。

当光束从介质 Ⅰ 进入介质 Ⅱ 时,由于光在两种介质中的传播速度不同,当光的传播方向与两种介质的界面不垂直时,它在界面处的传播方向就会发生改变,即发生折射现象,如图 5-18 所示。

根据光的折射定律,入射角 i 和折射角 γ 的正弦之比和这两种介质的折射率 $n_Ⅱ$(介质 Ⅱ)与 $n_Ⅰ$(介质 Ⅰ)成反比,即

$$\frac{\sin i}{\sin \gamma} = \frac{n_{\text{II}}}{n_{\text{I}}} \tag{5-23}$$

当介质 I 是真空时，规定 $n_{\text{I}} = 1$，因此

$$n_{\text{II}} = \frac{\sin i}{\sin \gamma} \tag{5-24}$$

此时的 n_{II} 称为绝对折射率。但在实际中，空气常作为入射介质，则 $n_{\text{I}} = 1.00027$（空气的绝对折射率）。则

$$n_{\text{II}} = \frac{\sin i}{\sin \gamma} \times 1.00027 \tag{5-25}$$

此时的 n_{II} 称为某物质对空气的相对折射率。

若 $n_{\text{II}} > n_{\text{I}}$，则折射角 γ 恒小于入射角 i，当 i 增大到 $90°$ 时，γ 也相应增大到最大值 γ_c。此时介质 II 中在 Oy 到 OA 之间有光线通过，表现为亮区，而在 OA 到 Ox 之间则为暗区。γ_c 称为临界折射角，它决定了明暗两区分界线的位置。因 $\sin 90° = 1$，则

$$n_{\text{I}} = n_{\text{II}} \sin \gamma_c \tag{5-26}$$

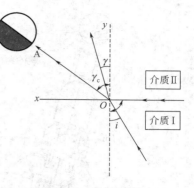

图 5-18 光的折射

若介质 II 的折射率 n_{II} 固定，则测定临界折射角 γ_c 即可求出试样的折射率 n_{I}，这就是临界折射现象。阿贝折光仪就是依据临界折射现象设计的。

折射率是物质的特性常数，它与物质的结构、入射光波长、温度和压力等因素有关。因大气压的变化对折射率影响极小，只有在很精密的测定中才考虑压力的影响。所以在表示折射率时，只需注明入射光波长和温度。国家标准规定以 20℃ 为标准温度，以黄色钠光 D 线（$\lambda = 589.3$nm）为标准光源，折射率用符号 n_{D}^{20} 表示。如水的折射率 $n_{\text{D}}^{20} = 1.3330$。

一、测定原理

物质的折射率，是用根据光折射定律、利用临界折射现象设计的阿贝折光仪进行测定的，阿贝折光仪具有如下优点。

① 用白光照明，但仪器经补偿后，使测得的折射率变成钠光 D 线测定时的实际折射率。
② 棱镜温度可以控制。
③ 测定时只需几滴试样。

二、测定仪器

阿贝折光仪构造及外形如图 5-19 所示。

阿贝折光仪的主要部件是两块标准直角棱镜，上面一块是光滑的，下面一块是可以启闭的辅助棱镜，其斜面是磨砂的。两块压紧时，放入其间的液体分散成一层很均匀的薄膜。入射光由辅助棱镜射入，斜面磨砂可发生漫射，漫射的光透过液层而从各个方向进入主棱镜，以各个方向进入主棱镜的光线均产生折射，而其折射角都落在临界角 γ_c 之内。由于大于临界角的光被反射，可能进入主棱镜，所以在主棱镜上面望远镜的目镜视野中出现明暗两个区域。转动棱镜组转轴手轮，调节棱镜组的角度，直至视野里明暗分界线与十字线的交叉点重合为止。如图 5-20 所示。由于刻度盘与棱镜组是同轴的，可由其上读出临界角来。一般刻度盘有两行数字不写临界角，一行是用角度换算出的折射率 n_{D}，刻度范围 $1.3000 \sim 1.7000$，测量精确度可达 ± 0.0001；另一行是工业上测量固体在水中的浓度，通常是糖溶液的浓度，其范围是 $0 \sim 95\%$，相当于折射率为 $1.333 \sim 1.531$。

光源为日光，日光通过棱镜时产生色散，旋转消色散手轮消除色散，使明暗分界线清晰，所得数值即相当于使用钠光 D 线的折射率。

此外还有恒温装置。望远镜筒上有一供校准仪器用的示值调节螺钉。

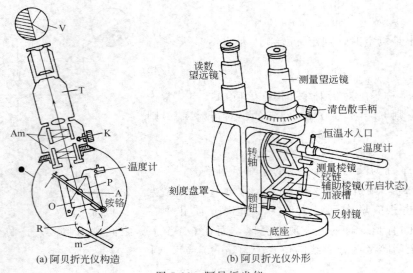

图 5-19 阿贝折光仪

三、阿贝折光仪的使用

① 仪器的安装。将阿贝折光仪置于靠窗的桌上或普通的白炽灯前,但要避免阳光直射,以防液体试样迅速蒸发。用橡皮管将测量棱镜和辅助棱镜上保温夹套的进出水口与超级恒温水浴串接起来,恒温温度以折光仪上的温度计读数为准,一般为 (20±0.1)℃。

② 加样。松开锁钮,开启辅助棱镜,使其磨砂的斜面处于水平位置,用滴管滴加少量乙醇,用擦镜纸擦洗镜面,以除去难挥发的污物。用滴管时注意勿使管尖触击镜面。待镜面干燥后,滴加数滴试样于辅助棱镜的毛镜面上,闭合辅助棱镜,旋紧锁钮。若试样易挥发,则可在二棱镜接近闭合时,从加液小槽中加入,然后闭合上棱镜,锁紧锁钮。

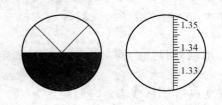

图 5-20 目镜下的视场与测量值

③ 对光。转动手柄 R,使刻度盘标尺的示值为最小,调节反射镜,使入射光进入棱镜组,同时从测量望远镜中观察,使视场最明亮。再调节目镜,使视场十字线交点最清晰。

④ 粗调。再次转动手柄 R,使刻度盘上的读数逐渐增大,直到观察到视场中出现彩色光带或黑白临界线为止。

⑤ 消色。转动消色散手柄 K,使视场内呈现清晰的明暗临界线。

⑥ 精调。转动手柄 R,使临界线正好处于 x 形准丝交点上,如此时又呈现微色散,必须重调消色手柄 K,使临界线明暗清晰。

⑦ 读数。打开罩壳上方的小窗,使光线射入,然后从读数望远镜中读出标尺上相应示值。转动手轮,重复读取三次数值,三个读数中任意两个之差不大于 0.0002,其平均值为该样品的折射率。

⑧ 仪器的校正。用一已知折射率的标准液体(一般为纯水),按上述方法进行测定,将平均值与标准值比较,其差值即为校正值。

技能训练 5-7　折射率的测定

一、训练目标
1. 掌握阿贝折光仪测定物质折射率的原理及方法。
2. 掌握阿贝折光仪的使用和维护方法。

二、实验用品
阿贝折光仪、超级恒温水浴、滴瓶、橡胶管。
95％乙醇（A.R.）、擦镜纸、丙酮（A.R.）和10％的蔗糖溶液。

三、操作步骤
1. 阿贝折光仪的安装与清洗　把折光仪放置在光线充足的位置，用橡胶管与超级恒温水浴连接，调节水的温度到（20±0.1）℃，分开两面棱镜，用数滴95％乙醇清洗棱镜表面，用擦镜纸将乙醇吸干、干燥。

2. 校正　棱镜表面滴入数滴约20℃的二次蒸馏水，立即闭合棱镜并旋紧，待棱镜温度计读数恢复到（20±0.1）℃时，调节棱镜转动手轮至读数盘读数为1.3333，观察视场明暗分界线是否在十字线上（若视场有彩虹则转动消色手柄消除），如视场明间分界线不在十字线上则调节示值调节螺钉，使明间暗界线在十字线上，取出示值调节螺钉，校正结束。

3. 测定　用95％乙醇清洗棱镜表面，注入数滴20℃的试样于棱镜表面，立即闭合棱镜并旋紧，使试样均匀、无气泡并充满视场，待棱镜温度计读数恢复到（20±0.1）℃时，调节棱镜转动手轮至视场分为明暗两部分，转动补偿器旋钮消除彩虹，并使明暗分界线清晰，继续调节棱镜转动手轮使明暗分界线在十字线上，记录读数，读准至小数点后第四位，轮流从一边再从另一边将分界线对准十字线上，重复观察和记录三次，读数的差值不得大于0.0002，其平均值即为试样的折射率。测定糖含量时读浓度值。

四、注意事项
1. 测量时注意控制温度，严格控制在（20±0.1）℃内，否则折射率发生变化。
2. 折射率读数应估读至小数点后第四位。

五、阿贝折光仪的维护和保养
1. 折光仪应放置于干燥、通风的室内，防止受潮，因为受潮后光学零件容易发霉。
2. 折光仪用完后必须做好清洁工作，并放入箱内，箱内应贮有干燥剂，防止湿气及灰尘侵入。
3. 经常保持折光仪清洁，严禁油手或汗手触及光学零件。
4. 折光仪应避免强烈振动或撞击，以防止光学零件损坏及影响精度。
5. 不能测有腐蚀性的液态物质。
6. 使用完毕后，将金属套中的水放尽，拆下温度计。

六、思考题
1. 有一瓶无水乙醇（A.R.），标签上所示折射率 $n_D^{20}=1.3611$，能否用它来校正折光仪？
2. 测定易挥发性液体时应如何操作？
3. 测定折射率时为何用超级恒温水浴？

第八节 旋光度的测定

掌握旋光仪的使用方法,能熟练准确地测定物质的旋光度。

比旋光度是有机化合物的一个特征物理常数。通常是通过测定旋光性化合物的旋光度来计算化合物的比旋光度,从而可以进行定性鉴定化合物,也可以测定旋光性物质的纯度或溶液的浓度。

某些有机物,在其分子中有不对称结构,具有手性异构(对应异物)。偏振光通过这类化合物的溶液时,能使偏振光的振动方向(偏振面)发生旋转,这种特性称为物质的旋光性,此种化合物称为旋光性物质。当偏振光通过旋光性物质后,振动方向旋转一定角度即出现旋光现象。振动方向旋转的角度称为旋光度,用 α 表示。能使偏振光的振动方向向右(顺时针方向)旋转的叫做右旋,以(+)号或 R 表示;能使偏振光的振动方向向左(逆时针方向)旋转的叫做左旋,以(-)号或 L 表示。

一、测定原理

光的波动学说指出,光是一种电磁波,是横波,即振动方向与前进方向相垂直。日光、灯光等都是自然光。当自然光通过一种特制的玻璃片(或塑料片)——偏振片或尼科尔棱镜时,透过的光线只限制在一个平面内振动,这种光称为偏振光,偏振光的振动平面叫做偏振面。自然光与偏振光如图 5-21 所示。

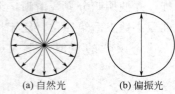

图 5-21 自然光与偏振光

旋光度的测定原理见图 5-22。从光源(a)发出的自然光通过起偏镜(b),变为在单一方向上振动的偏振光,此偏振光通过盛有旋光性物质的旋光管(c)时,振动方向旋转了一定的角度,因此调节附有刻度盘的检偏镜(d),使最大量的光线通过,检偏镜所旋转的角度和方向显示在刻度盘上,即为实测的旋光度。

旋光度的大小主要取决于旋光性物质的分子结构,也与溶液的浓度、液层厚度、入射偏振光的波长、溶剂、测定时的温度等因素有关。由于旋光度的大小受诸多因素的影响,缺乏可比性。一般规定:以钠光 D 线为光源,在 20℃时,偏振光透过液层厚度为 1dm,其浓度为 1g/mL 的旋光性物质溶液时的旋光度,叫做比旋光度,用符号 $[\alpha]_D^{20}$ 表示。在指定溶剂的前提下,它与上述其他因素的关系可用下式表示。

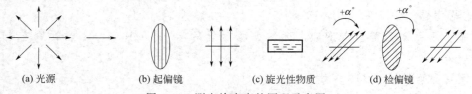

图 5-22 测定旋光度的原理示意图

纯液体的比旋光度

$$[\alpha]_D^{20} = \frac{\alpha}{l\rho} \tag{5-27}$$

溶液的比旋光度

$$[\alpha]_D^{20} = \frac{\alpha}{lc} \tag{5-28}$$

式中 α——测得的旋光度,(°);
ρ——液体在20℃时的密度,g/mL;
c——旋光性物质的质量浓度,g/mL;
l——旋光管的长度(液层厚度),dm。

由此可见,比旋光度是旋光性物质在一定条件下的特征物理常数。按照一般方法测得旋光性物质的旋光度,根据上述公式计算实际的比旋光度,与文献上的标准比旋光度对照,以进行定性鉴定。也可用于测定旋光性物质的纯度或溶液的浓度。

$$c = \frac{\alpha}{l[\alpha]_D^{20}} \tag{5-29}$$

$$纯度 = \frac{\alpha V}{l[\alpha]_D^{20} m} \tag{5-30}$$

式中 V——溶液的体积,mL;
m——试样的质量,g。

常见物质的比旋光度见表5-8。

表5-8 旋光性物质的比旋光度

旋光性物质	浓度/%	溶剂	比旋光度$[\alpha]_D^{20}/(°)$	旋光性物质	浓度/%	溶剂	比旋光度$[\alpha]_D^{20}/(°)$
蔗糖	26	水	+66.53(26%,水)	乳糖	4	水	+55.3(4%,水)
葡萄糖	3.9	水	+52.7(3.9%,水)	麦芽糖	4	水	+130.4(4%,水)
果糖	4	水	−92.4(4%,水)	樟脑	1	乙醇	+41.4(1%,乙醇)

二、测定仪器

旋光仪的型号较多,常用的是国产的WXG型系列半荫式旋光仪,其外形和构造如图5-23和图5-24所示。

图5-24中,光源1发出的光投射到聚光镜2,滤光镜3,起偏镜4后,变成平面直线偏振光,再经半荫片5,视场中出现了三分视场。旋光物质盛入旋光管6放入镜筒测定,由于溶液具有旋光性,故把平面偏振光旋转一定角度,通过检偏镜7起分解作用,从目镜9中观察,即能看到中间亮(或暗)、左右暗(或亮)的照度不等的三分视场,如图5-25(a)或(b)所示,转动刻度盘转动手轮12,带动刻度盘11和检偏镜7觅得视场照度相一致为止。如图5-25(c)所示。然后从放大镜中读出刻度盘旋转的角度,即为试样的旋光度。

三、旋光仪的使用

① 接通电源,打开电源开关,待几分钟后钠光灯光源稳定后即可进行测定。

② 在旋光管中注满溶剂(蒸馏水或空气),放入镜筒中,调节目镜使视场明亮清晰,转动刻度盘手轮至视场三分视界消失,此时刻度盘读数记作零位,在以后各次

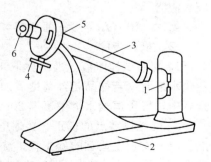

图5-23 WXG-4型旋光仪
1—钠光源;2—支座;3—旋光管;
4—刻度转动手轮;5—刻度盘;6—目镜

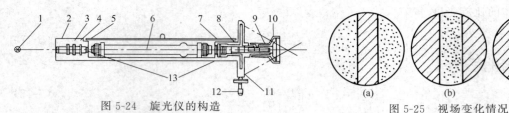

图 5-24 旋光仪的构造
1—钠光源；2—聚光镜；3—滤光镜；4—起偏镜；
5—半荫片；6—旋光管；7—检偏镜；8—物镜；9—目镜；
10—放大镜；11—刻度盘；12—刻度盘转动手轮；
13—保护片

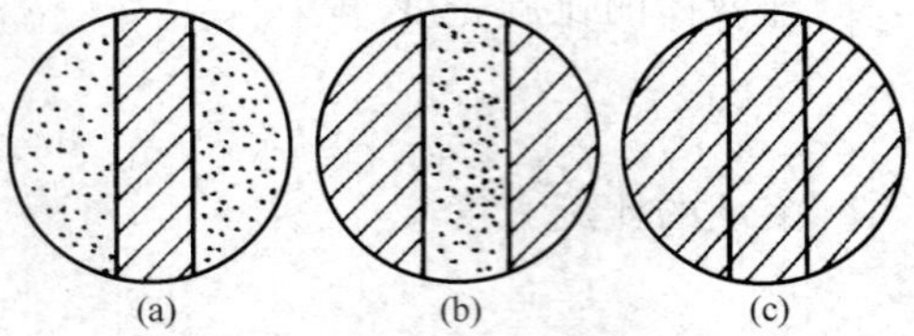

图 5-25 视场变化情况

测量读数中应加上或减去该数值。

③ 将旋光管中装入试样，用手指轻弹旋光管排除附于管壁的气泡至凸出部分，垫好橡皮圈，拧紧螺帽，擦干管外的水，放入镜筒中。重复②调节目镜、转动刻度盘手轮等操作。此时刻度盘上的读数即为试样的旋光度。

④ 旋光仪的读数方法。旋光仪的读数系统包括刻度盘及放大镜。仪器采用双游标读数，以消除刻度盘偏心差。刻度盘和检偏镜连在一起，由调节手轮控制，一起转动。检偏镜旋转的角度可以在刻度盘上读出，刻度盘分 360 格，每格 1°，游标分 20 格，等于刻度盘 19 格，用游标读数可读到 0.05。图 5-26 所示的读数为右旋 9.30°。

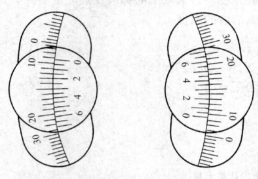

图 5-26 旋光仪刻度盘读数

技能训练 5-8　比旋光度的测定

一、训练目标
1. 掌握比旋光度的测定原理和测定方法。
2. 掌握旋光仪的使用方法。
3. 能熟练准确地测定试样的旋光度。

二、实验用品
WXG-4 型旋光仪、恒温水浴、容量瓶（100mL）、烧杯（150mL）、玻璃棒、分析天平、胶头滴管。

氨水（浓）(A.R.)、葡萄糖（A.R.）或蔗糖（A.R.）。

三、操作步骤
1. 配制试样溶液。准确称取 10g（称准至 0.0001g）试样于 150mL 烧杯中，加入 50mL 蒸馏水溶解（若样品是葡萄糖需加 0.2mL 浓氨水），放置 30min 后，将溶液转入 100mL 容量瓶中，置于恒温水浴中恒温 20min，用（20±0.5）℃的蒸馏水稀释至刻度，备用。

2. 旋光仪零点的校正。接通电源，开启电源开关，约 5min 后钠光灯稳定，进行校正零点。取一支长度适宜的旋光管，洗净后注满（20±0.5）℃的蒸馏水，装上橡皮圈，旋紧两端的螺帽（不漏水为准），把旋光管内的气泡赶至旋光管的凸出部分，擦干管外的水。将旋光管放入镜筒内，调节目镜使视场明亮清晰，然后轻缓地转动刻度盘转动手轮至视场的三分视场消失，记下刻度盘读数，读准至 0.05。再旋转刻度盘转动手轮，使视场明暗分界后，再缓缓旋至视场的三分视场消失，如此重复操作三次，其平均值作为零点。

3. 试样的测定。将旋光管中的水倾出，用试样溶液洗涤旋光管 2～3 次，然后注满（20±0.5）℃的试样溶液，装上橡皮圈，旋紧两端的螺帽，将气泡赶至旋光管的凸出部分，擦干管外的试液。重复②调节目镜、转动刻度盘手轮等操作，测出试样的旋光度。

四、数据处理

按下式计算试样的比旋光度。

$$[\alpha]_D^{20} = \frac{\alpha}{lc}$$

$$\alpha = \alpha_1 - \alpha_0$$

式中　α——经零点校正后试样的旋光度，(°)；

　　　α_1——试样的旋光度，(°)；

　　　α_0——零点校正值，(°)。

也可计算试样的纯度或溶液的浓度。

五、注意事项

1. 要控制测定时的温度，否则测定的旋光度会有误差。
2. 螺帽过紧，会使玻璃盖产生扭力，致使管内有空隙影响旋光。
3. 如不知试样的旋光性时，应确定其旋光性方向后，再进行测定。此外，溶液必须清晰透明，如出现浑浊或有悬浮物时，必须处理成清液后测定。
4. 如零点校正为正值，试样是右旋性的，则 $\alpha = \alpha_1 - \alpha_0$；试样是左旋性的，则 $\alpha = \alpha_1 + \alpha_0$。如零点校正值为负值，试样是右旋性的，则 $\alpha = \alpha_1 + |\alpha_0|$；试样是左旋性的，则 $\alpha = \alpha_1 - |\alpha_0|$。

六、旋光仪的维修与保养

1. 旋光仪应放在通风、干燥和温度适宜的地方，以免仪器受潮发霉。
2. 旋转刻度盘时必须极其缓慢，否则就观察不到视场亮度的变化，通常零点校正的绝对值在 1°以内。
3. 旋光仪连续使用时间不宜超过 4h，长时间使用应用电风扇吹风或关闭 10～15min，减少钠光灯管受热程度，待冷却后再使用。
4. 旋光管用后要及时将溶液倒出，用蒸馏水洗涤擦净，擦干，所有镜片均不能用手直接擦，应用柔软绒布擦。
5. 旋光仪停用时，应将塑料套套上，放入干燥剂。装箱时，应按固定位置放入箱内并压紧。

七、思考题

1. 旋光度的测定有何实际意义？
2. 旋光管内如有气泡，对测定有何影响？如何排除？
3. 若测定质量浓度为 0.05g/mL 的果糖溶液的旋光度，能否在配置好后立即测定？为什么？
4. 使用旋光仪应注意哪些事项？
5. 20℃时，用 2dm 的旋光管测得果糖溶液的旋光度为 −18.00°，其标准比旋光度为 −90.00°。试求此果糖溶液的浓度。
6. 称取一葡萄糖试样 11.0485g，配成 100.0mL 的溶液，用 20dm 的旋光管测得此试样可以使偏振光振动面偏转 +11.5°，此葡萄糖的纯度为多少？

第九节 溶液电导率测定

1. 掌握电导率仪的使用方法。
2. 掌握电导率的测定方法，能熟练准确地测定溶液的电导率。

溶液的电导率是物质重要物理常数之一。测得溶液的电导率，可以求出弱电解质的电离度和电离常数、难溶盐的溶度积。物质纯度的判别、水的纯度的检验、海水或土壤中可溶性总盐量的检测等，通常也要依靠电导率的测定。通过测定电导率，还可以解释一些生理现象。

一、溶液的电导率及其测定方法

在电解质溶液中，因阴、阳离子的迁移，使电解质具有导电能力，其导电能力的大小可以用电导 G 和电导率 κ 表示。电导是电阻 R 的倒数，单位为西门子 S；电导率是电阻率 ρ 的倒数，单位为 S/m。

将电解质溶液放入两平行电极之间，两电极间的距离 l 为 1m，电极面积 A 为 $1m^2$，则有

$$R = \rho \frac{l}{A} \tag{5-31}$$

$$G = \frac{1}{R} = \frac{A}{\rho l} = \kappa \frac{A}{l} \tag{5-32}$$

$$\kappa = G \frac{l}{A} \tag{5-33}$$

式中，电导率 κ 的含义是：两极间距离为 1m，电极面积为 $1m^2$ 的电解质溶液的电导。

电导池是用来测量溶液电导（电阻）值的专用设备，它是由两个电极组成的。对于一定的电导池而言，$\frac{l}{A}$ 为一常数，称为电导池常数。由于电极面积和距离不能精确测量，电导池常数的测量，通常采用测定已知电导率溶液（常用 KCl 溶液）的电导，再求得电导池常数。标准 KCl 溶液在不同温度下的电导率见表 5-9。

表 5-9 标准 KCl 溶液在不同温度下的电导率

$c/(mol/L)$	$\kappa/(S/m)$		
	0℃	18℃	25℃
1	6.543	9.820	11.173
0.1	0.7154	1.1192	1.2886
0.01	0.07751	0.1227	0.14114

测量电导用的电极称为电导电极，由两片固定在玻璃上的铂片构成。电导电极根据被测溶液电导率的大小有不同的形式。若被测溶液电导率很小（$\kappa<10^{-3}$S/m），一般选用光亮的铂电极；若被测溶液电导率较大（10^{-3}S/m$<\kappa<$1S/m），为了防止极化现象，选用镀有铂黑的铂电极，以增大电极表面积，减小电流密度；若被测溶液的电导率很大（$\kappa>$1S/m），

即电阻很小，应选用 U 形电导池。这种电导池两极间的距离较大（5～16cm），极间管径很小，所以电导常数很大。

电解质溶液的电导不仅与温度、浓度、电解质的种类有关，还与离子的迁移速度有关。为了便于比较不同电解质溶液的导电能力，引入摩尔电导率 Λ_m（$S \cdot m^2/mol$）。即

$$\Lambda_m = \frac{\kappa}{c} \tag{5-34}$$

式中 κ 和 c 的单位分别为 S/m 和 mol/m^3，而实验室常以 mol/L 表示浓度，则上式可改写为：

$$\Lambda_m = \frac{\kappa}{c} \times 10^{-3} \tag{5-35}$$

摩尔电导的意义是：当 $L=1m$，$A=1m^2$ 两极间溶液中含有 1mol 电解质时所具有的电导。

Λ_m 随溶液的浓度而变，且强电解质和弱电解质的变化规律不同。

强电解质的 Λ_m 随浓度的降低而增大。在稀溶液中，摩尔电导率与溶液浓度的关系可用科尔劳施（Khlrausch）经验公式表示，即

$$\Lambda_m = \Lambda_m^\infty - A\sqrt{c} \tag{5-36}$$

式中，Λ_m^∞ 为无限稀释时的摩尔电导率，也称极限摩尔电导率。对于特定的电解质和溶剂，在一定温度下，A 是常数。因此，用 Λ_m 对 $\sqrt{c}$ 作图，得到的直线外推至 $c=0$，可求得 Λ_m^∞。弱电解质的 Λ_m 与 $\sqrt{c}$ 不存在线性关系，不可用外推法。弱电解质的 Λ_m^∞ 通常是根据 Khlrausch 离子独立运动定律，用阴、阳离子极限摩尔电导率 $\Lambda_{m,-}^\infty$ 和 $\Lambda_{m,+}^\infty$ 相加而求得，即

$$\Lambda_m^\infty = \Lambda_{m,+}^\infty + \Lambda_{m,-}^\infty \tag{5-37}$$

在弱电解质的稀溶液中，离子的浓度很低，离子间的相互作用可以忽略，可以认为其浓度为 c 时的电离度 α 等于它的摩尔电导率 Λ_m 与极限摩尔电导率 Λ_m^∞ 之比，即

$$\alpha = \frac{\Lambda_m}{\Lambda_m^\infty} \tag{5-38}$$

对于 AB 型弱电解质如 HAc，当它在溶液中达到电离平衡时，平衡常数 K_c 与溶液的浓度 c 以及电离度之间的关系为：

$$K_c = \frac{c\alpha^2}{1-\alpha} \tag{5-39}$$

则

$$K_c = \frac{c\Lambda_m^2}{\Lambda_m^\infty(\Lambda_m^\infty - \Lambda_m)} \tag{5-40}$$

或改写为

$$c\Lambda_m = (\Lambda_m^\infty)^2 K_c \frac{1}{\Lambda_m} - \Lambda_m^\infty K_c \tag{5-41}$$

以 $c\Lambda_m$ 对 $\frac{1}{\Lambda_m}$ 作图为一直线，从直线的斜率可求得 K_c。

根据离子独立运动定律，Λ_m^∞ 可从离子的电导（查表）计算，Λ_m 可以从电导率的测定求得，K_c 由计算得到。

不同温度时无限稀释醋酸溶液的极限摩尔电导率见表 5-10。

表 5-10　不同温度时醋酸的稀溶液的极限摩尔电导率

温度/℃	0	18	25	30
$\Lambda_m^\infty/(S \cdot m^2/mol)$	245×10^{-4}	349×10^{-4}	390.7×10^{-4}	421.8×10^{-4}

电解质溶液的电导率应用较广,可以用来测定弱电解质的电离度和电离平衡常数,求算难溶盐的溶度积,求解强电解质极限摩尔电导率,以及作为某些化合物纯度检验如水纯度鉴定,环境分析等。

电解质溶液的电导、电导率的测量主要有两种方法,即交流电桥法和电导率仪法。

交流电桥法亦即平衡电桥法。其原理如图 5-27 所示。

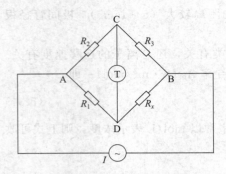

图 5-27 交流电桥法测定原理
R_1,R_2,R_3—电阻;R_x—电导池

R_x 为电导池内待测电解质溶液的电阻,桥路的电源 I 应用高频交流电源,T 为平衡检测器,应用相应的示波器或耳机。

根据电桥平衡原理,调节电阻值,电桥平衡时,$U_{CD}=0$,则

$$R_x = \frac{R_1 R_3}{R_2} \tag{5-42}$$

实际测定中 $R_1=R_2$,桥路中 R_1、R_2、R_3 均为纯电阻,而 R_x 是由两片平行的电极组成,具有一定的分布电容。由于容抗和纯电阻之间存在着相位差,若要精密测量,在 R_3 处并联一个适当的电容,使桥路的容抗也能达到平衡。在测定过程中首先测定电导池常数,再测定试样。

溶液的电导率通常使用电导率仪(电导仪)来测量,电导率仪的主要部分见图 5-28。测量电源使用交流电(因直流电源会导致电极产生电解作用而改变电阻)。电极一般用铂片制成。商品

图 5-28 电导率仪示意图

仪器多用直读式指示器,有的可直接测量电导率,如 DDS-11A 型电导仪,在仪器附件电极上标明电导池常数。

本节主要介绍电导率仪法,它具有测量范围广、操作简便、直读式,并可以自动记录电导值变化状况的特点。

二、DDS-11A 型电导率仪

1. DDS-11A 型电导仪的结构

图 5-29 是 DDS-11A 型电导率仪结构图,图 5-30 是 DDS-11A 型电导率仪原理图。

在图 5-30 中,稳压电源输出稳定的直流电压,供给振荡器和放大器,使它们在稳定状态下工作。振荡器输出电压不随电导池电阻 R_x 的变化而改变,从而为电阻分压回路提供一稳定的标准电势 E。电阻分压回路由电导池 R_x 和测量电阻箱 R_m 串联组成。E 加在该回路 AB 两端,产生测量电流 I_X。根据欧姆定律

$$I_X = \frac{E}{R_x + R_m} = \frac{E_m}{R_m} \tag{5-43}$$

所以

$$E_m = \frac{ER_m}{R_x + R_m} = \frac{ER_m}{R_m + \frac{1}{G}} \tag{5-44}$$

式中,G 为电导池溶液的电导。式中 E 不变,R_m 经设定后也不变,所以电导 G 只是

E_m 的函数。E_m 经放大检波后，在显示仪表（直流电表）上换算成电导或电导率显示出来。

2. DDS-11A 型的使用方法

① 未开电源开关前，观察指针是否指零。如不指零，可调整表头上的螺丝，使其指零。

② 将校正测量开关 4 扳向 "校正" 位置。

③ 接电源线，打开电源开关，预热数分钟，调节校正调节器 9 使电表指示满刻度。

④ 当使用 1～8 量程测量电导率低于 300μS/cm 的液体时，开关 3 扳到 "低周"；当使用 9～12 量程测定电导率为 300～100000μS/cm 的液体时，将开关 3 扳到 "高周"。

⑤ 将量程选择开关 5 扳到所需的测量范围。如预先不知被测液体电导率的大小，应先扳在最大电导率测量挡，然后逐渐降挡，以防指针打弯。

图 5-29 DDS-11A 型电导率仪的面板图
1—电源开关；2—指示灯；3—高周、低周开关；4—校正测量开关；5—量程选择开关；6—电容补偿调节器；7—电极插口；8—10mV 输出插口；9—校正调节器；10—电极常数调节器；11—表头

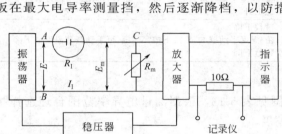

图 5-30 DDS-11A 型电导率仪原理图

⑥ 用电极杆上的电极夹夹紧电极的胶木帽，将电极插头插入电极插口 7 内，旋紧插口的螺丝，再将电极浸入待测溶液中。把电极常数调节器 10 旋在该电极的电极常数位置处。电极常数的数值已贴在胶木帽上。

当被测溶液的电导率低于 $10\mu\mathrm{S/cm}$ 时，使用 DJS-1 型光亮电极。当被测溶液的电导率为 $10\sim10^4\mu\mathrm{S/cm}$ 时，使用 DJS-1 型铂黑电极。当被测溶液的电导率大于 $10^4\mu\mathrm{S/cm}$ 时，以至用 DJS-1 型铂黑电极不能测出时，可选用 DJS-10 型铂黑电极。此时应将电极常数调节器 10 旋在所用电极的 1/10 电极常数位置上。

⑦ 仪器校正。将校正测量开关 4 扳向 "校正"，调节校正调节器 9 使电表指针满刻度。注意，为了提高测量精度，当使用 $\times10^3\mu\mathrm{S/cm}$ 和 $\times10^4\mu\mathrm{S/cm}$ 这两挡时，校正必须在电导池接妥（电极插头插入插孔，电极浸入待测液中）的情况下进行。

⑧ 测量。将开关 4 扳到 "测量" 位置，这时指针指示数乘以量程选择开关 5 的倍数即为被测溶液的实际电导率。

⑨ 若要了解在测量过程中电导率随时间的变化情况，把自动平衡记录仪与 10mV 输出插口 8 相接即可。

⑩ 在法定计量单位中，摩尔电导率 Λ_m

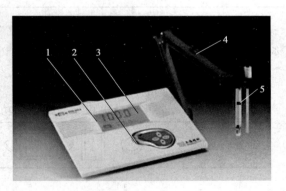

图 5-31 DDS-307A 型电导率仪的外形
1—机箱；2—键盘；3—显示屏；4—多功能电极架，多功能电极架固定座（安装在机箱底部）；5—电导电极

的单位为 S·m²/mol，电导率 κ 的单位为 S/m，而 DDS-11A 型电导率仪读出的 κ 的单位为 μS/cm，在用法定计量单位计算时，应把仪器上读出的 κ 值乘以 10^{-4}。

三、DDS-307A 型电导率仪

1. DDS-307A 型电导率仪的结构

DDS-307A 型电导率仪的外形结构见图 5-31，其后板结构见图 5-32。

2. 电导率仪的键盘说明

DDS-307A 型电导率仪的键盘说明见表 5-11。

表 5-11　DDS-307A 型电导率仪的键盘说明

按键	功　能
模式	(1) 电导率测量、TDS 测量、温度手动校准、常数设置功能的转换 开机后显示"电导率测量"模式；按"模式"键一次为"TDS 测量"模式；按"模式"键两次为"温度手动校准"功能；按"模式"键三次为"常数设置"模式；按"模式"键四次回到"电导率测量"模式 (2) 自动温度测量、补偿功能的转换 开机后显示"电导率测量"模式；按"模式"键一次为"TDS 测量"模式；按"模式"键两次为"常数设置"模式；按"模式"键三次回到"电导率测量"模式
确认	按"确认"键可确认上一步操作所选择的数值，并进入下一状态
△	(1) "△"键为数值、量程上升键，按此键可调节数值、量程上升 (2) 在"测量"模式下，每按一次"△"键量程上升一挡；在"温度手动校准"模式下按"△"键，可手动调节温度数值上升 (3) 在"常数设置"模式下按"△"键，可手动调节常数值上升
▽	(1) "▽"键为数值、量程下降键，按此键可调节数值、量程下降 (2) 在"测量"模式下，每按一次"▽"键量程下降一挡；在"温度手动校准"模式下按"▽"键，可手动调节温度值下降 (3) 在"常数设置"模式下按"▽"键，可使手动调节常数值下降

3. 电导电极的选择

不同类型电导电极的电导常数与测量范围见表 5-12，根据测量电导率范围合理选择相应电导常数的电导电极，可获得较高的测量精度。

表 5-12　电导电极的测量范围与电导常数

电极的电导常数	测量范围/(μS/cm)	电极的电导常数	测量范围/(μS/cm)
0.01, 0.1	0~2	1.0, 10	2000~20000
0.1, 1.0	0~200	10	20000~100000
1.0	200~2000		

电导常数为 1.0、10 的电导电极有"光亮"电极和"铂黑"电极两种。镀铂电极习惯上称为铂黑电极，光亮电极的测量范围在 0~300μS/cm 为宜。

4. 电导率仪的使用方法

（1）开机前的准备

① 按图 5-31，将多功能电极架 4 插入多功能电极架插座。

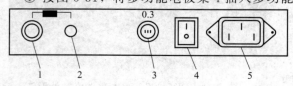

图 5-32　DDS-307A 型电导率仪的后板
1—测量电极插座；2—接地接口；3—温度电极插座；
4—电源开关；5—电源插座

② 用蒸馏水清洗电极。

③ 电导电极 5 安装在电极架 4 上。

（2）电导电极常数的设置

每支电导电极上都标有电极常数值，可根据其标示值进行电极常数的设置。电导率仪的后板如图 5-32 所示。

① 注意：仪器必须有良好的接地。

电源线插入仪器电源插座 5。

② 按下电源开关 4，接通电源，预热 30min。

③ 根据电极上标示的电极常数调节仪器。按模式键三次，此时为常数设置状态，显示"常数"二字，在温度显示数值的位置有数值闪烁，按"△"或"▽"键，闪烁数值显示在 10、1、0.1、0.01 程序转换。如果电导电极常数为 1.025，则选择"1"并按"确认"键，此时在电导率、TDS 测量数值的位置有数值闪烁，按"△"或"▽"键，闪烁数值显示在 1.200～0.800 范围变化。若电导电极常数为 1.025，按"△"或"▽"键将闪烁数值显示为 "1.025"，并按"确认"键，仪器回到"电导率测量"模式，至此校准完毕。电极常数为 "1"和"1.025"的乘积。

(3) 温度补偿的设置

① 当仪器接上温度电极时，该温度显示数值为自动测量的温度值，即温度传感器反映的温度值，仪器根据自动测量的温度值进行自动温度补偿。

② 当仪器不接上温度电极时，该温度显示数值为手动设置的温度值，在"温度手动校准"模式下（按"模式"键两次），可按"△"键或"▽"键手动调节温度上升或下降，并按"确认"键确认所选择的温度，使选择的温度为被测溶液的实际温度。此时，测得的将是被测溶液经过温度补偿后折算为 25℃下的电导率。

③ 若选择"温度"补偿值为"25℃"，则测得的是被测溶液在该温度下未经补偿的电导率。

(4) 电导率的测量

常数设置、温度补偿设置完毕，即可测量溶液的电导率。

① 用蒸馏水清洗电导电极头，再用被测溶液清洗 1～2 次。

② 把电导电极浸入被测溶液中，轻轻摇匀，在显示屏上读出溶液的电导率。

③ 在测量过程中，当显示值为"1---"时，说明测量值超出量程范围，此时，应按 "△"键，使量程增大至适宜范围，最大量程为 20mS/cm 或 1000mg/L；当显示值为"0"时，说明测量值小于量程范围，此时，应按"▽"键，使量程减小至适宜范围，最小量程为 20μS/cm 或 10mg/L。

(5) 电导电极常数的测定方法

① 参比溶液法

a. 检查仪器是否有良好的接地。电源线插入仪器电源插座。

b. 按下电源开关，接通电源，预热 30min。

c. 根据被测电导电极常数由表 5-13 选择标准 KCl 溶液浓度，并配制标准 KCl 溶液。

在 20℃下，每升 1mol/L 标准 KCl 溶液中含 KCl 74.2460g；每升 0.1mol/L 标准 KCl 溶液中含 KCl 7.4365g；每升 0.01mol/L 标准 KCl 溶液中含 KCl 0.7440g。

配制 0.001mol/L 标准 KCl 溶液：在 20℃下将 100mL 0.01mol/L 标准 KCl 溶液稀释至 1L。

配制 KCl 标准溶液应用 KCl 一级试剂，并在 110℃下烘干 4h，放在干燥器中冷却后方可称量。

表 5-13　测定电极常数的标准 KCl 浓度

电极常数	0.01	0.1	1	10
KCl 浓度/(mol/L)	0.001	0.01	0.01 或 0.1	0.1 或 1

d. 用蒸馏水清洗电导电极，再用标准 KCl 溶液清洗三次。
e. 将电导池接入电桥（或电导率仪）。
f. 控制溶液温度为（25±0.1）℃。
g. 将电极浸入标准 KCl 溶液中。
h. 测出电导池电极间电阻 R，或用电导率仪测出电导池电极间电导率 $\kappa_{样}$。
i. 按下式计算电导电极常数。

$$Q = \kappa_{标} R \text{ 或 } Q = \frac{\kappa_{标}}{\kappa_{样}}$$

式中 $\kappa_{标}$ 为标准 KCl 溶液的标准电导率，$\kappa_{样}$ 为测量标准 KCl 溶液的电导率。

② 比较法

用一已知常数的电导电极与未知常数的电导电极测量同一溶液的电导率。

a. 选择一支已知常数的标准电极，设其电极常数为 $Q_{标}$。
b. 将未知常数的电极（其常数设为 Q_1）和标准电极洗净，分别接到电导率仪上（注意：两支电极要插入溶液同样深度）测出其电导率（设为 κ_1 及 $\kappa_{标}$）。
c. 按下式计算电极常数。

$$\frac{Q_{标}}{Q_1} = \frac{\kappa_1}{\kappa_{标}}$$

$$Q_1 = \frac{\kappa_{标} Q_{标}}{\kappa_1}$$

（6）关闭仪器电源，清洗电极。

技能训练 5-9　弱酸电离平衡常数的测定

一、训练目标

1. 掌握电导率仪的测定原理和使用方法。
2. 掌握电导率法测定醋酸电离常数的原理和方法。

二、实验用品

电导率仪、恒温槽、铂电极、滴定管、烧杯（50mL）。
HAc（A.R.），0.1000mol/L HAc 标准溶液。

三、操作步骤

1. 调节恒温槽的温度在（25±0.1）℃。
2. 调试电导率仪，进行仪器校正。
3. 醋酸溶液的准备。将 4 只干燥烧杯编号为 1～4 号，分别用两支滴定管准确加入 0.1000mol/L HAc 溶液和蒸馏水，置于恒温中恒温 5～10min。
4. 测量醋酸溶液的电导率。倾去电导池中的纯水（电导池不用时要加入纯水，以免电极干枯，影响测定结果）。然后用少量的被测溶液洗涤电导池和铂电极 3～4 次，测定该溶液的电导率，读出三个数值。同样方法由稀到浓依次测定醋酸溶液。

四、数据处理

烧杯编号	$V(HAc)/mL$	$V(H_2O)/mL$	$c(HAc)/(mol/L)$	$\kappa/(S/m)$	$\Lambda_m/(S \cdot m^2/mol)$	α	κ
1	3.00	45.00					
2	6.00	42.00					
3	12.00	36.00					
4	24.00	24.00					

五、注意事项

1. 实验用溶液全部用电导水配制。如果用蒸馏水配制，则应先测定蒸馏水的电导，并在测得值中扣除。
2. 电极应完全浸入溶液中。
3. 电导与浓度、温度等有关，注意浓度范围及被测体系温度的恒定。

六、思考题

1. 简述溶液的电导、电导率、摩尔电导率的含义。
2. 强电解质和弱电解质溶液的摩尔电导率与浓度有何关系？
3. 如何测定弱电解质的 α、K_c？
4. 电导率仪在使用前为什么要预热？

第十节　表面张力的测定

1. 能正确安装和使用表面张力测定装置。
2. 掌握最大气泡压力法测定液体表面张力的方法。

溶液表面张力是物质重要物理常数之一。对液体表面张力的测定有助于研究液体表面结构、表面吸附、表面活性，以及相关理论。

与液体内部的分子相比，液体表面层中的分子处于力的不平衡状态，如图 5-33 所示。表面层中的分子恒受到指向液体内部的拉力，因而液体表面的分子总是趋向于液体内部移动，力图缩小其表面积。如微小液滴总是呈球形；肥皂泡用力吹才能变大，否则一放松就会自动缩小；高过杯口一定高度的水不淌下来等现象都显示出液体表面上处处都存在着一种使液面紧张的力（紧缩力）。沿着液体表面垂直作用于单位长度液体表面上的紧缩力，称为表面张力，用 σ 表示，单位为 N/m。它等于增加液体的单位面积所加入的可逆非体积功（$\delta w_r'$），此功称为比表面功。

图 5-33　液体分子受力图

在恒温恒压下，液体的表面张力 σ 亦等于增加液体单位表面时，系统所增加的吉布斯函数，称为比表面吉布斯函数。

$$\sigma = \frac{\delta w_r'}{dA} = \left(\frac{dG}{dA}\right)_{T,p,X} \tag{5-45}$$

式中　T，p，X——分别表示温度、压力及溶液组成。

表面张力与物质的本性、温度、溶液的浓度及表面气氛等有关。一般情况下，温度升高，表面张力减小。溶液的表面张力与溶液浓度的关系，随溶质性质的不同而不同，表面张力或增加或降低。也就是通常所说的液体表面上的正、负吸附。

测定液体表面张力的方法很多，主要分为两大类，即静态法和动态法。其中静态法包括

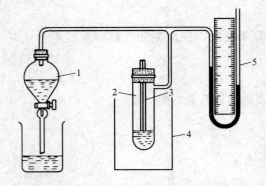
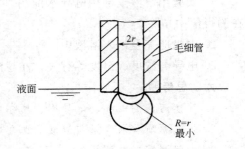

图 5-34 表面张力测定装置图
1—抽气用的滴液漏斗；2—支出试管；3—毛细管；
4—恒温槽；5—压力计

图 5-35 气泡最小曲率半径示意图

毛细管升高法和悬滴法。动态法包括最大气泡压力法和拉环法。本节主要介绍最大气泡压力法测定液体的表面张力。

一、测定仪器

最大气泡法测定液体表面张力的实验装置如图 5-34 所示。

二、测定原理和测定方法

将试样装入支管试管中，毛细管的下端与液面相切，液面随毛细管上升。打开滴液漏斗的活塞缓缓放水抽气，支管试管中逐渐减压，使系统压力与大气压形成压差 Δp，毛细管中的液面压至管口，开始形成气泡，气泡的曲率半径为 R，压力差 Δp 与溶液表面张力 σ 成正比，与 R 成反比，其关系式为：

$$\Delta p = \frac{2\sigma}{R} \tag{5-46}$$

如果毛细管半径很小，则形成的气泡基本上是球形的。当气泡开始形成时，表面几乎是平的，这时曲率半径最大，Δp 最小。随着气泡的形成，曲率半径逐渐变小，直到形成半球形，这时曲率半径 R 与毛细管半径 r 相等，曲率半径达到最小值，而 Δp 最大。气泡最小曲率半径示意图如图 5-35 所示。即

$$\Delta p_{\max} = \frac{2\sigma}{r} \tag{5-47}$$

此时的压力差可用 U 形压力计中最大液柱 Δh 来表示。

$$\Delta p_{\max} = \rho g \Delta h \tag{5-48}$$

式中 ρ——压力计中液体的密度；
g——重力加速度。
则

$$\rho g \Delta h = \frac{2\sigma}{r} \tag{5-49}$$

$$\sigma = \frac{r}{2} \rho g \Delta h = K \Delta h \tag{5-50}$$

式中 K 为仪器常数，可用已知表面张力的物质（一般用纯水）测定。水在不同温度下的表面张力见表 5-14。

表 5-14　水在不同温度下的表面张力

$t/℃$	$10^3\sigma/(N/m)$	$t/℃$	$10^3\sigma/(N/m)$
-5	76.41	50	67.91
0	75.64	60	66.18
5	74.92	70	64.42
10	74.22	80	62.11
15	73.49	90	60.75
20	72.75	100	58.85
25	71.97	110	56.89
30	71.18	120	54.89
40	69.56	130	52.84

技能训练 5-10　表面张力的测定

一、训练目标
1. 掌握最大气泡压力法测定液体表面张力的原理和方法。
2. 能正确安装及使用实验装置，并学会仪器常数的测定方法。

二、实验用品
表面张力测定装置、恒温水浴。
乙醇（A.R.）、丙酮（A.R.）。

三、操作步骤
1. 实验装置的安装与准备。洗净支管试管和毛细管，按图 5-34 安装表面张力测定装置。在滴液漏斗中装满蒸馏水，压力计中装入酒精。恒温槽的温度调节到 $(25±0.1)℃$。
2. 测定仪器常数。在支管试管中加入适量蒸馏水，调节毛细管的高度，使毛细管的下端恰好与液面相切，将支管试管浸入恒温槽中，恒温 10min 后，打开滴液漏斗活塞抽气，使气泡从毛细管末端尽可能缓慢地鼓出，控制气泡速度稳定在 20 个/min 左右。当气泡形成的速度稳定后，即可在 U 形压力计上读取压力差。读取数次，取其平均值。从表 5-14 查出水的 σ 值，由式(5-50) 即可求出仪器常数 K 值。
3. 用待测试样洗净支管试管和毛细管，加入适量的试样于支管试管中，再按 2 操作测定乙醇和丙酮的 Δh 值，计算其表面张力。

四、数据处理

试样	压力差 Δh/mmHg				K	$\sigma/(N/m)$
	①	②	③	平均值		
水						
乙醇						
丙酮						

注：1mmHg=133.322Pa。

五、注意事项
1. 毛细管要洁净，要细，要下口齐平、管孔呈标准圆。管口与液面理想地相切。
2. 水样中无杂质。
3. 支管试管放入水浴时，水浴液面要比试样管内液面高 1cm 左右。

六、思考题
1. 为什么要保持仪器和药品的清洁？
2. 表面张力为什么必须在恒温槽中测定？温度变化对表面张力有何影响？

3. 如何控制出泡速度？若出泡速度太快对实验结果有何影响？

4. 为什么毛细管尖端应平整光滑，安装时要垂直并刚好接触液面？如果插入一定深度对实验结果有何影响？

熔点测定仪

一、显微熔点测定仪

1. 显微熔点测定仪的结构

显微熔点测定仪的结构如图5-36所示。它主要由显微镜（或放大镜）和加热器（电热板）两部分组成。

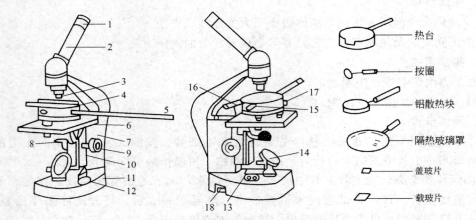

图 5-36 显微熔点测定仪示意图

1—目镜；2—棱镜检偏部件；3—物镜；4—热台；5—温度计；6—载热台；7—镜身；8—起偏振件；
9—粗动物轮；10—止紧螺钉；11—底座；12—玻段开关；13—电位器旋钮；14—反光镜；
15—拨动圈；16—上隔热玻璃；17—地线柱；18—电压表

2. 操作方法

先将特殊的载玻片用丙酮洗净，用擦镜纸擦干，放在仪器的可移动支持器上。然后将微量经过烘干、研细的样品小心地放在载玻片的中央（不可堆积），并用盖玻片盖住样品，调节支持器使样品对准加热台中心洞孔，再用隔热玻璃罩罩住。加热台边插有校正过的温度计。调节镜头焦距，使从镜孔中可以看到晶体外形。通电加热，调节电位器旋钮控制升温速度，开始可快些，当温度低于样品熔点 10～15℃ 时，用微调旋钮控制升温速度 1～2℃/min。仔细观察样品变化，当晶体棱角开始变圆时的温度即为初熔温度，晶体完全消失时的温度即为全熔温度。测量完毕后停止加热，去掉隔热玻璃罩，用镊子取去载玻片，把铝散热块放在加热台上加速冷却。另换载玻片重复测定 2～3 次，取其平均值。

此法优点是：

① 可测微量样品的熔点；

② 测定温度范围大（室温～350℃）；

③ 可以清楚观察到样品在加热过程中的变化情况，如结晶水合物的脱水、晶型的变化和样品的分解等。

二、数字熔点仪

1. 数字熔点仪的结构

图 5-37 是 WRS-1 型数字熔点仪示意图。该熔点仪采用光电检测、数字温度显示等技术。初熔、全熔可自动显示,可与记录仪配合使用,自动记录熔化曲线。该熔点仪采用集成电子线路,可快速到达设定的起始温度,并具有六挡可供选择的线性升降温度速度自动控制,无需实验人员在场监视,可自动储存初熔、全熔读数。

2. 操作方法

首先开启电源开关,稳定 20min 后,设定并输入起始温度,此时预置灯亮,选择升温速度。预置灯熄灭后,可插入装有样品的毛细管,此时初熔灯也熄灭,将电表调至零,按升温钮,几分钟后,初熔灯先亮,继而显现全熔读数。按初熔钮可显示初熔读数。按降温钮,使降至室温,最后切断电源。

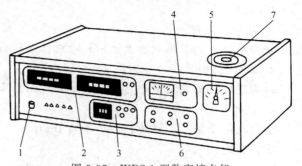

图 5-37 WRS-1 型数字熔点仪

1—电源开关;2—温度显示单元;3—起始温度设定单元;4—调零单元;5—速度选择单元;6—线性升降温速度自动控制单元;7—毛细管插口

 阅读材料

光泽度的测定

一、光泽仪的结构和工作原理

光泽度是物体表面方向性选择反射的性质,这一性质决定了呈现在物体表面所能见到的强反射光或物体镜像的程度。一般常以镜面表面光泽度来表示材料的光泽度。所谓镜面光泽度是指在规定的入射角下,试样的镜面反射率与同一条件下基准面的镜面反射率之比,用百分数表示,一般情况下省略百分号,以光泽单位表示。根据入射光的角度不同,可分为 20°、45°、85° 镜面光泽。当入射角增加时,任何表面的光泽值也增加。所以在测定镜面光泽度时,必须确定入射光角度。在表示材料镜面光泽度时,必须注明角度。

光泽度仪一般是由光泽探测头和读数装置两部分组成。图 5-38 是其构

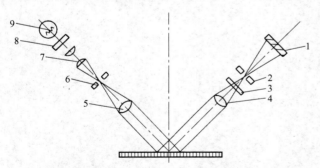

图 5-38 光泽仪构造示意图

1—接收器;2—接收器光阑;3—视见函数修正滤光片;4—接收滤镜;5—入射滤镜;6—光源滤镜;7—聚光镜;8—光源光谱修正滤光片;9—光源

造示意图。内装一个白炽光源、一个聚光镜和一个投影仪或源镜头。这些器件产生的入射光束直接照射到试样上,一台灵敏的光电检测器汇集反射光并产生一个电信号,信号经放大后激发一只模拟仪表或数字显示式仪表,以显示出光泽度值。

使用光泽仪时,将其放置在黑玻璃基准标准板上,打开仪器开关,调节控制旋钮,使光

泽仪指示出基准对应值。再用工作标准板检查仪器的线性情况，然后把传感器放在试样表面，从显示器可直接读取光泽度值。

二、测定仪器

1. 光泽度仪
2. 基准标准板

折射率为 1.567 的光滑黑玻璃，基准标准板的镜面光泽度定为 100 光泽单位。

3. 工作标准板

以陶瓷、玻璃或搪瓷等材料制成，其镜面光泽度由基准标准板和标准光泽仪标定。

4. 试样

表面光滑平整、无脏物、划痕等的 100mm×100mm 的塑料、陶瓷或搪瓷等材料。

三、测定方法

1. 接通仪器电源，并使之稳定 20min 左右。
2. 将光泽探测头的测量窗口置于基准板上，调节读数装置使读数显示为基准标准板的标称值。
3. 将光泽探测头的测量窗口置于工作标准板上，仪器的读数显示应符合工作标准板的标称光泽度值（显示值与标称值之差不能超过±1.5 光泽单位）。
4. 充分清洁试样的测试部位，必要时用清洁柔软的纱布蘸上镜头清洁剂，擦去表面的油污杂质。
5. 以试样中心为圆心，25mm 为半径的圆周上的 4 个平分点为测试点。将光泽探测头的测量窗口置于测试点上，逐个读出各点的光泽度显示值。

附　录

附录一　常用洗涤液

名　称	配　制　方　法	应　用
热肥皂液	将肥皂削成小片溶于热水配成10%左右的溶液	用于一般洗涤
合成洗涤剂	用洗衣粉等合成洗涤剂配成热溶液	用于一般洗涤
铬酸洗液	取20g $K_2Cr_2O_7$ (L.R.)于500mL烧杯中,加40mL H_2O 加热溶解,冷却,缓慢加入320mL浓 H_2SO_4 即成(边加边搅拌)贮于磨口细口瓶中	用于洗涤油污及有机物,使用时防止被 H_2O 稀释。用后倒回原瓶,可反复使用,直至溶液变为绿色。可用 $KMnO_4$ 再生
$KMnO_4$ 碱性洗液	取4g $KMnO_4$ (L.R.)溶于少量水中,缓慢加入100mL 10% NaOH 溶液	用于洗涤油污及有机物,洗后器壁附有 MnO_2 沉淀,可用亚铁或 Na_2SO_3 溶液洗去
碱性酒精溶液	30%～40% NaOH 酒精溶液	用于洗涤油污
酒精-浓 HNO_3 洗液		用于沾有有机物或油污的结构较复杂的仪器,洗涤时先加少量酒精,再加入少量 HNO_3,将有机物破坏,并产生大量棕色 NO_2

附录二　常见化合物的相对分子质量表

化　合　物	相对分子质量	化　合　物	相对分子质量
Ag_3AsO_4	462.52	BaC_2O_4	225.35
AgBr	187.77	$BaCrO_4$	253.32
AgCl	143.32	BaO	153.33
AgCN	133.89	$Ba(OH)_2$	171.34
Ag_2CrO_4	331.73	$BaSO_4$	233.39
AgI	234.77	$BiCl_3$	315.34
$AgNO_3$	169.87	BiOCl	260.43
AgSCN	165.95	$CaCl_2$	110.99
$AlCl_3$	133.34	$CaCl_2 \cdot 6H_2O$	219.08
$AlCl_3 \cdot 6H_2O$	241.43	$CaCO_3$	100.09
$Al(NO_3)_3$	213.00	CaC_2O_4	128.10
$Al(NO_3)_3 \cdot 9H_2O$	375.13	$Ca(NO_3)_2 \cdot 4H_2O$	236.15
Al_2O_3	101.96	CaO	56.08
$Al(OH)_3$	78.00	$Ca(OH)_2$	74.10
$Al_2(SO_4)_3$	342.14	$Ca_3(PO_4)_2$	310.18
$Al_2(SO_4)_3 \cdot 18H_2O$	666.41	$CaSO_4$	136.14
As_2O_3	197.84	$CdCl_2$	183.32
As_2O_5	229.84	$CdCO_3$	172.42
As_2S_3	246.02	CdS	144.47
$BaCl_2$	208.42	$Ce(SO_4)_2$	332.24
$BaCl_2 \cdot 2H_2O$	244.27	$Ce(SO_4)_2 \cdot 4H_2O$	404.30
$BaCO_3$	197.34	CO_2	44.01

续表

化 合 物	相对分子质量	化 合 物	相对分子质量
$CoCl_2$	129.84	$H_2C_2O_4 \cdot 2H_2O$	126.07
$CoCl_2 \cdot 6H_2O$	237.93	$HCOOH$	46.03
$CO(NH_2)_2$	60.06	HF	20.01
$Co(NO_3)_2$	182.94	$HgCl_2$	271.50
$Co(NO_3)_2 \cdot 6H_2O$	291.03	Hg_2Cl_2	472.09
CoS	90.99	$Hg(CN)_2$	252.63
$CoSO_4$	154.99	HgI_2	454.40
$CoSO_4 \cdot 7H_2O$	281.10	$Hg_2(NO_3)_2$	525.19
$CrCl_3$	158.36	$Hg(NO_3)_2$	324.60
$CrCl_3 \cdot 6H_2O$	266.45	$Hg_2(NO_3)_2 \cdot 2H_2O$	561.22
$Cr(NO_3)_3$	238.01	HgO	216.59
Cr_2O_3	151.99	HgS	232.65
$CuCl$	99.00	$HgSO_4$	296.65
$CuCl_2$	134.45	Hg_2SO_4	497.24
$CuCl_2 \cdot 2H_2O$	170.48	HI	127.91
CuI	190.45	HIO_3	175.91
$Cu(NO_3)_2$	187.56	HNO_2	47.01
$Cu(NO_3)_2 \cdot 3H_2O$	241.60	HNO_3	63.01
CuO	79.55	H_2O	18.015
Cu_2O	143.09	H_2O_2	34.02
CuS	95.61	H_3PO_4	98.00
$CuSCN$	121.62	H_2S	34.08
$CuSO_4$	159.06	H_2SO_3	82.07
$CuSO_4 \cdot 5H_2O$	249.68	H_2SO_4	98.07
$FeCl_2$	126.75	$KAl(SO_4)_2 \cdot 12H_2O$	474.38
$FeCl_3$	162.21	KBr	119.00
$FeCl_2 \cdot 4H_2O$	198.81	$KBrO_3$	167.00
$FeCl_3 \cdot 6H_2O$	270.30	KCl	74.55
$Fe(NH_4)_2(SO_4)_2 \cdot 6H_2O$	392.13	$KClO_3$	122.55
$FeNH_4(SO_4)_2 \cdot 12H_2O$	482.18	$KClO_4$	138.55
$Fe(NO_3)_2$	241.86	KCN	65.12
$Fe(NO_3)_3 \cdot 9H_2O$	404.00	K_2CO_3	138.21
FeO	71.85	K_2CrO_4	194.19
Fe_2O_3	159.69	$K_2Cr_2O_7$	294.18
Fe_3O_4	231.54	$K_3Fe(CN)_6$	329.25
$Fe(OH)_3$	106.87	$K_4Fe(CN)_6$	368.35
FeS	87.91	$KFe(SO_4)_2 \cdot 12H_2O$	503.24
Fe_2S_3	207.87	$KHC_4H_4O_6$	188.18
$FeSO_4$	151.91	$KHC_2O_4 \cdot H_2O$	146.14
$FeSO_4 \cdot 7H_2O$	278.01	$KHC_2O_4 \cdot H_2C_2O_4 \cdot 2H_2O$	254.19
H_3AsO_3	125.94	$KHSO_4$	136.16
H_3AsO_4	141.94	KI	166.00
H_3BO_3	61.83	KIO_3	214.00
HBr	80.91	$KIO_3 \cdot HIO_3$	389.91
HCl	36.46	$KMnO_4$	158.03
H_3CCOOH	60.05	$KNaC_4H_4O_6 \cdot 4H_2O$	282.22
HCN	27.03	KNO_2	85.10
H_2CO_3	62.03	KNO_3	101.10
$H_2C_2O_4$	90.04	K_2O	94.20

续表

化合物	相对分子质量	化合物	相对分子质量
KOH	56.11	$NaNO_2$	69.00
KSCN	97.18	$NaNO_3$	85.00
K_2SO_4	174.25	Na_2O	61.98
$MgCl_2$	95.21	Na_2O_2	77.98
$MgCl_2 \cdot 6H_2O$	203.30	NaOH	40.00
$MgCO_3$	84.31	Na_3PO_4	163.94
MgC_2O_4	112.33	Na_2S	78.04
$MgNH_4PO_4$	137.32	NaSCN	81.07
$Mg(NO_3)_2 \cdot 6H_2O$	256.41	$Na_2S \cdot 9H_2O$	240.18
MgO	40.30	Na_2SO_3	126.04
$Mg(OH)_2$	58.32	Na_2SO_4	142.04
$Mg_2P_2O_7$	222.55	$Na_2S_2O_3$	158.10
$MgSO_4 \cdot 7H_2O$	246.47	$Na_2S_2O_3 \cdot 5H_2O$	248.17
$MnCl_2 \cdot 4H_2O$	197.91	NH_3	17.03
$MnCO_3$	114.95	CH_3COONH_4	77.08
$Mn(NO_3)_2 \cdot 6H_2O$	287.04	NH_4Cl	53.49
MnO	70.94	$(NH_4)_2CO_3$	96.09
MnO_2	86.94	$(NH_4)_2C_2O_4$	124.10
MnS	87.00	$(NH_4)_2C_2O_4 \cdot H_2O$	142.11
$MnSO_4$	151.00	NH_4HCO_3	79.06
$MnSO_4 \cdot 4H_2O$	223.06	$(NH_4)_2HPO_4$	132.06
Na_3AsO_3	191.89	$(NH_4)_2MoO_4$	196.01
$NaBiO_3$	279.97	NH_4NO_3	80.04
$Na_2B_4O_7$	201.22	$(NH_4)_2S$	68.14
$Na_2B_4O_7 \cdot 10H_2O$	381.37	NH_4SCN	76.12
CH_3COONa	82.03	$(NH_4)_2SO_4$	132.13
$CH_3COONa \cdot 3H_2O$	136.08	NH_4VO_3	116.98
NaCl	58.44	$NiCl_2 \cdot 6H_2O$	237.70
NaClO	74.44	$Ni(NO_3)_2 \cdot 6H_2O$	290.80
NaCN	49.01	NiO	74.70
Na_2CO_3	105.99	NiS	90.76
$Na_2C_2O_4$	134.00	$NiSO_4 \cdot 7H_2O$	280.86
$Na_2CO_3 \cdot 10H_2O$	286.14	NO	30.01
$NaHCO_3$	84.01	NO_2	46.01
$Na_2HPO_4 \cdot 12H_2O$	358.14	$Pb(CH_3COO)_2$	325.29
$Na_2H_2Y \cdot 2H_2O$	372.24	$Pb(CH_3COO)_2 \cdot 3H_2O$	379.34

续表

化合物	相对分子质量	化合物	相对分子质量
$PbCl_2$	278.11	SnO_2	150.69
$PbCO_3$	267.21	SnS_2	150.75
PbC_2O_4	295.22	SO_3	80.06
$PbCrO_4$	323.19	SO_2	64.06
$Pb_3(PO_4)_2$	811.54	$SrCO_3$	147.63
PbI_2	461.01	SrC_2O_4	175.64
$Pb(NO_3)_2$	331.21	$SrCrO_4$	203.61
PbO	223.20	$Sr(NO_3)_2$	211.63
PbO_2	239.20	$Sr(NO_3)_2 \cdot 4H_2O$	283.69
PbS	239.26	$SrSO_4$	183.69
$PbSO_4$	303.26	$UO_2(CH_3COO)_2 \cdot 2H_2O$	424.15
P_2O_5	141.95	$Zn(CH_3COO)_2$	183.47
$SbCl_3$	228.11	$Zn(CH_3COO)_2 \cdot 2H_2O$	219.50
$SbCl_5$	299.02	$ZnCl_2$	136.29
Sb_2O_3	291.50	$ZnCO_3$	125.39
Sb_2S_3	339.68	ZnC_2O_4	153.40
SiF_4	104.08	$Zn(NO_3)_2$	189.39
SiO_2	60.08	$Zn(NO_3)_2 \cdot 6H_2O$	297.48
$SnCl_2$	189.60	ZnO	81.38
$SnCl_4$	260.50	ZnS	97.44
$SnCl_2 \cdot 2H_2O$	225.63	$ZnSO_4$	161.44
$SnCl_4 \cdot 5H_2O$	350.58	$ZnSO_4 \cdot 7H_2O$	287.55

附录三　弱酸、弱碱在水中的离解常数（25℃）

1. 弱酸在水中的离解常数

弱酸	分子式	$K_a^\ominus$	$pK_a^\ominus$
砷酸	H_3AsO_4	$6.3 \times 10^{-3} (K_{a_1}^\ominus)$	2.20
		$1.0 \times 10^{-7} (K_{a_2}^\ominus)$	7.00
		$3.2 \times 10^{-12} (K_{a_3}^\ominus)$	11.50
亚砷酸	$HAsO_2$	6.0×10^{-10}	9.22
硼酸	H_3BO_3	$5.8 \times 10^{-10} (K_{a_1}^\ominus)$	9.24
碳酸	$H_2CO_3 (CO_2 + H_2O)$	$4.2 \times 10^{-7} (K_{a_1}^\ominus)$	6.38
		$5.6 \times 10^{-11} (K_{a_2}^\ominus)$	10.25
氢氰酸	HCN	4.93×10^{-10}	9.31
铬酸	$HCrO_4^-$	$3.2 \times 10^{-7} (K_{a_2}^\ominus)$	6.50
氢氟酸	HF	3.53×10^{-4}	3.45

续表

弱酸	分子式	$K_a^{\ominus}$	$pK_a^{\ominus}$
亚硝酸	HNO_2	5.1×10^{-4}	3.29
磷酸	H_3PO_4	$7.52\times 10^{-3}(K_{a_1}^{\ominus})$	2.12
		$6.23\times 10^{-8}(K_{a_2}^{\ominus})$	7.21
		$4.4\times 10^{-13}(K_{a_3}^{\ominus})$	12.36
焦磷酸	$H_4P_2O_7$	$3.0\times 10^{-2}(K_{a_1}^{\ominus})$	1.52
		$4.4\times 10^{-3}(K_{a_2}^{\ominus})$	2.36
		$2.5\times 10^{-7}(K_{a_3}^{\ominus})$	6.60
		$5.6\times 10^{-10}(K_{a_4}^{\ominus})$	9.25
亚磷酸	H_3PO_3	$5.0\times 10^{-2}(K_{a_1}^{\ominus})$	1.30
		$2.5\times 10^{-7}(K_{a_2}^{\ominus})$	6.60
氢硫酸	H_2S	$1.3\times 10^{-7}(K_{a_1}^{\ominus})$	6.88
		$7.1\times 10^{-15}(K_{a_2}^{\ominus})$	14.15
硫酸	H_2SO_4	$1.20\times 10^{-2}(K_{a_2}^{\ominus})$	1.92
亚硫酸	$H_2SO_3(SO_2+H_2O)$	$1.3\times 10^{-2}(K_{a_1}^{\ominus})$	1.90
		$6.3\times 10^{-7}(K_{a_2}^{\ominus})$	7.20
偏硅酸	H_2SiO_3	$1.7\times 10^{-10}(K_{a_1}^{\ominus})$	9.77
		$1.6\times 10^{-12}(K_{a_2}^{\ominus})$	11.8
甲酸	$HCOOH$	1.8×10^{-4}	3.74
乙酸	CH_3COOH	1.8×10^{-5}	4.74
一氯乙酸	$CH_2ClCOOH$	1.6×10^{-3}	2.86
二氯乙酸	$CHCl_2COOH$	5.0×10^{-2}	1.30
三氯乙酸	CCl_3COOH	0.23	0.64
氨基乙酸盐	$^+NH_3CH_2COOH$	$4.5\times 10^{-3}(K_{a_1}^{\ominus})$	2.35
	$^+NH_3CH_2COO^-$	$2.5\times 10^{-10}(K_{a_2}^{\ominus})$	9.60
抗坏血酸	$C_6H_8O_6$	$5.0\times 10^{-5}(K_{a_1}^{\ominus})$	4.30
		$1.5\times 10^{-10}(K_{a_2}^{\ominus})$	9.82
乳酸	$CH_3CHOHCOOH$	1.4×10^{-4}	3.86
苯甲酸	C_6H_5COOH	6.2×10^{-5}	4.21
草酸	$H_2C_2O_4$	$5.9\times 10^{-2}(K_{a_1}^{\ominus})$	1.22
		$6.4\times 10^{-5}(K_{a_2}^{\ominus})$	4.19
d-酒石酸	CH(OH)COOH | CH(OH)COOH	$9.1\times 10^{-4}(K_{a_1}^{\ominus})$	3.04
		$4.3\times 10^{-5}(K_{a_2}^{\ominus})$	4.37
邻苯二甲酸	C₆H₄(COOH)₂	$1.1\times 10^{-3}(K_{a_1}^{\ominus})$	2.95
		$3.9\times 10^{-6}(K_{a_2}^{\ominus})$	5.41
柠檬酸	CH₂COOH | C(OH)COOH | CH₂COOH	$7.4\times 10^{-4}(K_{a_1}^{\ominus})$	3.13
		$1.7\times 10^{-5}(K_{a_2}^{\ominus})$	4.76
		$4.0\times 10^{-7}(K_{a_3}^{\ominus})$	6.40

弱酸	分子式	$K_a^\ominus$	$pK_a^\ominus$
苯酚	C_6H_5OH	1.1×10^{-10}	9.95
乙二胺四乙酸	H_6Y^{2+}	$0.126(K_{a_1}^\ominus)$	0.89
	H_5Y^+	$3\times10^{-2}(K_{a_2}^\ominus)$	1.6
	H_4Y	$1\times10^{-2}(K_{a_3}^\ominus)$	2.0
	H_3Y^-	$2.1\times10^{-3}(K_{a_4}^\ominus)$	2.67
	H_2Y^{2-}	$6.9\times10^{-7}(K_{a_5}^\ominus)$	6.16
	HY^{3-}	$5.5\times10^{-11}(K_{a_6}^\ominus)$	10.26

2. 弱碱在水中的离解常数

弱碱	分子式	$K_b^\ominus$	$pK_b^\ominus$
氨水	NH_3	1.76×10^{-5}	4.75
联氨	H_2NNH_2	$3.0\times10^{-6}(K_{b_1}^\ominus)$	5.52
		$7.6\times10^{-15}(K_{b_2}^\ominus)$	14.12
羟氨	NH_2OH	9.0×10^{-9}	8.04
甲胺	CH_3NH_2	4.2×10^{-4}	3.38
乙胺	$C_2H_5NH_2$	5.3×10^{-4}	3.25
二甲胺	$(CH_3)_2NH$	1.2×10^{-4}	3.93
二乙胺	$(C_2H_5)_2NH$	1.3×10^{-3}	2.89
乙醇胺	$HOCH_2CH_2NH_2$	3.2×10^{-5}	4.50
三乙醇胺	$(HOCH_2CH_2)_3N$	5.8×10^{-7}	6.24
六亚甲基四胺	$(CH_2)_6N_4$	1.4×10^{-9}	8.85
乙二胺	$H_2NCH_2CH_2NH_2$	$8.5\times10^{-5}(K_{b_1}^\ominus)$	4.07
		$7.1\times10^{-8}(K_{b_2}^\ominus)$	7.15
吡啶		1.7×10^{-9}	8.77

参 考 文 献

[1] 古凤才，肖衍繁主编．基础化学实验教程．北京：科学出版社，2000．
[2] 吕苏琴，张春荣，揭念芹主编．基础化学实验（Ⅰ）．北京：科学出版社，2000．
[3] 王瑛主编．分析化学操作技术．北京：化学工业出版社，1992．
[4] 北京师范大学《化学实验规范》编写组编著．化学实验规范．北京：北京师范大学出版社，1987．
[5] 徐昌华主编．化验员必读．南京：江苏科学技术出版社，2000．
[6] 张小康主编．化学分析基本操作．北京：化学工业出版社，2000．
[7] 朱永泰主编．化学实验技术基础（Ⅰ）．北京：化学工业出版社，1998．
[8] 张济新，邹文樵主编．实验化学原理与方法．北京：化学工业出版社，1999．
[9] 刘约权，李贵深主编．实验化学．北京：高等教育出版社，2000．
[10] 沈光球，陶家洵，徐功骅编．现代化学基础．北京：清华大学出版社，1999．
[11] 武汉大学主编．分析化学实验．第3版．北京：高等教育出版社．1996．
[12] 史启祯，肖新亮主编．无机化学与化学分析实验．北京：高等教育出版社，1995．
[13] 奚关根，赵长宏，赵中德等主编．有机化学实验．上海：华东理工大学出版社，1995．
[14] 李兆陇，阴金香，林天舒主编．有机化学实验．北京：清华大学大学出版社，2001．
[15] 谢惠波主编．有机化合物及其鉴别．北京：化学工业出版社，2000．
[16] 邵令娴主编．分离及复杂物质分析．北京：高等教育出版社，1991．
[17] 周其镇，方国女，樊行雪主编．大学基础化学实验．北京：化学工业出版社，2000．
[18] 陈大勇，肖繁花，欧玲主编．实验化学（Ⅱ）．北京：化学工业出版社，2000．
[19] 李梅君，陈大勇，金韬芬主编．实验化学（Ⅰ）．北京．化学工业出版社，1999．
[20] 徐功骅，蔡作乾主编．大学化学实验．第2版．北京：清华大学大学出版社，1997．
[21] 丁敬敏主编．化学实验技术基础（Ⅰ）．第2版．北京：化学工业出版社，2009．
[22] 周宁怀，王德林主编．微型有机化学实验．北京：科学出版社，2000．
[23] 王箴主编．化工辞典．第4版．北京：化学工业出版社，2000．
[24] 常文保，李克安主编，简明分析化学手册．北京：北京大学出版社，1981．
[25] 韩广甸等编译．有机制备化学手册．北京：石油化学出版社，1977．
[26] 中国环境监测总站．《环境水质监测质量保证手册》编写组编．环境水质监测质量保证手册．北京：北京大学出版社，1999．
[27] 中国科学院化学学部，国家自然科学基金委化学科学部主编．展望21世纪的化学．北京：化学工业出版社，2000．
[28] 佟玉衡主编，实用废水处理技术．北京：化学工业出版社，1999．
[29] 刘茉娥等主编．膜分离技术．北京：化学工业出版社，1998．
[30] Zahid. Amjad 主编．反渗透-膜技术．水化学和工业应用．北京：化学工业出版社，1999．
[31] 童海宝主编．生物化工．北京：化学工业出版社，2001．
[32] 全国化工中专教学指导委员会组织编审，上海市化学工业学校主编．工业分析专业 CBE 模式教学文件．北京：化学工业出版社，1999．
[33] 谷亨杰等主编．有机化学实验．北京：高等教育出版社，1988．
[34] 曾昭琼主编．有机化学实验．北京：人民教育出版社，1981．
[35] 刘知新主编．基础化学实验大全．北京：北京教育出版社，1991．
[36] 程玉明主编．油品分析．北京：中国石化出版社，1993．
[37] 张家驹主编．工业分析．北京：化学工业出版社，1982．
[38] 周庆余主编．工业分析综合实验．北京：化学工业出版社，1991．
[39] 广西师范大学等主编．物理化学实验．南宁：广西师范大学出版社，1987．

[40] 罗澄源主编．物理化学实验．北京：高等教育出版社，1989．
[41] 王正烈主编．物理化学．第2版．北京：化学工业出版社，2006．
[42] 东北师范大学等主编．物理化学实验．北京：人民教育出版社，1982．
[43] 朱嘉云主编．有机分析．北京：化学工业出版社，2005．
[44] 谢惠波主编．有机分析实验．北京：化学工业出版社，1992．
[45] 严和，刘次伯主编．有机化学实验．北京：人民卫生出版社，1994．
[46] 初玉霞主编．化学实验技术基础．北京：化学工业出版社，2002．
[47] 胡伟光，张文英主编．定量化学分析实验．第2版．北京：化学工业出版社，2009．